机械测量与测绘技术
（第 2 版）

主编　缪朝东　　陈莉娟
参编　胥　徐　蒋碧亚　蒋玉芳
　　　王　迅　孙　挥　范　华

北京理工大学出版社
BEIJING INSTITUTE OF TECHNOLOGY PRESS

内容简介

本书共包括三个学习模块，分别为：机械零部件测绘基础，典型零件的测绘，机械部件—台虎钳的测绘。每个模块下分为多个学习课题，课题又由若干个学习任务组成。

本书可作为高等院校机械类专业学生学习使用，也可供相关技术人员参考。

版权专有　侵权必究

图书在版编目（CIP）数据

机械测量与测绘技术/缪朝东，陈莉娟主编. —2 版. —北京：北京理工大学出版社，2019.9

ISBN 978 – 7 – 5682 – 7538 – 5

Ⅰ.①机…　Ⅱ.①缪…②陈…　Ⅲ.①技术测量 – 高等学校 – 教材
Ⅳ.①TG801

中国版本图书馆 CIP 数据核字（2019）第 190746 号

出版发行／北京理工大学出版社有限责任公司
社　　　址／北京市海淀区中关村南大街 5 号
邮　　　编／100081
电　　　话／（010）68914775（总编室）
　　　　　　（010）82562903（教材售后服务热线）
　　　　　　（010）68948351（其他图书服务热线）
网　　　址／http：//www.bitpress.com.cn
经　　　销／全国各地新华书店
印　　　刷／涿州市新华印刷有限公司
开　　　本／787 毫米×1092 毫米　1/16
印　　　张／17.25　　　　　　　　　　　责任编辑／赵　岩
字　　　数／405 千字　　　　　　　　　　文案编辑／赵　岩
版　　　次／2019 年 9 月第 2 版　2019 年 9 月第 1 次印刷　　责任校对／周瑞红
定　　　价／69.00 元　　　　　　　　　　责任印制／李志强

丛书编审委员会

主任委员： 夏成满　晏仲超

前　言

　　本书是高等院校机电一体化专业课程改革创新成果之一，是根据最新编制的"机械测量与测绘技术"课程标准，在企业技术专家指导下，按照"德育为先、能力为本、终身发展"的教育新理念编写而成，体现了"课程标准和职业岗位对接、课程内容与职业标准对接、教学过程与生产过程对接"的要求。

　　本书是以培育学生的职业素养为前提，培养学生的机械测量能力和机械测绘技术为目标，基于"技能积累、技术迁移"的技能人才培养路径出发，以问题导向、层次递进式的模块结构编排，每个模块中按课题——任务编写，便于教师任务驱动教学的展开。教材结构更符合学生的认知规律和技能形成规律，能最大程度满足学生的学习需求。本书特点有：

　　1. 体现高等教育新理念。按照"问题导向、学习者为中心"的理念组织教学，创新了技能培养方式。

　　2. 突出了应用能力培养。本书把机械测量与 AutoCAD 有机结合，符合企业岗位能力要求，并兼顾了"综合性、先进性、实用性和通用性"，突出了学生的职业能力培养。

　　3. 具备了较好的普适性。内容安排上由浅入深、层层递进，符合技能培养规律，选择案例具有典型性和普适性，师生在使用过程中选择性强，便于自主学习。

　　本书由缪朝东、陈莉娟主编，主要负责教材的总体规划、绪论、附录及全书的审核、校对工作。参与编写人员及分工为：王迅老师编写模块一机械零部件测绘基础，蒋玉芳老师编写模块二中课题一轴类零件的测绘和课题二盘类零件的测绘，胥徐、孙挥老师编写模块二中课题三圆柱齿轮与蜗杆的测绘、课题四支架零件的测绘和课题五箱体零件的测绘，蒋碧亚、范华老师编写模块三机械部件——台虎钳的测绘。

　　本书在编写过程中参考了相关著作，我们对原作者表示感谢！同时，也得到了程黎、鲁小芳、朱仁盛等老师的大力支持，在此表示衷心感谢！

　　由于编者水平有限，书中难免存在疏漏和不当之处，敬请使用本书的读者指正。

目　　录

绪　　论

零件是机械制造过程中的基本单元，其制造过程不需要装配工序。部件由若干装配在一起的零件组成。零件测绘是指借助测量工具或仪器对机械零件进行测量与分析，确定表达方案、绘制零件草图并整理出零件工作图的过程。部件测绘是指对部件进行拆卸与分析，绘制出部件的装配示意图并对其所属零件进行测绘，确定部件装配图的表达方案，最终整理出部件的装配图及其所属零件的零件图的过程。在工程上，零部件测绘在设计、仿制和机械设备修配等方面都具有重要的作用。

本书根据科学技术发展的需求，通过整合机械制图、零部件测量、零部件绘制、AutoCAD 软件应用等内容，打破了传统机械制图课程的理论体系。本书以典型机械零部件的测绘为载体，以 AutoCAD2017 版本为工具，依据认知规律、借鉴零件成组分类法形成若干模块，每个模块又包含若干实际案例，每个案例都是一个比较完整的工作过程。学生通过完成一个个具体工作任务，熟悉工作对象、工作方法、工作要求及工具使用，实现掌握制图知识、具备 AutoCAD 软件应用技能、提高绘制和阅读零件图和装配图能力的目标。本书立足课程标准根据工作过程对全书内容进行了重新序化，将陈述性知识与过程性知识整合、理论知识学习与实践技能训练整合、专业能力培养与职业素质培养整合、工作过程与学生认知心理过程整合，重构了体现机械零部件的图样识读、产品测绘、产品造型等工作过程知识与技能体系的学习领域，实现了理论与实践的一体化以及教、学、做的一体化。

一、零部件测绘的定义

借助测量工具（或仪器）对机械零件或部件进行测量，并绘出其工作图的全过程称为零部件测绘。零部件测绘的对象通常是单个或多个机械零件、机器或部件。根据测绘对象不同，零部件测绘可分为零件测绘与部件测绘。零部件测绘也可简称为"测绘"。

零件测绘是指对已有零件进行分析，确定其表达方案，绘制零件草图，测量尺寸，最后整理出零件工作图（简称零件图）的过程。部件测绘是指对已有的机器或部件进行拆卸与分析，绘制出机器或部件的装配示意图，并对其所属零件进行零件测绘，确定装配图的表达方案，最终整理出机器或部件的装配图及其所属零件的零件图的过程。

二、零部件测绘的应用

1. 修复零件与改造已有设备

在维修机器或设备时，如果某一零件损坏，在无备件与图样的情况下，就需要对损坏的零件进行测绘，画出图样以满足该零件再加工的需要。有时，为了发挥已有设备的潜力，对已有设备进行改造，也需要对部分零件进行测绘后进行结构上的改进，以配制新的零件或机构，从而改变机器设备的性能，提高机器设备的效率。

2. 设计新产品

在设计新机械产品时，有一种途径便是对已有实物产品进行测绘。通过对测绘对象的工作原理、结构特点、零部件加工工艺、安装维护等方面进行分析，取人之长、补己之短，从而设计出比同类产品性能更优的新产品。

3. 仿制产品

一些引进的新机械或设备（无专利保护）因其性能良好而具有一定的推广应用价值，在缺乏技术资料和图纸的情况下，通常可通过测绘机器设备的所有零部件，获得生产这种新机械或设备的有关技术资料，以便组织生产。这种产品仿制速度快，经济成本低。

4. "机械制图"实训教学

零部件测绘是各类工科院校、高职院校"机械制图"教学中的一个十分重要的实践性教学环节。其目的是加强对学生实践技能的训练，培养学生的工程意识和创新能力。同时，零部件测绘也是对"机械制图"课程内容进行综合运用的全面训练，可有效锻炼和培养学生的动手能力、将理论运用于实践的能力以及与人合作的精神。

三、零部件测绘的教学目的

（1）提高学生理论联系实际的能力。指导学生综合运用机械制图课程所学的知识进行草图、示意图、零件图和装配图的绘制，以使其已学知识得到巩固和加强。

（2）初步培养学生从事工程制图的能力，使其掌握运用技术资料、标准、手册和技术规范进行工程制图的技能。

（3）使学生掌握基本的测绘方法。通过测绘实训，使学生熟悉常用测量工具并掌握其使用方法，帮助学生掌握正确的测绘方法和步骤，从而为其今后专业课的学习和工程实践打下坚实的基础。

（4）提高学生分析问题和解决问题的能力。零部件测绘实训是对学生分析和解决实际工程问题能力的一次综合训练，包括资料查找的方法和途径、零件视图的选择与表达方案的制订、技术要求的提出与标注、部件的拆卸等。

四、零部件测绘的要求

（1）具有正确的工作态度。机械零部件测绘是对学生的一次全面的绘图训练，对其今后的专业设计和实际工作都具有十分重要的意义。因此，学生只有积极认真、刻苦钻研、一丝不苟地练习，才能在绘图方法与技能方面得到锻炼与提高。

（2）培养独立的工作能力。机械零部件测绘是在教师指导下由学生独立完成的。学生在测绘中遇到问题时，应及时地复习有关内容或参阅有关资料，经过主动思考或与同组成员讨论，获得解决问题的方法，而不能依赖性地、简单地索要答案。

（3）树立严谨的工作作风。表达方案的确定要经过周密的思考，制图应正确且符合国家标准。反对盲目、机械地抄袭及敷衍、草率的工作作风。

（4）培养按计划工作的习惯。在实训过程中，学生应遵守纪律，在规定的教室里按预定计划保质保量地完成实训任务。

五、零部件测绘的方法与步骤

1. 零部件测绘的方法

（1）正确地选择零件视图的表达方法，所选视图应符合机械制图的有关规定，力求表达方案简洁、清晰、完整，能够用最少的图形将零件的结构形状表达清楚。零件草图应具备零件工作图的全部内容，包括一组图形、完整的尺寸标注、必要的技术要求和标题栏。另外，绘制草图时，应做到图形正确、比例匀称、表达清晰、线型分明、工整美观。

（2）在画出主要图形（按目测尺寸绘制）之后集中测量尺寸。切不可边画图，边测量，边标注。要注意测量顺序，先测量各部分的定形尺寸，后测量定位尺寸。测量时应考虑零件各部位的精度要求，将粗略的尺寸和精度要求高的尺寸分开测量，对于某些不便直接测量的尺寸（如锥度、斜度等），可在测量相关数据后，再利用几何知识进行计算。

2. 零部件测绘的步骤

（1）做好测绘前的准备工作。强调测绘过程中的设备、人身安全等注意事项。领取装配体和测量工具，准备好绘图工具，如图纸、铅笔、橡皮、小刀等，并做好测绘场地的清洁工作。了解测绘实训的内容和任务要求，做好人员组织与分工，准备好有关资料、拆卸工具、测量工具和绘图工具。待这些准备工作完成之后，再进行实际的测绘。

（2）了解测绘对象。在正式测绘前，仔细地阅读测绘指导书，全面细致地了解被测零部件的名称、用途、工作原理、性能指标、结构特点及在机械设备或部件中的装配关系与运转关系。

（3）拆卸部件。对零部件有完整、清晰、正确的了解之后，要对被测部件进行拆卸。在拆卸之前，要弄清楚零部件的组装次序、部件的工作原理、结构形状和装配关系。在拆卸过程中，要弄清楚各零件的名称、作用和结构特点，并对拆下的每一个零件进行编号、分类和登记。

（4）绘制装配示意图。装配示意图是在机器或部件拆卸过程中绘制的工程图样，它是绘制装配图和重新进行装配的基本依据。装配示意图主要表达各零件之间的相对位置、装配、连接关系及传动路线等。绘制装配示意图时，通常只需用简单的符号、线条画出零件的大致轮廓及相互关系，而不必绘出每个零件的细节及尺寸。

（5）绘制零件草图。部件拆卸完成后，要画出部件中除标准件外的每一个零件的草图。对于标准件要单独列出明细表。

（6）测量零件尺寸。绘制零件草图与测量零件尺寸并不是同时完成的，测量工作要在零件草图绘制完成后统一进行。测量时，应对每一个零件的每一个尺寸进行测量，并将所测得的尺寸和相关数据标注在草图上。标注时，要注意零件的结构特点，尤其要注意零部件的基准及相关零件之间的配合尺寸和关联尺寸。

（7）尺寸圆整与技术要求的注写。对所测得的零件尺寸要进行圆整，使尺寸标准化、规格化、系列化。同时，还要对零件采用的材料、尺寸公差和几何公差、配合关系等技术要求进行合理选择，并标注到草图上。

（8）在 AutoCAD 环境下绘制装配图。根据装配示意图和零件草图绘制装配图是零部件测绘的主要任务之一。装配图不仅要表达装配体的工作原理、装配关系和主要零件的结构形状，还要检查零件草图上的尺寸是否协调合理。在绘制装配图的过程中，若发现零件草图上的形状或尺寸有错，应及时更正后再继续绘制。装配图画好后必须注明该机械或部件的规格、性能以及装配、检验和安装尺寸，还必须用文字说明机械或部件在装配调试、安装使用中必须具备的技术条件，最后按规格要求填写零件序号、明细栏和标题栏的各项内容。

（9）在 AutoCAD 环境下绘制零件工作图。零件工作图是零件加工的基本依据。当装配图绘制完成以后，要根据装配图、零件草图并结合零部件的其他资料，用尺规或计算机绘制出零件工作图。应注意每个零件的表达方法要符合机械制图的相关规定；尺寸标注应完整、正确、清晰、合理；零件的技术要求注写采用类比法；最后填写标题栏。

（10）测绘总结与答辩。测绘工作完成以后，学生要将在零部件测绘过程中所学到的测绘知识、技能及学习体会、收获以书面的形式写成总结报告，并参加答辩。

六、零部件测绘的准备工作

如前所述，在零部件测绘前，要做一些必要的准备，包括人员安排、资料收集、场地与工具准备等。

1. 零部件测绘的组织准备

零部件测绘的组织准备即人员的安排。人员安排要根据测绘对象的复杂程度、工作量大小和参加人员的多少而定。零部件测绘实训大都以班级为单位进行。实训中，通常将学生分成几个测绘小组。各小组在全面了解测绘对象的基础上，重点了解本组所要测绘的零部件的作用以及与其他零部件之间的联系。然后在此基础上讨论实施测绘方案，对本组内的人员进行再次分工。

2. 零部件测绘的资料准备

资料准备也是零部件测绘前的必要准备环节。在测绘前，要准备的必备资料包括：有关机械设计和制图的国家标准，参考书籍，有关被测零部件的资料、手册等。其中，针对被测对象的资料包括：被测部件的原始资料，如产品说明书、零部件的铭牌、产品样本、维修记录等；有关零部件的拆卸、测量、制图等方面的资料，如有关零部件的拆卸与装配方法的资料，有关零件的测量和公差确定方法的资料，机械零件设计手册，机械制图手册，机修手册以及相关工具书籍等。

3. 零部件测绘场所和测绘工具准备

零部件测绘应选择安静宽敞、光线较好且相对封闭的场所。在选择测绘场所时，应满足便于操作、利于管理和相对安全的要求。另外，应根据测绘的需要，将测绘场所划分成若干个功能区：被测件存放区、资料区、工具区、绘图区等。如果同一地点有多个测绘小组，可根据实际情况划分为公共区和小组工作区。将共用的资料、工具及其他公共物品存放在公共区内，小组专用物品存放在小组工作区，且每个小组工作区也应划分为被测件存放区、绘图区等不同的工作区域。

在实际测绘前，应准备足够的工具。工具按用途至少分为以下 6 大类：

（1）拆卸工具类，如扳手、螺钉旋具、钳子等。

（2）测量量具类，如游标卡尺、金属直尺、千分尺及表面粗糙度的量具、量仪等。

（3）绘图用具类，如草图纸（一般为方格纸）、画工程图的图纸、绘图工具等。

（4）记录工具类，如拆卸记录表、工作进程表；数码照相机、摄像机等。

（5）保管存放类，如储放柜、存放架、多规格的塑料箱等。

（6）其他工具类，如起吊设备、加热设备、清洗液、防腐蚀用品等。

七、零部件测绘的操作规则

零部件测绘是一项过程相对复杂，理论与实践结合紧密，使用的设备、工具及用品较多的工作。在操作前必须制定严格的操作规则，以保证测绘作业的安全性、规范性和完整性。零部件测绘实训中应有的操作规则通常包括以下 3 个方面：

（1）有关安全方面的规则。安全方面的规则主要包括人身安全、设备安全和防火防盗等方面的内容。

①人身安全的内容包括：使用电器设备时应检验设备的额定电压，按设备的操作规程正确使用电器；使用转动设备时，应注意着装的要求，留长发的同学应将头发放在帽子内，操作者应穿紧袖工装，启动设备时应观察有无妨碍和危险；使用夹紧工具时应防止夹伤，起吊设备时应注意下面的人员等。

②设备安全主要是要求学生按照工作设备的操作规程正确使用工具和设备，避免造成工具设备的损坏，贵重和精密的仪器设备应轻拿轻放等。

③防火防盗要求学生在室内无人时注意关窗锁门，以防物品丢失；在使用除锈剂、油料时，应避免污染和引起火灾。

（2）有关作业规范方面的规则。作业规范方面的规则主要是指物品摆放有序。例如，不同物品应放在不同的功能区，同一功能区的物品应整齐排列，工具设备使用完毕应放回原位等。

（3）有关清洁卫生方面的规则。清洁卫生方面的规则主要包括室内卫生清洁规则和物品清洁规则。卫生清洁规则包括卫生清扫值日制度，禁止将食物、饮料及其他可能造成图纸污损、零件锈蚀和妨碍测绘作业的物品带入实训室内。

八、零部件测绘教学建议

（1）在教学过程中，应立足于加强学生实际操作能力的培养，采用项目化教学，以工作任务引领等方式提高学生学习兴趣，激发学生的成就动机。

（2）本课程教学的特色是现场教学。教学时，将教室和实训点合一，并以典型机械零件为载体，在教学过程中，采用引导文教学法、示范教学法、任务驱动教学法等，实现教师示范与学生分组测量零件操作训练互动，学生讲解测量过程与教师点评对接，学生提问与教师解答、指导有机结合，同时，采取任务、信息、计划、实施、检查、评估六步骤教学课程，让学生在"教、学、做"一体化过程中，达到正确选择量具、熟练使用各种通用量具及掌握精密测量模具零件的方法的要求。

（3）在教学过程中，要创设工作情景，同时加大实践操作的容量，提高学生的岗位适应能力。

（4）在教学过程中，要应用多媒体、公差动画、测量视频、教学录像、课程网站、网上答疑、在线测试、QQ 群等教学资源辅助教学，帮助学生理解量具的结构、使用要领等知识和技能。

（5）在教学过程中，要重视本专业领域内新技术、新工艺、新设备发展趋势，努力使教学课堂贴近生产实际，努力培养学生积极参与社会实践的创新精神和职业能力。

（6）在教学过程中，教师应积极引导学生提升职业素养，提高职业道德。

九、零部件测绘的教学安排与成绩评定

按照机械制图课程教学实践环节的基本要求，根据各专业人才培养方案，机械零部件测绘实训学时通常集中安排 2 周的时间。测绘内容及学时分配见表 1。

表1　测绘内容及学时分配

序号	测绘内容	学时分配	备注
		2 周测绘	
1	组织分工、讲课	3 课时	2 周 60 课时
2	拆卸部件，绘制装配示意图	12 课时	
3	绘制零件草图、测量尺寸	12 课时	
4	用 AutoCAD 绘制装配图	6 课时	
5	用 AutoCAD 绘制零件工作图	12 课时	
6	审查校核	3 课时	
7	写测绘报告书	6 课时	
8	综合评价	3 课时	
9	机动	3 课时	

1. 部件测绘中对图纸的要求

零部件测绘中对图纸的总体要求是投影正确、视图选择与配置恰当、图面洁净、字体工整、线型和尺寸标注符合国家标准。

（1）对装配图的要求。除符合总体要求外，还要求标注规格尺寸、外形尺寸、装配尺寸、安装尺寸及其他重要尺寸。其中，相关尺寸要与零件图中的零件尺寸完全一致。另外，零件编号和明细表、标题栏也必须符合国家标准。

（2）对零件工作图的要求。除符合总体要求外，还需要做到尺寸齐全、清晰、合理，表面粗糙度与公差配合的选用恰当，标注正确，标题栏符合要求。

（3）对零件草图的要求。零件草图要求徒手（不得借助尺规等绘图工具）画出，除尺寸比例、线型不做严格要求外，其他要求与零件图相同。

2. 零部件测绘实训中对报告的要求

零部件测绘实训一般要求学生提供两份报告。一份是被测部件工作原理分析报告，另一份是实训总结报告。如果被测零部件比较简单，且只安排一周时间，也可只要求提供一份报告。

被测部件工作原理分析报告的内容包括：绘出测绘部件的装配示意图，并说明工作原理和作用；有关配合、公差、材料的选择及理由；给出被测部件的主要规格性能尺寸、总

体尺寸、安装尺寸的大小等。总结报告应对测绘过程中的体会及收获做书面形式总结。

最后，将所绘装配图、零件图及零件草图折叠成 A4 幅面，连同总结报告一起送交指导教师。

3. 零部件测绘实训成绩的评定

零部件测绘实训成绩的评定应根据零件草图、装配图、零件图和总结报告综合评分。评分标准按不同专业的教学大纲确定。例如，表达方案、投影、尺寸标注、技术要求和零件材料选用的正确性占总分的 50%，线型正确、字体工整、图面洁净占 10%，实训报告占 10%，平时成绩占 10%，答辩占 20%。其中，平时考核主要考查学生的工作态度及独立完成实习任务的情况。另外，测绘实训的成绩通常采用五级分制，即优秀、良好、中等、及格和不及格。

模块一

机械零部件测绘基础

模块描述

（1）机械测量技术有哪些相关知识？常用的机械测量的量具和仪器又有哪些？

（2）如何识读尺寸公差？又如何测量与计算几何尺寸？

课题一　机械测量技术基础

任务一　了解机械测量技术的相关知识

任务描述

测量技术是一门具有自身专业体系、涵盖多种学科、理论性和实践性都十分强的前沿科学。熟知测量技术方面的基础知识，是掌握测量技能，独立完成对机械产品几何参数测量的基础。

在机械制造中，测量技术主要是研究对零件几何参数进行测量和检验的问题。这一技术是机械制造业检测人员必备的常用基本技能。同时，机械测量为产品的质量提供保障，是生产中不可或缺的重要环节。通过本次任务，掌握以下三个方面：

（1）什么是互换性和标准化？如何理解测量基准和量值的传递？

（2）机械测量的基本概念有哪些？其单位与换算又有什么关系？

（3）有哪些测量方法？如何分析误差并处理数据？

知识链接

在机械制造过程中，需要对零件的几何参数进行严格的度量与控制，并将这种度量与控制纳入一个完整且严密的研究、管理体系，这个体系被称为几何量计量。而测量技术是几何量计量在生产中的重要实施手段，是贯彻质量标准的技术保证。

一、互换性和标准化

1. 互换性

互换性是指机械产品中同一规格的一批零件或部件，任取其中一件，不需做任何挑选、调整或辅助加工就能进行装配，且能保证满足机械产品的使用性能要求的一种特性。

2. 标准化

标准化是指标准的制定、发布和贯彻实施的全部活动过程。标准化从调查标准化对象开始，经试验、分析和综合归纳，进而制定和贯彻标准，之后还要修订标准。它是以标准的形式体现的一个不断循环、不断提高的过程。

二、机械测量的基本概念

一件制造完成的产品是否满足设计的几何精度要求，通常有以下 4 种判断方式。

1. 测量

测量是为确定量值而进行的实验过程。在测量中，假设 L 为被测量值，E 为所采用的计量单位，那么它们的比值为：$q = \dfrac{L}{E}$。

上述公式的物理意义为：在被测量值 L 一定的情况下，比值 q 的大小完全决定于所采用的计量单位 E，而且是成反比关系。同时，这一公式说明计量单位的选择取决于被测量值所要求的精确程度，这样，经比较而得的被测量值为：$L = qE$。

因此，测量是指以确定被测对象的量值为目的的全部操作。在这一操作过程中，将被测对象与复现测量单位的标准量进行比较，并以被测量与单位量的比值及其准确度表达测量结果。例如，用游标卡尺对某一轴径的测量，就是将被测量对象（轴的直径）用特定测量方法（游标卡尺）与长度单位（mm）相比较。若其比值为 30.52，准确度为 ±0.03 mm，则测量结果可表达为（30.52 ±0.03）mm。

由上可知，任何一个测量过程必须包含被测的对象和所采用的计量单位。此外，还包含二者是怎样进行比较及比较以后其精确程度如何的问题，即测量的方法和测量的精确度问题。这样，任何测量过程都包含测量对象、计量单位、测量方法及测量精确度等 4 个要素。

（1）测量对象。这里主要指几何量，包括长度、角度、表面粗糙度以及形位误差等。由于几何量种类繁多，形状又各式各样，因此对其特性，被测参数的定义，以及标准等都必须加以研究和熟悉，以便进行测量。

（2）计量单位。国务院于 1977 年 5 月 27 日颁发的《中华人民共和国计量管理条例（试行）》第三条规定："我国的基本计量制度是米制（即'公制'），逐步采用国际单位制。" 1984 年 2 月 27 日，国务院正式发布《中华人民共和国法定计量单位》，规定我国的计量单位一律采用《中华人民共和国法定计量单位》。在长度计量中以米（m）为基本单位，其他常用单位有毫米（mm）和微米（μm）。在角度测量中以度（°）、分（′）、秒（″）为单位。

（3）测量方法。测量方法是指在进行测量时所采用的计量器具和测量条件的综合。根据被测对象的特点，如精度、大小、轻重、材质、数量等来确定所用的计量器具；分析研究被测参数的特点及其与其他参数的关系，确定最合适的测量方法以及测量的主客观条件（如环境、温度等）。

（4）测量精确度（即准确度）。测量精确度是指测量结果与真值的一致程度。任何测量过程总不可避免地会出现测量误差，误差大说明测量结果离真值远，精确度低。因此，精确度和误差是两个相对的概念。由于存在测量误差，任何测量结果都是以一近似值来表示的，换言之，测量结果的可靠性有效值由测量误差确定。

2. 测试

测试是指具有试验性质的测量，也可理解为试验和测量的全过程。

3. 检验

检验是判断被测物理量在规定范围内是否合格的过程，一般来讲，就是确定产品是否满足设计要求的过程，即判断产品合格性的过程，通常不一定要求测出具体值。几何量检验即是确定零件的实际几何参数是否在规定的极限范围内，以做出合格与否的判断。因此，检验也可理解为不要求知道具体值的测量。

4. 计量

计量是指为实现测量单位的统一和量值准确可靠的测量。

三、测量基准和量值的传递

1. 测量基准

测量基准是零件检验时，用以测量已加工表面尺寸及位置的基准。在几何量计量领域内，测量基准可分为长度基准和角度基准两类。

2. 量值传递

在机械制造中，自然基准不便于普遍直接应用。为了保证测量值的统一，必须把国家基准所复现的长度计量单位量值经计量标准逐级传递到生产中的计量器具和工件上去，以保证所测得的被测对象量值的准确和一致。为此，需要在全国范围内从技术上和组织上建立起严密的长度量值传递系统。目前，线纹尺和量块是实际工作中常用的两种实体基准。

四、常用测量单位及其换算

1. 常用测量单位

对几何量进行测量时，必须有统一的长度计量单位。测量单位是测量工作中的原始标准，各国都对此作了具体规定。例如，我国传统习惯沿用的长度单位为丈、尺、寸、分、厘，即"市制"。英国及英联邦国家采用的长度单位为码、英尺、英寸、英分，即"英制"。目前，大多数国家（包括我国）使用"米制"，即（以米为基本长度单位，"米制"）已被国际公认，定为国际标准。

2. 测量单位换算

如前所述，我国计量单位一律采用《中华人民共和国法定计量单位》，其中规定米（m）为长度的基本单位，同时使用米的十进制倍数和分数的单位。千米（km）、米（m）、毫米（mm）、微米（μm）间的换算关系如下：$1\ mm = 10^{-3}\ m$；$1\mu m = 10^{-3}\ mm$。在超精密测量中，长度计量单位采用纳米（nm），$1\ nm = 10^{-3}\ \mu m$。

用度作为单位来测量角的制度叫作角度制。其中，度（°）、分（′）、秒（″）之间采用 60 进位制，即 $1° = 60′$，$1′ = 60″$。用弧度（rad）作为单位来测量角的制度叫做弧度制。与半径等长的弧所对的圆心角的弧度即为 1 弧度。圆周所对的圆心角 $= 2\pi rad = 6.2832 rad$。$1\mu rad$（微弧度）$= 10^{-6}\ rad$（弧度）。角度和弧度的换算关系为：$1° = 0.017\ 453\ rad$，或

$1\text{rad} = 57.295\ 764°$。

五、测量方法

测量方法是指在进行测量时所用的，按类别叙述的一组操作逻辑次序。测量方法按实测几何量是否为欲测几何量可分为直接测量和间接测量；按示值是否为被测量的量值可分为绝对测量和相对测量；按测量时被测表面与量仪是否接触可分为接触测量和非接触测量；按零件被测几何量的多少可分为单项测量和综合测量；按测量结果对工艺所起作用可分为主动测量和被动测量；按测量过程自动化程度可分为自动化测量和非自动化测量。

六、测量误差分析

由于测量过程的不完善而产生的测量误差，将导致测得值的分散度不确定。因此，在测量过程中，正确分析测量误差的性质及其产生的原因，对测得值进行必要的数据处理，获得满足一定要求的置信水平的测量结果十分重要。

1. 测量误差定义

测量误差是指被测量对象的测得值 x 与其真值 x_0 之差，即 $\Delta = x - x_0$。

由于真值不可能确切获得，因而上述用于测量误差的定义是一个理想概念。在实际工作中，往往将比被测量值的可信度（精度）更高的值，作为当前测量值的"真值"。

2. 误差来源

测量误差主要由测量器具、测量方法、测量环境和测量人员等因素产生。

（1）测量器具。测量器具设计中存在原理误差，如杠杆机构、阿贝误差等。制造和装配过程中的误差也会引起其示值误差的产生，如刻线尺的制造误差、量块制造与检定误差、表盘的刻制与装配偏心、光学系统的放大倍数误差、齿轮分度误差等。其中，最重要的是基准件的误差，如刻线尺和量块的误差，它是测量器具误差的主要来源。

（2）测量方法。测量方法误差主要包括间接测量法中因采用近似的函数关系原理而产生的误差或多个数据经过计算后的误差累积。

（3）测量环境。测量环境主要包括温度、气压、湿度、振动、空气质量等因素。在一般测量过程中，温度是最重要的因素。测量温度对标准温度（+20℃）的偏离、测量过程中温度的变化以及测量器具与被测件的温差等都将产生测量误差。

（4）测量人员。测量人员引起的误差主要包括视差、估读误差、调整误差等，其大小取决于测量人员的操作技术和其他主观因素。

3. 测量误差分类及减少其影响的方法

测量误差按其产生的原因、出现的规律，及其对测量结果的影响，可以分为系统误差、随机误差和粗大误差。

（1）系统误差。在规定条件下，绝对值和符号保持不变或按某一确定规律变化的误差，称为系统误差。其中，绝对值和符号不变的系统误差为定值系统误差，按一定规律变化的系统误差为变值系统误差。

系统误差大部分能通过修正值或找出其变化规律后加以消除，如经检定后得到的量块中心长度的修正值，测量角度的仪器中因光学度盘安装偏心形成的按正弦曲线规律变化的角度示值误差等。有些系统误差无法修正，如因温度规律变化造成的测量误差。

（2）随机误差。在规定条件下，绝对值和符号以不可预知的方式变化的误差，称为随机误差。就某一次测量而言，随机误差的出现无规律可循，因而无法消除。但若进行多次等精度重复测量，则与其他随机事件一样具有统计规律的基本特性，可以通过分析，估算出随机误差值的范围。

随机误差主要由温度波动、测量力变化、测量器具传动机构不稳、视差等各种随机因素造成，虽然无法消除，但只要认真仔细地分析其产生的原因，就能够在一定程度上减少其对测量结果的影响。

（3）粗大误差。明显超出规定条件下预期的误差，称为粗大误差。粗大误差由某种非正常的原因造成，如读数错误、温度的突然大幅度变动、记录错误等。该误差可根据误差理论，按一定规则予以剔除。

七、等精度直接测量的数据处理

等精度直接测量是指在同一条件下（即等精度条件），对某一量值进行 n 次重复测量而获得一系列的测量值。在这些测量值中，可能同时含有系统误差、随机误差和粗大误差。为了获得正确的测量结果，应对各类误差分别进行处理。

1. 数据处理的步骤

（1）判断系统误差。首先查找并判断测得值中是否含有系统误差，如果存在系统误差，则应采取措施加以消除。关于系统误差的发现和消除方法可参考有关资料。

（2）求算术平均值。消除系统误差后，可求出测量列的算术平均值，即

$$\bar{L} = \frac{1}{n} \sum_{i=1}^{n} L_i \qquad (1-1-1)$$

（3）计算残余误差 V_i。测得值 L_i 与算术平均值 $\bar{L}$ 之差即为残余误差 V_i，简称残差。其表示方法如下：

$$V_i = L_i - \bar{L} \qquad (1-1-2)$$

（4）计算单次测量的标准偏差 σ。其计算公式如下：

$$\sigma = \sqrt{\frac{1}{n-1} \sum_{i=1}^{n} V_i^2} \qquad (1-1-3)$$

（5）判断有无粗大误差。如果存在粗大误差，应将含有粗大误差的测得值从测量列中剔除，然后重新计算算术平均值。重复以上各步骤。

粗大误差通常用拉依达准则来判断。拉依达准则又称 3σ 准则，主要适用于服从正态分布的误差，重复测量次数又比较多的情况。其具体做法是用系列测量的一组数据，按式 $(1-1-3)$ 算出标准偏差 σ，然后用 3σ 作为准则来检查所有的残余误差 V_i，若某一个 $|V_i| > 3\sigma$，则该残余误差判为粗大误差，应剔除。然后重新计算标准偏差 σ，再将新算出的残差进行判断，直到不再出现粗大误差为止。

（6）求算术平均值的标准偏差 $\sigma_{\bar{L}}$。根据误差理论，测量列算术平均值的标准偏差与单次测量值的标准偏差存在如下关系：

$$\sigma_{\bar{L}} = \frac{\sigma}{\sqrt{n}} \qquad (1-1-4)$$

式中　　n——测量次数；

　　　　σ——单次测量的标准偏差。

由上式可知，在 n 次等精度测量中，算术平均值的标准偏差 $\sigma_{\bar{L}}$ 为单次测量的标准偏差的 $\dfrac{1}{\sqrt{n}}$ 倍。

算术平均值的标准偏差用残余误差表示为

$$\sigma_{\bar{L}} = \frac{\sigma}{\sqrt{n}} = \sqrt{\frac{1}{n(n-1)}\sum_{i=1}^{n}V_i^2} \qquad (1-1-5)$$

（7）测量结果的表示方法。

单次测量：

$$L = l \pm 3\sigma = l \pm \delta_{\lim} \qquad (1-1-6)$$

多次测量：

$$L = \bar{L} \pm 3\sigma_{\bar{L}} = \bar{L} \pm \delta_{\lim\bar{L}} \qquad (1-1-7)$$

式中　　L——测量结果；

　　　　$\bar{L}$——测量列的算术平均值；

　　　　l——单次测量值；

　　　　$\delta_{\lim}$——单次测量极限误差；

　　　　$\delta_{\lim\bar{L}}$——算术平均值的测量极限误差。

任务实施

对某一轴径 d 等精度测量 15 次，并按测量顺序将各测得值一次列于表 1－1－1 中。

表 1－1－1　测量结果

测量序列	测得值/mm	残差/μm	残差的平方/μm²
1	24.959	+2	4
2	24.955	−2	4
3	24.958	+1	1
4	24.957	0	0
5	24.958	+1	1
6	24.956	−1	1
7	24.957	0	0
8	24.958	+1	1
9	24.955	−2	4
10	24.957	0	0
11	24.959	+2	4
12	24.955	−2	4
13	24.956	−1	1
14	24.957	0	0
15	24.958	+1	1

解：（1）判断定值系统误差。假设经过判断，测量列中不存在定值系统误差。

（2）求出算术平均值，结果如下：

$$\bar{L} = \frac{1}{n}\sum_{i=1}^{n}L_i = 24.957\ （mm）$$

（3）计算残差。各残差的数值见表 1-1-1。按残差观察法，这些残差的符号大体上正、负相间，但不是周期变化，因此可以判断测量列中不存在变值系统误差。

（4）计算单次测量的标准偏差，结果如下：

$$\sigma = \sqrt{\frac{1}{n-1}\sum_{i=1}^{n}V_i^2} = \sqrt{\frac{26}{15-1}} \approx 1.3\ （\mu m）$$

（5）判断粗大误差。根据 3σ 准则，若某一个 $|V_i| > 3\sigma$，则该残余误差判为粗大误差，而此列中没有，因此可以判断测量列中不存在粗大误差。

（6）求出算术平均值的标准偏差，结果如下：

$$\sigma_{\bar{L}} = \frac{\sigma}{\sqrt{n}} = \frac{1.3}{\sqrt{15}} \approx 0.35\ （\mu m）$$

（7）测量结果的表示如下：

$$L = \bar{L} \pm 3\sigma_{\bar{L}} = \bar{L} \pm \delta_{\lim\bar{L}} = （24.957 \pm 0.001）（mm）$$

任务评价

请将任务评价结果填入表 1-1-2 中。

表 1-1-2　自评/互评表（一）

任务小组				任务组长		
小组成员				班级		
任务名称				实施时间		
评价类别	评价内容	评价标准	配分	个人自评	小组评价	教师评价
学习准备	资料准备	参与资料收集、整理、自主学习	5			
	计划制订	能初步制订计划	5			
	小组分工	分工合理，协调有序	5			
学习过程	操作技术	见任务评分标准	40			
	问题探究	能在实践中发现问题，并用理论知识解释实践中的问题	10			
	文明生产	服从管理，遵守"5S"标准	5			
学习拓展	知识迁移	能实现前后知识的迁移	5			
	应变能力	能举一反三，提出改进建议或方案	5			
	创新程度	能提出创新建议	5			

评价类别	评价内容	评价标准	配分	个人自评	小组评价	教师评价
学习态度	主动程度	主动性强	5			
	合作意识	能与同伴团结协作	5			
	严谨细致	认真仔细，不出差错	5			
总　　计			100			
教师总评 （成绩、不足及注意事项）						
综合评定等级						

拓展知识

系统误差的发现与消除

1. 系统误差的发现

系统误差产生的原因往往是已知的，它的出现一般也是有规律的，人们通过长期的实践和理论研究总结出一些发现系统误差的方法。下面简述两种常用的方法。

（1）理论分析法。理论分析法是指观测者凭借所掌握的实验理论、实验方法和实验经验等，对实验所依据的理论公式的近似性、所采用的实验方法的完善性进行研究分析，从中找出产生系统误差的某些主要根源，从而找出系统误差的方法。它是发现、确定系统误差的最基本的方法。

（2）对比法。对比法是指改变实验的部分条件、甚至全部条件进行测量，分析改变前后所得的测量值是否有显著的不同，从中分析有无系统误差并探索系统误差来源的方法。对比的方法有多种，包括不同实验方法的对比，使用不同测量仪器的对比，改变测量条件的对比，以及采用不同人员测量的对比等。

2. 系统误差的处理

在处理系统误差时，常将它分为两类，即已定系统误差和未定系统误差。处理数据时，必须将已定系统误差从测量值中减去，得到修正后的测量值。未定系统误差是指误差的绝对值和符号未确定的系统误差。下面介绍处理系统误差的几个具体的原则。

（1）消除产生系统误差的因素。这要求对整个测量过程及测量装置进行必要的分析与研究，找出可能产生系统误差的原因。

（2）对测量结果加以修正。计算出要处理的系统误差之值，加到测量结果上，使测量结果得到修正；或者在计算公式中加入修正项以消除某项系统误差；或者用更高一级的标准仪器校准一般仪器，得到修正值或修正曲线，从而使测量结果得以修正。

（3）采用适当的测量方法。在测量过程中，根据系统误差的性质，选择适当的测量方法，使测得值中的系统误差相互抵消，从而消除系统误差对测量结果的影响。

总体来讲，消除系统误差影响的原则就是首先设法使它不产生，如果做不到，就修正它或减小它，或者在测量过程中设法消除它的影响。

任务二　了解机械测量的常用量具和仪器

任务描述

机械测量离不开各种量具和仪器。了解机械测量的常用量具和仪器是掌握机械测量技术的前提。

（1）测量器具有哪些分类？其主要技术性能指标有哪些？

（2）常用长度测量器具及其发展是如何的？

（3）常用量具仪器该如何选用并维护？

知识链接

机械测量器具是指测量的量具和仪器。目前市场上的测量器具种类繁多，作为机械测量技术人员，必须掌握选用器具及维护保养器具等技能。

一、测量器具的分类

量具是指用来测量或检验零件尺寸的器具，结构比较简单。它能直接指示出长度的单位及界限，如量块、角尺、卡尺、千分尺等。

量仪是指用来测量零件或检定量具的仪器，结构比较复杂。它是利用机械、光学、气动、电动等原理，将长度单位放大或细分的测具，如气动量仪、电感式测微仪、立式接触式干涉仪、测长仪和万能工具显微镜等。

量具量仪可以按计量学的观点分类，也可以按器具本身的结构、用途和特点分类。按用途、特点，量具、量仪一般可分为以下4类。

1. 标准量具与量仪

量具——标准量具只有某一个固定尺寸，通常用来校对和调整其他计量器具或作为标准与被测工件进行比较如量块、直角尺、各种曲线样板及标准量规等。

量仪——标准量仪包括激光光波比较仪、光波干涉比较仪、立式光学计等。

2. 通用量具与量仪

量具——通用量具包括卡规、塞规、环规、塞尺、金属直尺、游标卡尺、千分尺、杠杆千分尺、半径样板、深度卡尺、高度卡尺等。通用量具按其工作原理可分为以下3类。

（1）固定刻线量具，如米尺、金属直尺、卷尺等。

（2）游标量具，如三用游标卡尺（含带表游标卡尺、数显游标卡尺等）、游标深度卡尺、游标高度卡尺、齿厚游标卡尺、游标万能角度尺等。

（3）螺旋测微量具，如外径千分尺、内径千分尺、螺纹中径千分尺、公法线千分尺等。

量仪——通用量仪包括指示表、杠杆指示表、测微仪、测长仪、大型工具显微镜、万能工具显微镜、投影仪、光学比较仪等。通用量仪按其工作原理可分为以下5类。

（1）机械量仪。机械量仪是利用杠杆、齿轮、弹簧等作为传动放大结构，并通过读数装置表现量值的一种测量仪器，如指示表、扭簧测微仪、杠杆齿轮测微仪等。

（2）光学量仪。光学量仪是利用光的反射原理所构成的光学杠杆放大作用所制成的测量仪器，如光学比较仪、测长仪、工具显微镜、投影仪等。

（3）气动量仪。气动量仪是利用压缩空气流过零件表面时形成的压力或空气流量变化的原理所构成的测量仪器，如水柱式气动量仪、水银式气动量仪、浮标式气动量仪、薄膜式气动量仪和波纹管式气动量仪等。

（4）电动量仪。电动量仪是将长度尺寸的变化转变为电感、电容等电学量变化的测量仪器，如电感式比较仪等。

（5）光栅式量仪，如光栅测量仪、光栅式分度头等。

3. 量规

量规是无刻度的专用量具。它只能用来检验零件是否合格，而不能测得被测零件的具体尺寸，如塞规、卡规、环规、螺纹塞规、螺纹环规等。

4. 检验装置

检验装置是量具量仪和其他定位元件等的组合体，用以提高测量或检验效率，提高测量精度，从而便于实现测量自动化，在大批量生产中应用较多。

总之，各种形式的量具量仪都具有一个共同点，即它们必须具有检测、比较、显示标准值和被测值之间的差别等三个基本功能。而它们其他的一些功能可以满足多样化的需要。

二、测量器具的主要技术性能指标

1. 刻度间距 C

刻度间距简称刻度，它是"标尺"或圆刻度盘上相邻两刻线中心线之间的实际距离或圆周弧长［图 1-1-1（b）］。刻度间距太小，会影响估读精度；太大则会加大读数装置的轮廓尺寸。为适于人眼观察，刻度间距一般为 1~2.5 mm。

2. 分度值 i

分度值也标刻度值、精度值，简称精度，它是指测量器具标尺上一个刻度间隔所代表的测量数值。在长度测量中，常用的分度值有 0.01 mm，0.005 mm，0.002 mm 以及 0.001 mm 等几种。［图 1-1-1（c）所示分度值为 0.001 mm］

3. 示值范围

示值范围是指测量器具所能显示或指示的被测量起始值到终止值的范围。例如，图 1-1-1（c）所示比较仪的示值范围为 ±100 μm。

4. 测量范围

测量范围是指测量器具的误差处于规定极限内，所能测量的被测量最小值到最大值的范围，如图 1-1-1（a）所示比较仪，其悬臂的升降可使测量范围达到 0~180 mm。

5. 灵敏度

灵敏度亦称传动比或放大比，它表示测量器具放大微量的能力，是指针对标尺的移动量与引起此移动量的被测几何量的变动量之比。

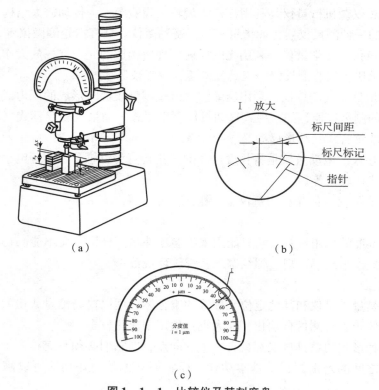

图 1 – 1 – 1　比较仪及其刻度盘
（a）比较仪；（b）刻度间距；（c）刻度盘及分度值

6. 示值误差

示值误差是指测量器具显示的数值与被测几何量的真值之差。示值误差是代数值，有正、负之分。一般可用量块作为真值来检定出测量器具的示值误差。示值误差愈小，测量器具的精度就愈高。

7. 示值变动性

示值变动性是指在测量条件不做任何改变的情况下，对同一被测量进行多次重复测量读数，其结果的最大差异。

8. 回程误差

回程误差是指在相同情况下，测量器具正反行程在同一点示值上被测量值之差的绝对值。引起回程误差的主要原因是量仪传动元件之间存在间隙。

9. 测量力

测量力是指接触测量过程中测头与被测物体之间的接触压力。过大的测量力会引起测头和被测物体的变形，从而引起较大的测量误差。较好的测量器具一般均设置测量力控制装置。

10. 修正值

修正值是指为了消除和减少系统误差，用代数法加到测量结果上的数值。它的大小和示值误差的绝对值相等，而符号相反。在测量结果中加入相应的修正值后，可提高测量精度。

11. 不确定度

不确定度是指在规定条件下测量时，由于测量误差的存在，对被测几何量不能肯定的程度。不确定度从估计方法上可归纳成两类：一类为多次重复测量，并用统计法计算而得的标准偏差；另一类为用其他方法估计而得的近似标准偏差（包括系统误差随机化的标准偏差）。

三、常用长度测量器具及其发展

1. 常用长度计量仪器

长度计量仪器的种类较多，采用的原理也各式各样，这里就生产中常用的仪器做简单介绍。

（1）机械式量仪。生产中常用的有游标尺、千分尺、扭簧比较仪、内径测量仪和齿厚卡尺等计量器具。

（2）电动式量仪。电动式量仪种类很多，一般可分为电接触式量仪、电感式量仪、电容式量仪、电涡流式量仪和感应同步器等。其中，电感式量仪的传感器一般分为电感式和互感式两类。电感式又可分为气隙式、截面式和螺管式三类；互感式可分为气隙式和螺管式两类。

（3）气动量仪。气动量仪是利用气体在流动过程中形成的某些物理量（如流量、压力、流速等）的变化来实现长度测量的一种装置。一般由下述四个部分组成：过滤器、稳压器、指示器和测量头等。其中，过滤器是将从气源来的压缩空气进行过滤，清除其中的灰尘、水和油分，使空气干燥和清洁；稳压器是使空气的压力保持恒定；指示器是将工件尺寸变化转变为压力（或流量）变化，并指出尺寸变化大小；测量头是用来感受被测尺寸的变化。

气动量仪一般可分为气压计式和流量计式两类。前者是用气压计指示工件尺寸的变化，后者是用气体流量计指示工件尺寸的变化。流量计式气动量仪的具体工作原理为：将工件尺寸变化转换成气体流量的变化，然后通过浮标在锥形玻璃管中浮动的位置进行读数。

（4）光学机械式量仪。光学机械式计量仪器在机械制造和仪器制造中应用比较广泛，其种类和型号也各式各样。但在长度测量中，光学计、测长仪、接触式干涉仪是具有代表性的仪器。

2. 现代测量技术发展

在老式的坐标测量机中，常用光学刻度尺作为检测元件。随着生产的发展，光学刻度尺的使用愈来愈少。数字显示越来越显示出其优点，如数显游标卡尺（图1-1-2）、数显外径千分尺（图1-1-3）、数显公法线千分尺（图1-1-4）、数显螺纹中径千分尺（图1-1-5）、数显千分表（图1-1-6）、数显角度仪（图1-1-7）。

图1-1-2 数显游标卡尺

图1-1-3 数显外径千分尺

图1-1-4 数显公法线千分尺

图1-1-5 数显螺纹中径千分尺

图1-1-6 数显千分表

图1-1-7 数显角度仪

随着计算机及激光技术的发展，光、机、电一体测量仪器设备不断涌现。激光在长度计量中的应用愈来愈广，不仅可用干涉法测量线位移，还可用双频激光干涉法测量小角度，环形激光测量圆周分度，以及用激光束作为基准测直线度误差等。目前，我国已生产出双频激光测长机，其测量长度达12 m。

另外，坐标测量机是一个不断发展的概念。例如，测长机、测长仪可称为单坐标测量机；工具显微镜可称为两坐标测量机。随着生产的发展，要求测量机能测出工件的空间尺寸，由此发展成三坐标测量机。有的坐标测量机带有许多附件，其测量范围更广，又称万能测量机。

目前，坐标测量机和数控机床中广泛使用光栅、磁栅、感应同步器和激光作为检测元件，其优点是能采用脉冲计数，数字显示及便于实现自动测量等。

3. 现代测量技术的发展趋势

（1）精密化。科学技术向微小领域发展，由毫米级、微米级继而涉足纳米级，即微/纳米技术。微/纳米技术研究和探测物质结构的功能尺寸，其分辨能力达到微米至纳米级尺度，使人类在改造自然方面深入原子、分子级的纳米层次。纳米级加工技术可分为加工精度和加工尺度两方面。加工精度由 21 世纪初的最高精度微米级发展到现有的几个纳米数量级。例如，金刚石车床加工的超精密衍射光栅精度已达 1 nm，实验室已经可以制作 10 nm 以下的线、柱、槽。

（2）自动化。在线在机测量技术以及工位量仪、主动量仪的使用是大批量生产时保证加工质量的重要手段。计量型仪器进入生产现场、融入生产线，并监控生产过程。这对仪器的高可靠性、高效率、高精度以及质量统计功能、故障诊断功能提出了新的要求，而近年来开发的各种在线在机测量仪器满足了这些要求。

（3）智能化。智能化测量技术是数字化制造技术的一个重要的、不可或缺的组成部分。智能化测量仪器、智能化量具产品的不断丰富和发展，适合并满足了生产现场不断提高的使用要求。

（4）集成化。各测量机制造商独立开发的不同软件系统往往互不兼容，而且，由于知识产权的问题，这些工程软件往往是封闭的。系统集成技术主要解决不同软件包之间的通信协议和软件翻译接口问题。利用系统集成技术可以把 CAD、CAM 和 CAT 以在线工作方式集成在一起，形成数学实物仿形制造系统，从而大大缩短了模具制造及产品仿制生产周期。

（5）非接触化。非接触测试技术有很多，特别值得一提的是视觉测试技术。现代视觉理论和技术，不仅能模拟人眼能实现的功能，更重要的是它能完成人眼所不能胜任的工作。因此，视觉技术作为当今的最新技术，在电子、光学和计算机等技术不断成熟和完善的基础上得到迅速发展。

（6）多功能化。多传感器融合能够解决测量过程中有关测量信息获取的问题，它可以提高测量信息的准确性。由于多传感器是以不同的方法或从不同的角度获取信息的，所以可以通过它们之间的信息融合去伪存真，提高测量精度。

四、常用量具仪器的选用与维护

1. 测量器具的选用

量具量仪是为产品服务的。量具量仪的精度、测量范围和形式，应满足产品的要求。随着科学技术的发展，产品精度在不断提高，检测工具的精度亦要求相应的提高。在企业里，各种产品的测量通常采用标准的通用量具量仪，只有在通用量具量仪无法满足产品要求的情况下，才由自己设计和制造新的量具或专用量仪。

正确合理地选用量具量仪，不但是保证产品质量的需要，而且是提高经济效益的措施。量具量仪的选择，主要依靠被测零件尺寸的公差和量具量仪本身的示值误差以及经济指标等因素。

零件尺寸的公差和量具量仪本身的示值误差，一般在零件图和量具量仪的说明书上已经注明。所谓经济指标，则包括量具量仪的价格、量具量仪使用的持久性（修理的间隔期）、检定调整及修理所消耗的时间、测量过程所需要的时间等内容。选择量其和量仪时，必须将上述各项因素综合加以考虑和比较。

因此，为选好测量器具，必须具备下列条件：一是要熟悉量具量仪的特点、规格、精度和使用方法；二是要弄清零件的技术要求；三是要掌握量具量仪的经济指标各项数据。

这样，在选用器具时才能得心应手，处理得当。现将测量器具的选用方法介绍如下：

（1）按被测零件的不同要求，选用量具量仪。例如，对测量长度、外径，测量孔径，测量角度、锥度，测量高度、深度，测量螺纹，测量齿轮，测量状形位置，测量配合面的间隙等，应分别选用相应的量具量仪。

（2）按生产类型选用量具量仪。由于零件的批量不同，所以从讲求效率和经济效益的角度出发，应选用不同种类的量具量仪。单件、小批生产应尽量选用通用量具量仪，如卡尺、千分尺、杠杆表、量块等。成批生产可采用以专用量具为主，通用量具为辅的办法。例如，采用卡规、塞规、专用量具等。大量生产除采用专用量具外，还应考虑采用高效机械化和自动化检测装置。

（3）按零件的精度选用量具量仪。测量低精度的零件选低精度测量器具，测量高精度的零件选高精度测量器具，这是选择量具量仪时不可忽视的一个原则。如果以低精度的测量器具去检测高精度的零件，会造成以下后果：一是无法读出精确值，例如，用 0.01 mm 读数的千分尺，去测 0.001 mm 精度的零件，会无法读出千分位的准确数值；二是即使勉强使用，不但测量误差大，而且会增加零件的误收率和误废率。如果以高精度的量具去检测低精度的零件，会造成以下后果：一是提高经济成本，增加了测量费用；二是加速了量具的磨损，容易使其丧失精度。

（4）根据测量对象的公差以及计量器具的不确定度选择量具。根据工具的公差值，查出安全裕度和计量器具不确定允许值 u_1。根据检测对象的尺寸范围和尺寸类型，选择计量器具不确定度 $U_量$ 小于和等于 u_1，即 $U_量 \leqslant u_1$。最后确定验收极限。

2. 工件尺寸的验收极限

（1）安全裕度。安全裕度 A 是指测量中不确定度的允许值（u），主要由测量器具的不确定度允许值 u_1 及测量条件引起的测量不确定度允许值 u_2 这两部分组成。安全裕度的确定，必须从技术和经济两个方面综合考虑。A 值较大时，可选用较低精度的测量器具进行检验，但减少了生产公差，因而加工经济性差；A 值较小时，要用较精密的测量器具，加工经济性好，但测量仪器费用高，增加了生产成本。因此，A 值应按被检验工件的公差大小来确定，一般为工件公差的 1/10。国家标准 GB/T 3177—2009 规定的 A 值见表1 - 1 - 3。

表1 - 1 - 3　安全裕度 A 及测量器具不确定允许值 u_1

零件公差	安全裕度 A	计量器具不确定允许值 $u_1 = 0.9A$
> 0.009 ~ 0.018	0.001	0.0009
> 0.018 ~ 0.032	0.002	0.0018
> 0.032 ~ 0.058	0.003	0.0027
> 0.058 ~ 0.100	0.006	0.0054
> 0.100 ~ 0.180	0.010	0.009
> 0.180 ~ 0.320	0.018	0.016
> 0.320 ~ 0.580	0.032	0.029
> 0.580 ~ 1.000	0.060	0.054
> 1.000 ~ 1.800	0.100	0.090
> 1.800 ~ 3.200	0.180	0.160

（2）验收极限。验收极限是指检验工件尺寸时判断其合格与否的尺寸界限。确定验收极限的方式包括内缩方式和不内缩方式。选择验收方式时，应综合考虑被测尺寸的功能要求、重要程度、公差等级、测量不确定度和工艺能力等。

①内缩方式。为了保证被判断为合格的零件的真值不超出设计规定的极限尺寸，国家标准《产品几何技术规范（GPS）　光滑工件尺寸的检验》（GB/T 3177—2009）中规定，使用通用测量器具，如游标卡尺、千分尺及车间使用的比较仪投影仪等量具量仪检验光滑工件（该工件的公差等级为 IT6～IT18、公称尺寸至 500 mm）的尺寸时，所用验收方法应只接收位于规定的尺寸极限之内的工件。因此，验收极限须从被检验零件的极限尺寸向公差带内移动一个安全裕度 A（图1-1-8）。即

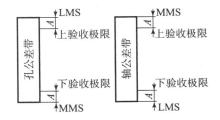

图1-1-8　孔和轴的验收极限

孔尺寸的验收极限：

上验收极限＝最小实体尺寸（LMS）－安全裕度（A）

下验收极限＝最大实体尺寸（MMS）＋安全裕度（A）

轴尺寸的验收极限：

上验收极限＝最大实体尺寸（MMS）－安全裕度（A）

下验收极限＝最小实体尺寸（LMS）＋安全裕度（A）

②不内缩方式。安全裕度（A）等于零，即验收极限等于工件的最大实体尺寸或最小实体尺寸。对于非配合尺寸和采用一般公差的尺寸，可以按不内缩方式确定验收极限。

五、量具和量仪的使用、维护和保养常识

正确地使用和维护量具、量仪是保持量具、量仪精度，延长其使用寿命的重要条件，是每一个检测者都必须知道的常识。要保持量具、量仪的精度与其工作的可靠性，除了在使用中要按照合理的使用方法进行操作以外，还必须做好量具、量仪的维护和保养工作。具体如下：

（1）使用仪器必须按操作规程办事，不可为图省事而违章作业。

（2）量具、量仪的管理和使用，一定要落实到人，并制定维护保养制度，认真执行。仪器除规定专人使用外，其他人如要动用，须经负责人和使用者同意。

（3）掌握量具、量仪的正确使用方法及读数原理，避免测错、读错现象。对于不熟悉的量具、量仪，不要随便动用。测量时，应多测几次，取其平均值，并要练习用一只眼读数，视线应垂直对准所读刻度，以减少视差。在估读不足一格的数值时，最好使用放大镜。

（4）仪器各运动部分，要按时加油润滑，但加油不宜过多。油流如果进入光学系统，会使分划板产生畸变，镜片模糊不清。

（5）各种光学元件不要用手去摸，这是因为手指上有汗、有油、有灰尘。镜头脏了，应使用镜头纸、干净的绸布或麂皮擦拭。如果沾了油斑，可用脱脂棉蘸少许酒精（或酒精和乙醚混合液），把油斑轻轻擦去。如果蒙上了灰尘，可用软毛刷刷去。

（6）仪器必须严格调好水平，使仪器各部分在工作时不受重力的影响。

（7）仪器的某些运动部分，在停机时（非工作状态），应使其处于自由状态或正常位置，以免长期受力变形。

（8）仪器的运动部分发生故障时，在未查明原因之前，不可强行使其转动或移动从而发生人为损伤。

（9）仪器上经常旋动的螺钉，不可拧得太紧。

（10）仪器检测的零件，必须清除掉尘屑、毛刺和磁性，非加工面要涂漆。

（11）以顶尖孔为基准的被测件，要预先检查顶尖孔是否符合要求。

（12）插接电源时，应弄清电压高低，避免因插错而烧坏仪器。千万不要用导线直接接电源。仪器不工作时，应断开电源。

（13）电子仪器要注意防潮，避免因电子元件线路等受潮而失灵。

（14）在机床上测量零件时，要等零件完全停稳后进行。否则，不但使量具的测量面因过早磨损而失去精度，且会造成事故。尤其是车工使用外卡钳时，不要以为卡钳简单，磨损一点无所谓。要注意铸件内常有气孔和缩孔，一旦钳脚落入气孔内，可把操作者的手也拉进去，从而造成严重事故。

（15）测量前应把量具的测量面和零件的被测量面都要揩干净，以免因有脏物而影响测量精度。用精密量具，如游标卡尺、百分尺和指示表等去测量锻铸件毛坯，或带有研磨剂（如金刚砂等）的表面是错误的，这样易使测量面很快磨损而失去精度。

（16）量具在使用过程中，不要和工具、刀具，如锉刀、榔头、车刀和钻头等堆放在一起，以免碰伤量具。也不要将量具随便放在机床上，以免因机床振动而使量具掉下来造成损坏。尤其是游标卡尺等，应平放在专用盒子中，以免使尺身变形。

（17）量具是测量工具，绝对不能将其作为其他工具的代用品。例如，用游标卡尺划线，将百分尺作为榔头使用，把金属直尺当螺钉旋具旋螺钉，以及用金属直尺清理切屑等都是错误的。把量具当玩具，如把百分尺等拿在手中任意挥动或摇转等也是错误的，这些都易使量具失去精度。

（18）温度对测量结果影响很大，零件在进行精密测量时，一定要使零件和量具都处于20℃的情况下。一般可在室温下进行测量，但必须使工件与量具的温度一致，否则，由于金属材料热胀冷缩的特性，测量结果会不准确。温度对量具精度的影响也很大，量具不应放在阳光下或床头箱上。这是因为量具温度升高后，会量不出正确尺寸。更不要把精密量具放在热源（如电炉、热交换器等）附近，以免使量具因受热变形而失去精度。

（19）不要把精密量具置于磁场附近，如磨床的磁性工作台上，以免使量具感磁。

（20）发现精密量具有不正常现象，如量具表面不平、有毛刺、有锈斑以及刻度不准、尺身弯曲变形、活动不灵活等时，使用者不应当自行拆修，更不允许自行用榔头敲、锉刀锉、砂布打光等粗糙办法修理，以免反而增大量具误差。发现上述情况，使用者应当将量具主动送计量站检修，并经检定量具精度后再继续使用。

（21）量具使用后，应及时揩干净，除不锈钢量具或有保护镀层者外，金属表面应涂上一层防锈油，并放在专用的盒子里，保存在干燥的地方，以免生锈。

（22）精密量具应进行定期检定和保养，长期使用的精密量具，要定期送计量站进行保养和检定精度，以免因量具的最大允许误差超差而造成产品质量事故。

任务实施

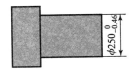

图 1-1-9 轴

对于图 1-1-9 所示的轴件，应如何选用合适的量具测量其轴径。

解：根据公差值 0.46 mm，查得安全裕度 $A = 0.032$ mm，计量器具的不确定度允许值 $u_1 = 0.029$ mm；根据测量尺寸范围，查得分度值为 0.02 的游标卡尺满足要求；并可得出其验收极限为

上验收极限 = 最大实体尺寸（LMS）– 安全裕度（A） = 250 – 0.032 = 249.968（mm）；

下验收极限 = 最小实体尺寸（MMS）+ 安全裕度（A） = 249.54 + 0.032 = 249.572（mm）。

任务评价

请将任务评价结果填入表 1-1-4 中。

表 1-1-4　自评/互评表（二）

任务小组				任务组长			
小组成员				班级			
任务名称				实施时间			
评价类别	评价内容	评价标准		配分	个人自评	小组评价	教师评价
学习准备	资料准备	参与资料收集、整理、自主学习		5			
	计划制订	能初步制订计划		5			
	小组分工	分工合理，协调有序		5			
学习过程	操作技术	见任务评分标准		40			
	问题探究	能在实践中发现问题，并用理论知识解释实践中的问题		10			
	文明生产	服从管理，遵守"5S"标准		5			
学习拓展	知识迁移	能实现前后知识的迁移		5			
	应变能力	能举一反三，提出改进建议或方案		5			
	创新程度	能提出创新建议		5			
学习态度	主动程度	主动性强		5			
	合作意识	能与同伴团结协作		5			
	严谨细致	认真仔细，不出差错		5			
总　　计				100			
教师总评（成绩、不足及注意事项）							
综合评定等级							

拓展知识

先进测量仪器简介

测量技术的发展与机械加工精度的提高有着密切的关系。例如，比较仪的出现，使加工精度达到了 1 μm；由于光栅、磁栅、感应同步器等用作传感器以及激光干涉仪的出现，使加工精度又达到了 0.01 μm 的水平。并且，随着机械工业的发展，数字显示、微型计算机等也进入了测量技术的领域。数显技术的应用，减少了人为的影响因素，提高了读数精度与可靠性；计算机主要用于测量数据的处理，从而进一步提高了测量的效率。另外，计算机和量仪的联用，还可用于控制测量操作程序，实现自动测量或通过计算机对程控机床发出对零件的加工指令，将测量结果用于控制加工工艺，从而使测量、加工统一组成一个整体的工艺系统。下面简单介绍几种较为先进的测量仪器。

1. 网络化仪器

总线仪器、虚拟仪器等微机化仪器技术的应用，使组建集中和分布式测控系统变得更为容易。UNIX、Windows NT、Windows 2000 和 Netware 等网络化计算机操作系统，为组建网络化测试系统带来了方便。

在网络化仪器环境条件下，被测对象可通过测试现场的普通仪器设备，将测得数据（信息）通过网络传输给异地的精密测量设备或高档次的微机化仪器去分析、处理；能实现测量信息的共享；可掌握网络节点处信息的实时变化的趋势。另外，也可通过具有网络传输功能的仪器将数据传至原端即现场。从进一步拓展仪器设备定义的角度出发，并根据网络化测量技术的特点，人们试将服务于人们的从任何地点、在任意时间都能够获取到测量信息（或数据）的所有硬、软件条件的有机集合称为"网络化仪器"。

网络化仪器的概念并非建立在虚幻之上，而是已经在现实中广泛的测量与测控领域初见端倪。现有网络化仪器的典型例子有：网络化流量计、网络化传感器、网络化示波器和网络化逻辑分析仪、网络化电能表。

有了网络化仪器，人们从任何地点、在任意时间获取到测量信息（或数据）的愿望将成为现实。与传统的仪器、测量和测试相比，这的确是一个质的飞跃。

2. MZK 系列主动测量仪

MZK 系列主动测量仪是与自动磨床配套，通过对磨削过程中工件的在线测量控制机床以保证加工质量的精密仪器。

MZK 系列主动测量仪由测量表机和磨床控制器两大部分组成，采用计算机控制，对被加工零件的尺寸适时在线测量，并按照预置的加工工艺参数，在不同的磨削阶段发出快进、粗磨、精磨、光磨、到尺寸、后退等信号，从而高效准确地控制整个磨削过程。MZK 系列主动测量仪实现了磨削过程自动化，提高了磨削加工的效率和工件的尺寸精度、形状精度，减少了人为误差，保证了加工质量。

MZK 系列主动测量仪的特点是采用高灵敏度、高刚性测量规，触发精度高；零件加工精密，并采用独特的弹性支承，运动灵活、测值稳定；表机结构合理、种类齐全，外沟主动测量仪测规张角大，并具有二次伸张装置，可保护测头，安全可靠；电器低漂移、抗电磁干扰能力强、抗电源波动能力强；功能齐全，具有测量数据显示、磨削过程指示、手动调零、磨削参数设置以及外部输入输出接口；智能化程度高，具有超量程自动转换、自动零位调整、依照外部输入信号自动校对调整，以及故障自我检测等。

3. DPH-B 动平衡测量仪

DPH-B 动平衡测量仪可在旋转的情况下测试各类旋转体，如卡盘、砂轮、主轴和电机等不平衡量。

在磨加工行业中，由于砂轮质量不均匀，其重心与旋转中心不重合，砂轮旋转时会产生机械振动，造成被加工件多棱形，导致产品质量下降，同时，也会影响主轴的精度及寿命。使用 DPH-B 动平衡测量仪可消除不平衡量带来的影响，是提高生产工艺，保证加工精度，增加主轴寿命的必要手段。因此，其在机械行业有着广泛的用途。

DPH-B 动平衡测量仪的特点是动态范围宽，灵敏度高，采用数字跟踪滤波技术，抗干扰能力强；电路全集成化，可靠性程度高；整机结构新颖，设计巧妙，用环形分布的 16个发光二极管显示相位，1LED 数码管给出不平衡振动的幅值，显示直观、读数方便，且仪器带有相位锁定，便于被测量件停转后调整平衡块；采用霍尔元件提取基准信号，简便可靠。

任务三　识读尺寸公差

任务描述

机械产品通常是由许多经过机械加工的零部件组成的，这些零部件在加工、测量、装配过程中都不可避免地会产生各类误差。为了满足产品的互换性和精度要求，除了要控制这些加工误差外，还要给出每个产品的具体的合格条件，而控制零件尺寸误差的合格条件是通过极限与配合国家标准（GB/T 1800.1—2009）给出的。

（1）尺寸公差基本术语及定义是什么？尺寸公差的国家标准是什么？

（2）孔轴配合的类型和特点是什么？如何计算孔轴配合的极限盈隙？

（3）如何识读尺寸与公差？如何查表？

知识链接

为满足互换性的要求，零件的几何参数必须保持在一定的加工精度范围内，加工精度是指在零件加工后，其几何参数的实际值与设计理想值相符合的程度。在极限与配合标准中，首先对与组织互换性生产密切相关、带有共同性的常用术语和定义，作出明确的规定。

一、尺寸与公差的基本术语及定义

（一）有关尺寸的术语和定义

1. 尺寸

尺寸是指以特定单位表示线性尺寸值的数值。特定单位是指"mm"，这个特定单位在机械工程是一种规定，通常在图纸上只标注数字，而不标注 mm。如果是其他单位应另外说明。

2. 公称尺寸

由图样规范确定的理想形状要素的尺寸称为公称尺寸。公称尺寸是根据要求，通过强度、刚度计算，并考虑结构及工艺方面的因素后确定的尺寸。它可以是一个整数或一个小数值。在这里要说明的是，在之前的国家标准中公称尺寸也称为基本尺寸，孔用 D、轴用 d 表示。

3. 实际尺寸

实际尺寸是指通过测量所得的尺寸，孔用 D_a、轴用 d_a 表示。

4. 极限尺寸

尺寸要素允许的尺寸的两个极端称为极限尺寸。具体来讲，极限尺寸是指一个孔（或轴）允许的尺寸的两个极端值，其中，孔或轴允许的最大尺寸称为上极限尺寸，孔用 D_{max}、轴用 d_{max} 表示；孔或轴允许的最小尺寸称为下极限尺寸，孔用 D_{min}、轴用 d_{min} 表示；因此极限尺寸是控制实际尺寸合格的两个界限值，即

下极限尺寸≤实际尺寸≤上极限尺寸

（二）有关偏差与公差的术语和定义

1. 尺寸偏差

尺寸偏差是指某一尺寸减其公称尺寸所得的代数差可简称为偏差。这里的某一尺寸是指极限尺寸或实际尺寸。当某一尺寸是上极限尺寸时，所得的代数差称为上极限偏差（孔的上极限偏差用 ES 表示，轴的上极限偏差用 es 表示）；当某一尺寸是下极限尺寸时，所得的代数差称为下极限偏差（孔的下极限偏差用 EI 表示，轴的下极限偏差用 ei 表示）。

由于极限尺寸可能大于、等于或小于公称尺寸，所以偏差可能为正值、零或负值。但是，要特别注意：上、下极限偏差不能同时为零。

2. 尺寸公差

尺寸公差是指允许尺寸的变动量，可简称为公差。它是一个变动范围，数值上等于上极限尺寸与下极限尺寸之差的绝对值；也等于上极限偏差与下极限偏差之差的绝对值。孔和轴的公差分别以 T_h 和 T_s 表示，其表达方式为。

孔： $$T_h = |\ D_{max} - D_{min}\ | = |\ ES - EI\ | \tag{1-1-8}$$
轴： $$T_s = |\ d_{max} - d_{min}\ | = |\ es - ei\ | \tag{1-1-9}$$

3. 零线

零线是指在公差带图中，确定偏差的一条基准直线也称为零偏差线。它是表示公称尺寸的一条直线，以其为基准确定偏差和公差。零线以上为正偏差，以下为负偏差。

4. 公差带

表示零件的实际尺寸相对于公称尺寸所允许变化的范围称为公差带。公差带用示意图表示时，称为公差带图，如图 1-1-10 所示。公差带包括公差带的大小和公差带的位置两个部分。其中，公差带的大小是由标准公差确定的，公差带的位置是由基本偏差确定的。

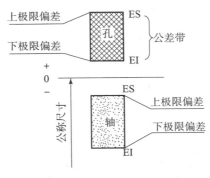

图 1 - 1 - 10　公差带图

（三）标准公差

在孔轴配合中，由于公差带的大小和位置不同，所以可以形成不同性质和不同精度的配合。

（1）标准公差：标准公差是由国家标准《极限与配合》规定的用于确定公差带大小的任一公差。标准公差用 IT 表示。

（2）公差等级：标准公差等级用以确定尺寸的精度等级。国家标准将公称尺寸至 500 mm 的公差等级分为 20 级，由符号 IT 和公差等级数字 01、0、1、2、3、4、5、6、7、8、9、10、11、12、13、14、15、16、17、18 组成表示，其中 IT01 级精度最高，IT18 级精度最低，IT01 ~ 11 是配合公差等级，IT12 ~ 18 是非配合公差等级。在公称尺寸相同时，随着公差等级的降低，相应的标准公差数值依次加大。在公差等级相同时，随着公称尺寸的增大，相应的标准公差数值依次加大。

（3）公差等级的选用：公差等级高，精度高，使用性能好，但难以加工，生产成本高；公差等级低，精度低，使用性能差，但加工容易，生产成本低。因此，应同时考虑生产成本和使用要求，合理选用。选用原则为：首先在满足使用要求的前提下，尽可能选用较低的公差等级。

（四）基本偏差

基本偏差是指：国家标准《极限与配合》规定的用以确定公差带相对于零线位置的上极限偏差或下极限偏差，一般为最靠近零线的那个极限偏差。当公差带位于零线的上方时，基本偏差为下极限偏差；当公差带位于零线的下方时，基本偏差为上极限偏差。（基本偏差可以为正值、负值和零）

基本偏差代号用拉丁字母按顺序排列表示，大写字母表示孔，小写字母表示轴。为避免混淆，基本偏差代号不用 26 个字母中的 I、L、O、Q、W（i、l、o、q、w）5 个字母，同时增加 CD、EF、FG、JS、ZA、ZB、ZC（cd、ef、fg、js、za、zb、zc）7 个双字母，共 28 个。基本偏差系列如图 1 - 1 - 11 所示。

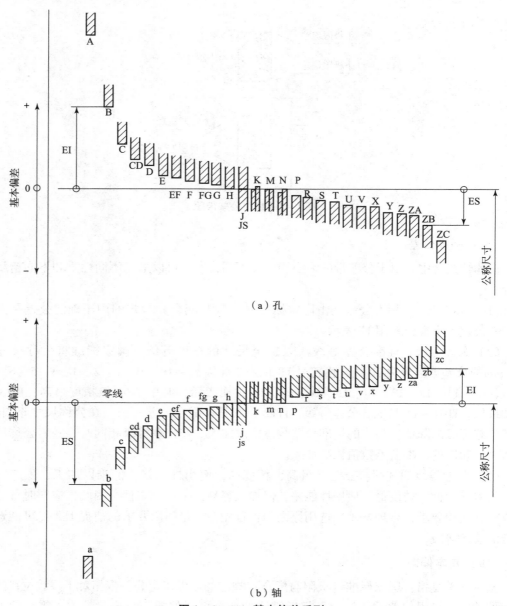

（a）孔

（b）轴

图 1 – 1 – 11　基本偏差系列

二、孔、轴的公差与配合

（一）孔和轴的定义

1. 孔

孔主要是指圆柱形的内表面，也包括其他内表面中由单一尺寸确定的部分。

2. 轴

轴主要是指圆柱形的外表面，也包括其他外表面中由单一尺寸确定的部分。

定义中的"单一尺寸确定的部分"，是指内、外部表面某一部分的意思。从孔与轴的定义中可知，孔并不一定为圆柱形，也可以为非圆柱形［如图1-1-12（a）中的毂槽］。同样，轴也并不一定为圆柱形，也可以为非圆柱形［如图1-1-12（b）中的轴槽］。

按装配关系讲，孔是包容面，轴是被包容面。从加工过程看，随着余量的切除，孔的尺寸由小变大，轴的尺寸由大变小。从测量方法看，测孔用游标卡尺内测量爪，测轴用游标卡尺外测量爪，如图1-1-12（c）所示。

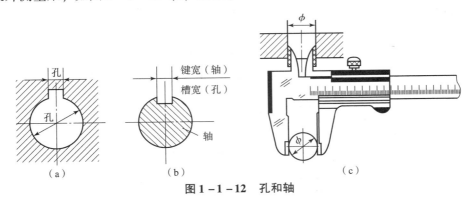

图1-1-12 孔和轴

（二）有关配合的术语和定义

1. 配合

配合是指公称尺寸相同的，相互结合的孔、轴公差带之间的关系。按照孔，轴公差带相对位置不同，配合分为间隙配合、过盈配合、过渡配合三大类，如图1-1-13所示。

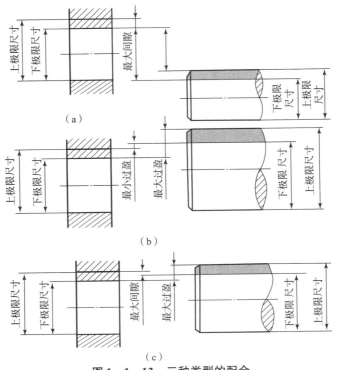

图1-1-13 三种类型的配合

（a）间隙配合；（b）过盈配合；（c）过渡配合

2. 配合的种类

（1）间隙配合。具有间隙（包括最小间隙等于零）的配合称为间隙配合。此时，孔的公差带在轴的公差带之上。简单地说，间隙配合就是指孔的尺寸大于轴的尺寸，两者很容易装配到一起。如图 1 - 1 - 14 所示。

当孔加工到上极限尺寸，轴加工到下极限尺寸时，装配后得到最大间隙（用 $X_{\max}$ 表示）；当孔加工到下极限尺寸，轴加工到上极限尺寸时，装配后得到最小间隙（用 $X_{\min}$ 表示）。即

$$X_{\max} = D_{\max} - d_{\min} = \text{ES} - \text{ei} \qquad (1-1-10)$$

$$X_{\min} = D_{\min} - d_{\max} = \text{EI} - \text{es} \qquad (1-1-11)$$

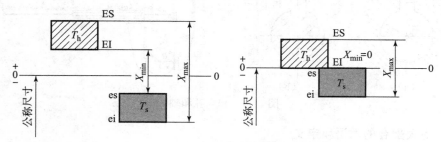

图 1 - 1 - 14　间隙配合

（2）过盈配合。具有过盈（包括最小过盈等于零）的配合称为过盈配合。此时，孔的公差带在轴的公差带之下。简单地说，过盈配合就是指孔的尺寸小于轴的尺寸，两者很不容易装配到一起。如图 1 - 1 - 15 所示。

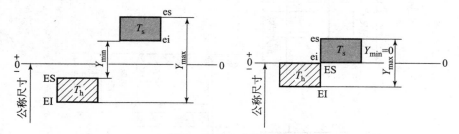

图 1 - 1 - 15　过盈配合

当孔为上极限尺寸，而轴为下极限尺寸时，装配后得到最小过盈（用 $Y_{\min}$ 表示）；当孔孔即为下极限尺寸而轴为上极限尺寸时，装配后得到最大过盈（用 $Y_{\max}$ 表示）。即

$$Y_{\max} = D_{\min} - d_{\max} = \text{EI} - \text{es} \qquad (1-1-12)$$

$$Y_{\min} = D_{\max} - d_{\min} = \text{ES} - \text{ei} \qquad (1-1-13)$$

（3）过渡配合。可能具有间隙或过盈的配合称为过渡配合（过渡配合相对于孔、轴群体而言。若单对孔、轴配合则无过渡之说）。此时，孔的公差带与轴的公差带相互交叠，如图 1 - 1 - 16 所示。

当孔为上极限尺寸而轴为下极限尺寸时，装配后得到最大间隙（$X_{\max}$）；当孔为下极限尺寸而轴为上极限尺寸时，装配后得到最大过盈（$Y_{\max}$）。即

$$X_{\max} = D_{\max} - d_{\min} = \text{ES} - \text{ei} \qquad (1-1-14)$$

$$Y_{\max} = D_{\min} - d_{\max} = \text{EI} - \text{es} \qquad (1-1-15)$$

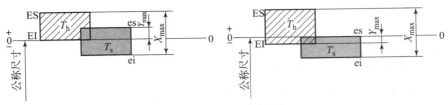

图 1 - 1 - 16　过渡配合

（三）配合制　配合制是指同一极限制的孔和轴组成的一种配合制度。

国家标准《极限与配合》（GB/T 1800.1—2009）规定了两种基准配合制：基孔制配合和基轴制配合。

（1）基孔制配合。基孔制是指将孔的尺寸固定，改变轴的尺寸大小，从而获得不同性质的配合。基孔制中的孔叫做基准孔，用代号 H 表示。

（2）基轴制配合。基轴制是指将轴的尺寸固定，改变孔的尺寸大小，从而获得不同性质的配合。基轴制中的轴叫做基准轴，用代号 h 表示。

三、极限与配合在图样上的标注

孔、轴的公差带代号由基本偏差代号和公差等级数字组成。例如，H8、F7、K7、P7 等为孔的公差带代号；h7、f6、r6、p6 等为轴的公差带代号。

配合代号用孔、轴公差带代号的组合表示，写成分数形式，分子为孔的公差带代号，分母为轴的公差带代号，如 $\dfrac{H7}{f6}$ 或 H7/f6。若表示某一确定尺寸的配合，则公称尺寸标在配合代号之前。例如，$\phi50\dfrac{H7}{f6}$ 或 $\phi50$ H7/f6。

孔、轴公差在零件图上的标注方法主要有 3 种，如图 1 - 1 - 17 所示。在装配图上，主要标注公称尺寸和配合代号，配合代号即标注以分数形式表示的孔、轴的公差带代号，如图 1 - 1 - 18 所示。

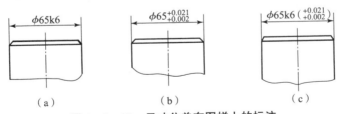

（a）　　　　　　（b）　　　　　　（c）

图 1 - 1 - 17　尺寸公差在图样上的标注

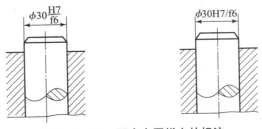

图 1 - 1 - 18　配合在图样上的标注

任务实施

通过查表，解读标注 $\Phi 50 \dfrac{\mathrm{H7}}{\mathrm{g6}}$，并计算其极限盈隙。

解：由标注可知，孔、轴的公称尺寸为 50 mm，且属于基孔制配合。孔标准公差等级为 IT7、轴标准公差等级为 IT6。

查表 1－1－6（见拓展知识）可得，IT7 = 0.025 mm，IT6 = 0.016 mm。

因为是基孔制图配合，所以 HT 基准孔的 KT 极限偏差 EI = 0，上极限偏差 ES = IT7 = +0.025 mm。

查表 1－1－2（见拓展知识）可得，g6 轴的上极限偏差 es = －0.009 mm，下极限偏差 ei = es － IT6 = －0.009 － 0.016 = －0.025 mm。

由以上数据可知，该配合属于间隙配合。极限盈隙为

$$X_{\max} = \mathrm{ES} - \mathrm{ei} = +0.025 - (-0.025) = +0.050 \text{ mm}$$

$$X_{\min} = \mathrm{EI} - \mathrm{es} = 0 - (-0.009) = +0.009 \text{ mm}$$

任务评价

请将任务评价结果填入表 1－1－5 中。

表 1－1－5　自评/互评表（三）

任务小组			任务组长			
小组成员			班级			
任务名称			实施时间			
评价类别	评价内容	评价标准	配分	个人自评	小组评价	教师评价
学习准备	资料准备	参与资料收集、整理、自主学习	5			
	计划制订	能初步制订计划	5			
	小组分工	分工合理，协调有序	5			
学习过程	操作技术	见任务评分标准	40			
	问题探究	能实践中发现问题，并用理论知识解释实践中的问题	10			
	文明生产	服从管理，遵守"5S"标准	5			
学习拓展	知识迁移	能实现前后知识的迁移	5			
	应变能力	能举一反三，提出改进建议或方案	5			
	创新程度	能提出创新建议	5			
学习态度	主动程度	主动性强	5			
	合作意识	能与同伴团结协作	5			
	严谨细致	认真仔细，不出差错	5			

评价类别	评价内容	评价标准	配分	个人自评	小组评价	教师评价
		总　计	100			
	教师总评 （成绩、不足及注意事项）					
	综合评定等级					

拓展知识

GB/T 1800《产品几何技术规范（GPS）极限与配合》根据 ISO 286：1988 重新起草，分为两部分。第一部分为公差，偏差和配合的基础（GB/T 1800.1—2009）；第二部分为标准公差等级和孔轴的极限偏差表（GB/T 1800.2—2009）。

表 1-1-6～表 1-1-10 所示，内容摘自 GB/T 1800.1—2009。

表 1-1-6　公称尺寸至 3150mm 的标准公差数值

公称尺寸 mm		标准公差等级																	
大于	至	IT1	IT2	IT3	IT4	IT5	IT6	IT7	IT8	IT9	IT10	IT11	IT12	IT13	IT14	IT15	IT16	IT17	IT18
		μm											mm						
—	3	0.8	1.2	2	3	4	6	10	14	25	40	60	0.1	0.14	0.25	0.4	0.6	1	1.4
3	6	1	1.5	2.5	4	5	8	12	18	30	48	75	0.12	0.18	0.3	0.48	0.75	1.2	1.8
6	10	1	1.5	2.5	4	6	9	15	22	36	58	90	0.15	0.22	0.36	0.58	0.9	1.5	2.2
10	18	1.2	2	3	5	8	11	18	27	43	70	110	0.18	0.27	0.43	0.7	1.1	1.8	2.7
18	30	1.5	2.5	4	6	9	13	21	33	52	84	130	0.21	0.33	0.52	0.84	1.3	2.1	3.3
30	50	1.5	2.5	4	7	11	16	25	39	62	100	160	0.25	0.39	0.62	1	1.6	2.5	3.9
50	80	2	3	5	8	13	19	30	46	74	120	190	0.3	0.46	0.74	1.2	1.9	3	4.6
80	120	2.5	4	6	10	15	22	35	54	87	140	220	0.35	0.54	0.87	1.4	2.2	3.5	5.4
120	180	3.5	5	8	12	18	25	40	63	100	160	250	0.4	0.63	1	1.6	2.5	4	6.3
180	250	4.5	7	10	14	20	29	46	72	115	185	290	0.46	0.72	1.15	1.85	2.9	4.6	7.2
250	315	6	8	12	16	23	32	52	81	130	210	320	0.52	0.81	1.3	2.1	3.2	5.2	8.1
315	400	7	9	13	18	25	36	57	89	140	230	360	0.57	0.89	1.4	2.3	3.6	5.7	8.9
400	500	8	10	15	20	27	40	63	97	155	250	400	0.63	0.97	1.55	2.5	4	6.3	9.7
500	630	9	11	16	22	32	44	70	110	175	280	440	0.7	1.1	1.75	2.8	4.4	7	11
630	800	10	13	18	25	36	50	80	125	200	320	500	0.8	1.25	2	3.2	5	8	12.5
800	1 000	11	15	21	28	40	56	90	140	230	360	560	0.9	1.4	2.3	3.6	5.6	9	14
1 000	1 250	13	18	24	33	47	66	105	165	260	420	660	1.05	1.65	2.6	4.2	6.6	10.5	16.5
1 250	1 600	15	21	29	39	55	78	125	195	310	500	780	1.25	1.95	3.1	5	7.8	12.5	19.5
1 600	2 000	18	25	35	46	65	92	150	230	370	600	920	1.5	2.3	3.7	6	9.2	15	23
2 000	2 500	22	30	41	55	78	110	175	280	440	700	1 100	1.75	2.8	4.4	7	11	17.5	28
2 500	3 150	26	36	50	68	96	135	210	330	540	860	1 350	2.1	3.3	5.4	8.6	13.5	21	33

注：1. 公称尺寸大于 500 mm 的 IT1～IT5 的标准公差数值为试行的。

2. 公称尺寸小于或等于 1 mm 时，无 IT14～IT18。

表1-1-7 轴的基本偏差数值（一）

公称尺寸/mm		基本偏差数值（上极限偏差 es）											
		所有标准公差等级											
大于	至	a	b	c	cd	d	e	ef	f	fg	g	h	js
—	3	−270	−140	−60	−34	−20	−14	−10	−6	−4	−2	0	偏差 = $\pm\dfrac{ITn}{2}$，式中 ITn 是 IT 值数
3	6	−270	−140	−70	−46	−30	−20	−14	−10	−6	−4	0	
6	10	−280	−150	−80	−56	−40	−25	−18	−13	−8	−5	0	
10	14	−290	−150	−95		−50	−32		−16		−6	0	
14	18												
18	24	−300	−160	−110		−65	−40		−20		−7	0	
24	30												
30	40	−310	−170	−120		−80	−50		−25		−9	0	
40	50	−320	−180	−130									
50	65	−340	−190	−140		−100	−60		−30		−10	0	
65	80	−360	−200	−150									
80	100	−380	−220	−170		−120	−72		−36		−12	0	
100	120	410	240	−180									
120	140	−460	−260	−200		145	−85		−43		−14	0	
140	160	−520	−280	−210									
160	180	−580	−310	−230									
180	200	−660	−340	−240		−170	−100		−50		−15	0	
200	225	−740	−380	−260									
225	250	−820	−420	−280									
250	280	−920	−480	−300		−190	−110		−56		−17	0	
280	315	−1 050	−540	−330									
315	355	−1 200	−600	−360		−210	−125		−62		−18	0	
355	400	−1 350	−680	−400									
400	450	−1 500	−760	−440		−230	−135		68		−20	0	
450	500	−1 650	−840	−480									
500	560					−260	−145		−76		−22	0	
560	630												
630	710					−290	−160		−80		−24	0	
710	800												
800	900					−320	−170		−86		−26	0	
900	1 000												
1 000	1 120					−350	−195		−98		−28	0	
1 120	1 250												
1 250	1 400					−390	−220		−110		−30	0	
1 400	1 600												
1 600	1 800					−430	−240		−120		−32	0	
1 800	2 000												
2 000	2 240					−480	−260		−130		−34	0	
2 240	2 500												
2 500	2 800					−520	−290		−145		−38	0	
2 800	3 150												

表 1－1－8　轴的基本偏差数值（二）

公称尺寸/mm 大于	至	IT5和IT6 (j)	IT7 (j)	IT8	IT4~IT7 (k)	≤IT3 >IT7 (k)	m	n	p	r	s	t	u	v	x	y	z	za	zb	zc
—	3	-2	-4	-6	0	0	+2	+4	+6	+10	+14		+18		+20		+26	+32	+40	+60
3	6	-2	-4		+1	0	+4	+8	+12	+15	+19		+23		+28		+35	+42	+50	+80
6	10	-2	-3		+1	0	+6	+10	+15	+19	+23		+28		+34		+42	+52	+67	+97
10	14	-3	-6		+1	0	+7	+12	+18	+23	+28		+33		+40		+50	+64	+90	+130
14	18	-3	-6		+1	0	+7	+12	+18	+23	+28		+33	+39	+45		+60	+77	+108	+150
18	24	-4	-8		+2	0	+8	+15	+22	+28	+35		+41	+47	+54	+63	+73	+98	+136	+188
24	30	-4	-8		+2	0	+8	+15	+22	+28	+35	+41	+48	+55	+64	+75	+88	+118	+160	+218
30	40	-5	-10		+2	0	+9	+17	+26	+34	+43	+48	+60	+68	+80	+94	+112	+148	+200	+274
40	50	-5	-10		+2	0	+9	+17	+26	+34	+43	+54	+70	+81	+97	+114	+136	+180	+242	+325
50	65	7	-12		+2	0	+11	+20	+32	+41	+53	+66	+87	+102	+122	+144	+172	+226	+300	+405
65	80	7	-12		+2	0	+11	+20	+32	+43	+59	+75	+102	+120	+146	+174	+210	+274	+360	+480
80	100	-9	-15		+3	0	+13	+23	+37	+51	+71	+91	+124	+146	+178	+214	+258	+335	+445	+585
100	120	-9	-15		+3	0	+13	+23	+37	+54	+79	+104	+144	+172	+210	+254	+310	+400	+525	+690
120	140	-11	-18		+3	0	+15	+27	+43	+63	+92	+122	+170	+202	+248	+300	+365	+470	+620	+800
140	160	-11	-18		+3	0	+15	+27	+43	+65	+100	+134	+190	+228	+280	+340	+415	+535	+700	+900
160	180	-11	-18		+3	0	+15	+27	+43	+68	+108	+146	+210	+252	+310	+380	+465	+600	+780	+1 000
180	200	-13	-21		+4	0	+17	+31	+50	+77	+122	+166	+236	+284	+350	+425	+520	+670	+880	+1 150
200	225	-13	-21		+4	0	+17	+31	+50	+80	+130	+180	+258	+310	+385	+470	+575	+740	+960	+1 250
225	250	-13	-21		+4	0	+17	+31	+50	+84	+140	+196	+284	+340	+425	+520	+640	+820	+1 050	+1 350
250	280	-16	-26		+4	0	+20	+34	+56	+94	+158	+218	+315	+385	+475	+580	+710	+920	+1 200	+1 550
280	315	-16	-26		+4	0	+20	+34	+56	+98	+170	+240	+350	+425	+525	+650	+790	+1 000	+1 300	+1 700
315	355	-18	-28		+4	0	+21	+37	+62	+108	+190	+268	+390	+475	+590	+730	+900	+1 150	+1 500	+1 900
355	400	-18	-28		+4	0	+21	+37	+62	+114	+208	+294	+435	+530	+660	+820	+1 000	+1 300	+1 650	+2 100
400	450	-20	-32		+5	0	+23	+40	+68	+126	+232	+330	+490	+595	+740	+920	+1 100	+1 450	+1 850	+2 400
450	500	-20	-32		+5	0	+23	+40	+68	+132	+252	+360	+540	+660	+820	+1 000	+1 250	+1 600	+2 100	+2 600
500	560				0	0	+26	+44	+78	+150	+280	+400	+600							
560	630				0	0	+26	+44	+78	+155	+310	+450	+660							
630	710				0	0	+30	+50	+88	+175	+340	+500	+740							
710	800				0	0	+30	+50	+88	+185	+380	+560	+840							
800	900				0	0	+34	+56	+100	+210	+430	+620	+940							
900	1 000				0	0	+34	+56	+100	+220	+470	+680	+1 050							
1 000	1 120				0	0	+40	+66	+120	+250	+520	+780	+1 150							
1 120	1 250				0	0	+40	+66	+120	+260	+580	+840	+1 300							
1 250	1 400				0	0	+48	+78	+140	+300	+640	+960	+1 450							
1 400	1 600				0	0	+48	+78	+140	+330	+720	+1 050	+1 600							
1 600	1 800				0	0	+58	+92	+170	+370	+820	+1 200	+1 850							
1 800	2 000				0	0	+58	+92	+170	+400	+920	+1 350	+2 000							
2 000	2 240				0	0	+68	+110	+195	+440	+1 000	+1 500	+2 300							
2 240	2 500				0	0	+68	+110	+195	+460	+1 100	+1 650	+2 500							
2 500	2 800				0	0	+76	+135	+240	+550	+1 250	+1 900	+2 900							
2 800	3 150				0	0	+76	+135	+240	+580	+1 400	+2 000	+3 200							

注：公称尺寸小于或等于 1 mm 时，基本偏差 a 和 b 均不采用；公差带 js7～js11，若 ITn 数值是奇数，则取偏差 $= \pm\dfrac{ITn-1}{2}$。

表1-1-9 孔的基本偏差数值（一）

下极限偏差 EI 对应 A~JS 列（所有标准公差等级）；下极限偏差 ES 对应 J~P至ZC 列。

大于	至	A	B	C	CD	D	E	EF	F	FC	G	H	JS	J(IT6)	J(IT7)	J(IT8)	K(≤IT8)	K(>IT8)	M(≤IT8)	M(>IT8)	N(≤IT8)	N(>IT8)	P至ZC(≤IT7)
—	3	+270	+140	+60	+34	+20	+14	+10	+6	+4	+2	0	偏差 = ±$ITn/2$，式中 ITn 是 IT 数值	+2	+4	+6	0	0	-2	-2	-4	-4	
3	6	+270	+140	+70	+46	+30	+20	+14	+10	+6	+4	0		+5	+6	+10	-1+Δ		-4+Δ	-4	-8+Δ	0	在大于 IT7 的相应数值上增加一个 Δ 值
6	10	+280	+150	+80	+56	+40	+25	+18	+13	+8	+5	0		+5	+8	+12	-1+Δ		-6+Δ	-6	-10+Δ	0	
10	14	+290	+150	+95		+50	+32		+16		+6	0		+6	+10	+15	-1+Δ		-7+Δ	-7	-12+Δ	0	
14	18	+290	+150	+95		+50	+32		+16		+6	0		+6	+10	+15	-1+Δ		-7+Δ	-7	-12+Δ	0	
18	24	+300	+160	+110		+65	+40		+20		+7	0		+8	+12	+20	-2+Δ		-8+Δ	-8	-15+Δ	0	
24	30	+300	+160	+110		+65	+40		+20		+7	0		+8	+12	+20	-2+Δ		-8+Δ	-8	-15+Δ	0	
30	40	+310	+170	+120		+80	+50		+25		+9	0		+10	+14	+24	-2+Δ		-9+Δ	-9	-17+Δ	0	
40	50	+320	+180	+130		+80	+50		+25		+9	0		+10	+14	+24	-2+Δ		-9+Δ	-9	-17+Δ	0	
50	65	+340	+190	+140		+100	+60		+30		+10	0		+13	+18	+28	-2+Δ		-11+Δ	-11	-20+Δ	0	
65	80	+360	+200	+150		+100	+60		+30		+10	0		+13	+18	+28	-2+Δ		-11+Δ	-11	-20+Δ	0	
80	100	+380	+220	+170		+120	+72		+36		+12	0		+16	+22	+34	-3+Δ		-13+Δ	-13	-23+Δ	0	
100	120	+410	+240	+180		+120	+72		+36		+12	0		+16	+22	+34	-3+Δ		-13+Δ	-13	-23+Δ	0	
120	140	+460	+260	+200		+145	+85		+43		+14	0		+18	+26	+41	-3+Δ		-15+Δ	-15	-27+Δ	0	
140	160	+520	+280	+210		+145	+85		+43		+14	0		+18	+26	+41	-3+Δ		-15+Δ	-15	-27+Δ	0	
160	180	+580	+310	+230		+145	+85		+43		+14	0		+18	+26	+41	-3+Δ		-15+Δ	-15	-27+Δ	0	
180	200	+660	+340	+240		+170	+100		+50		+15	0		+22	+30	+47	-4+Δ		-17+Δ	-17	-31+Δ	0	
200	225	+740	+380	+260		+170	+100		+50		+15	0		+22	+30	+47	-4+Δ		-17+Δ	-17	-31+Δ	0	
225	250	+820	+420	+280		+170	+100		+50		+15	0		+22	+30	+47	-4+Δ		-17+Δ	-17	-31+Δ	0	
250	280	+920	+480	+300		+190	+110		+56		+17	0		+25	+36	+55	-4+Δ		-20+Δ	-20	-34+Δ	0	
280	315	+1 050	+540	+330		+190	+110		+56		+17	0		+25	+36	+55	-4+Δ		-20+Δ	-20	-34+Δ	0	
315	355	+1 200	+600	+360		+210	+125		+62		+18	0		+29	+39	+60	-4+Δ		-21+Δ	-21	-37+Δ	0	
355	400	+1 500	+680	+400		+210	+125		+62		+18	0		+29	+39	+60	-4+Δ		-21+Δ	-21	-37+Δ	0	
400	450	+1 500	+760	+440		+230	+135		+68		+20	0		+33	+43	+66	-5+Δ		-23+Δ	-23	-40+Δ	0	
450	500	+1 650	+840	+480		+230	+135		+68		+20	0		+33	+43	+66	-5+Δ		-23+Δ	-23	-40+Δ	0	
500	560					+260	+145		+76		+22	0					0		-26		-44		
560	630					+260	+145		+76		+22	0					0		-26		-44		
630	710					+290	+160		+80		+24	0					0		-30		-50		
710	800					+290	+160		+80		+24	0					0		-30		-50		
800	900					+320	+170		+86		+26	0					0		-34		-56		
900	1 000					+320	+170		+86		+26	0					0		-34		-56		
1 000	1 120					+350	+195		+98	+28	0						0		-40		-66		
1 120	1 250					+350	+195		+98	+28	0						0		-40		-66		
1 250	1 400					+390	+220		+110		+30	0					0		-48		-78		
1 400	1 600					+390	+220		+110		+30	0					0		-48		-78		
1 600	1 800					+430	+240		+120		+32	0					0		-58		-92		
1 800	2 000					+430	+240		+120		+32	0					0		-58		-92		
2 000	2 240					+480	+260		+130		+34	0					0		-68		-110		
2 240	2 500					+480	+260		+130		+34	0					0		-68		-110		
2 500	2 800					+520	+290		+145		+38	0					0		-76		-135		
2 800	3 150					+520	+290		+145		+38	0					0		-76		-135		

表 1－1－10　孔的基本偏差数值（二）

公称尺寸/mm		基本偏差数值												Δ值					
		上极限偏差 ES												标准公差等级					
		标准公差等级大于IT7																	
大于	至	P	R	S	T	U	V	X	Y	Z	ZA	ZB	ZC	IT3	IT4	IT5	IT6	IT7	IT8
—	3	-6	-10	-14		-18		-20		-26	-32	-40	-60	0	0	0	0	0	0
3	6	-12	-15	-19		-23		-28		-35	-42	-50	-80	1	1.5	1	3	4	6
6	10	-15	-19	-23		-28		-34		-42	-52	-67	-97	1	1.5	2	3	6	7
10	14	-18	-23	-28		-33		-40		-50	-64	-90	-130	1	2	3	3	7	9
14	18	-18	-23	-28		-33	-39	-45		-60	-77	-108	-150	1	2	3	3	7	9
18	24	-22	-28	-35		-41	-47	-54	-63	-73	-98	-136	-188	1.5	2	3	4	8	12
24	30	-22	-28	-35	-41	-48	-55	-64	-75	-88	-118	-160	-218	1.5	2	3	4	8	12
30	40	-26	-34	-43	-48	-60	-68	-80	-94	-112	-148	-200	-274	1.5	3	4	5	9	14
40	50	-26	-34	-43	-54	-70	-81	-97	-114	-136	-180	-242	-325	1.5	3	4	5	9	14
50	65	-32	-41	-53	-66	-87	-102	-122	-144	-172	-226	-300	-405	2	3	5	6	11	16
65	80	-32	-43	-59	-75	-102	-120	-146	-174	-210	-274	-360	-480	2	3	5	6	11	16
80	100	-37	-51	-71	-91	-124	-146	-178	-214	-258	-335	-445	-585	2	4	5	7	13	19
100	120	-37	-54	-79	-104	-144	-172	-210	-254	-310	-400	-525	-690	2	4	5	7	13	19
120	140	-43	-63	-92	-122	-170	-202	-248	-300	-365	-470	-620	-800	3	4	6	7	15	23
140	160	-43	-65	-100	-134	-190	-228	-280	-340	-415	-535	-700	-900	3	4	6	7	15	23
160	180	-43	-68	-108	-146	-210	-252	-310	-380	-465	-600	-780	-1 000	3	4	6	7	15	23
180	200	-50	-77	-122	-166	-236	-284	-350	-425	-520	-670	-880	-1 150	3	4	6	9	17	26
200	225	-50	-80	-130	-180	-258	-310	-385	-470	-575	-740	-960	-1 250	3	4	6	9	17	26
225	250	-50	-84	-140	-196	-284	-340	-425	-520	-640	-820	-1 050	-1 350	3	4	6	9	17	26
250	280	-56	-94	-158	-218	-315	-385	-475	-580	-710	-920	-1 200	-1 550	4	4	7	9	20	29
280	315	-56	-98	-170	-240	-350	-425	-525	-650	-790	-1 000	-1 300	-1 700	4	4	7	9	20	29
315	355	-62	-108	-190	-268	-390	-475	-590	-730	-900	-1 150	-1 500	-1 900	4	5	7	11	21	32
355	400	-62	-114	-208	-294	-435	-530	-660	-820	-1 000	-1 300	-1 650	-2 100	4	5	7	11	21	32
400	450	-68	-126	-232	-330	-490	-595	-740	-920	-1 100	-1 450	-1 850	-2 400	5	5	7	13	23	34
450	500	-68	-132	-252	-360	-540	-660	-820	-1 000	-1 250	-1 600	-2 100	-2 600	5	5	7	13	23	34
500	560	-78	-150	-280	-400	-600													
560	630	-78	-155	-310	-450	-660													
630	710	-88	175	-340	-500	-740													
710	800	-88	-185	-380	-560	-840													
800	900	-100	-210	-430	-620	-940													
900	1 000	-100	-220	-470	-680	-1 050													
1 000	1 120	-120	-250	-520	-780	-1 150													
1 120	1 250	-120	-260	-580	-840	-1 300													
1 250	1 400	-140	-300	-640	-960	-1 450													
1 400	1 600	-140	-330	-720	-1 050	-1 600													
1 600	1 800	-170	-370	-820	-1 200	-1 850													
1 800	2 000	-170	-400	-920	-1 350	-2 000													
2 000	2 240	-195	-440	-1 000	-1 500	-2 300													
2 240	2 500	-195	-460	-1 100	-1 650	-2 500													
2 500	2 800	-240	-550	-1 250	-1 900	-2 900													
2 800	3 150	-240	-580	-1 400	-2 100	-3 200													

注：1. 公称尺寸小于或等于 1 mm 时，基本偏差 A 和 B 及大于 IT8 的 N 均不采用；公差带 JS7 至 JS11，若 IT_n 值数是奇数，则取偏差 $= \pm \dfrac{IT_n - 1}{2}$。

2. 对小于或等于 IT8 的 K、M、N 和小于或等于 IT7 的 P 至 ZC，所需 Δ 值从表内侧选取；例如，18 mm～30 mm 段的 K7，Δ＝8 μm，所以 ES＝－2＋8＝＋6 μm；18 mm～30 mm 段的 S6，Δ＝4 μm，所以 ES＝－35＋4＝－31 μm。特殊情况：250 mm～315 mm 段的 M6，ES＝－9 μm（代替－11 μm）。

任务四　测量与计算方法概述

任务描述

根据所测的几何量是否为要求被测的几何量，测量方法分为直接测量和间接测量两种。直接测量是常用的测量方法，简单方便，一般情况下测量误差较小，应尽可能采用。但有些零件的结构使得直接测量无法实现，这时只能采用间接测量。

（1）间接测量的一般方法有哪些？

（2）有哪些常见结构使用间接测量技术？

知识链接

利用测量工具（测量仪器）并按一定操作程序，将被测对象与测量工具所提供的标准量进行比较并直接读出测量结果的测量方法称为直接测量。将一个被测量转化为若干可直接测量的量加以测量，而后依据由定义或规律导出的关系式（即测量式）进行计算或作图，从而间接获得测量结果的测量方法称为间接测量。下面主要介绍间接测量的一般方法和常见结构的间接测量计算技术。

一、间接测量的一般方法

间接测量的一般方法是指首先测量与被测尺寸存在一定函数关系的其他尺寸，然后通过计算获得被测尺寸量值。如图1－1－19所示零件，无法直接测量中心距 L。此时，可通过测量 L_1、ϕ_1 和 ϕ_2 的值，并根据关系式（1－1－16）计算，间接得到 L 的值。

$$L = L_1 - \frac{\phi_1 + \phi_2}{2} \qquad (1-1-16)$$

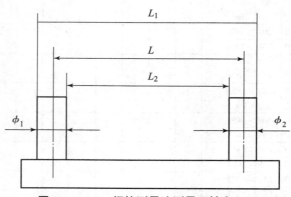

图1－1－19　间接测量法测量两轴中心距

间接测量法存在基准不重合误差，故仅用于不能或不宜采用直接测量的场合。

二、常见结构的间接测量计算技术

1. 几何尺寸测量的简单计算

如图1－1－20所示零件，已采用直接测量法测出零件上各孔的直径，现要求解角 θ

的大小。具体的测量和计算方法如下：

（1）直接测量出直径为 D_1 的孔边与 A 平面的距离 L_1，计算出 L_2 的数值。

（2）直接测量出直径为 D_4 的孔边与 A 平面的距离 L_3，计算出 L_4 的数值。

（3）直接测量出直径为 D_1 的孔边与直径为 D_4 的孔边的距离 L_5，计算出 L_6 的数值。

（4）由 L_2、L_4、L_6 的数值计算 θ 的大小：

$$\theta = \arccos \frac{L_4 - L_2}{L_6} \tag{1-1-17}$$

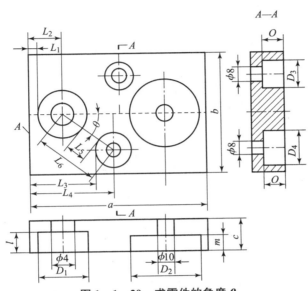

图 1-1-20　求零件的角度 θ

2. 锥孔锥角的测量与计算技术

图 1-1-21 零件上有一锥孔，现要求解锥孔的锥角 α 大小。具体的测量和计算方法如下：

（1）选择一个直径为 d、半径为 r 的小钢球置于锥孔中，直接测量出钢球顶边距零件上顶面的距离 H。

（2）选择一个直径为 D、半径为 R 的大钢球置于锥孔中，此时，会出现如图 1-1-21 所示两种情况，直接测量出钢球顶边距零件上顶面的距离 h。

（3）根据已测量的 H 和 h 值，按式（1-1-18）、式（1-1-19）计算锥角 α：

图 1-1-21（a）所示锥角 α：$\sin \dfrac{\alpha}{2} = \dfrac{R-r}{H+h-R+r}$ $\qquad$ （1-1-18）

图 1-1-21（b）所示锥角 α：$\sin \dfrac{\alpha}{2} = \dfrac{R-r}{H+r-h-R}$ $\qquad$ （1-1-19）

3. 燕尾槽的测量与计算技术

已知一燕尾槽，要测量燕尾槽的槽角 α。具体的测量和计算方法如下：

（1）将量柱和量块分别放置在燕尾槽中，如图 1-1-22 所示。

（2）直接测量出量柱间的距离 M_1 和 M_2。

（3）根据 M_1 和 M_2 的数值，按式（1-1-20）求解 α 的大小：

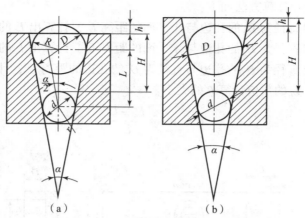

（a）　　　　　　　　　　　（b）

图 1 – 1 – 21　锥孔与锥体的间接测量

（a）大钢球高出上顶面；（b）大钢球低于上顶面

$$\tan\alpha = \frac{2L}{M_2 - M_1}$$

$$(1-1-20)$$

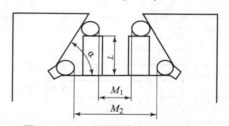

图 1 – 1 – 22　燕尾槽的滚棒测量法

4. 圆弧面的测量与计算技术

圆弧面与平面的交点尺寸也用间接测量法测量，以图 1 – 1 – 23 所示零件为例进行说明。

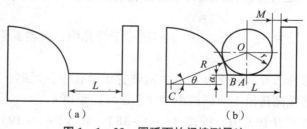

（a）　　　　　　　　　　　（b）

图 1 – 1 – 23　圆弧面的间接测量法

（a）零件图；（b）测量原理图

（1）以合适的方法直接测量出圆弧半径 R。

（2）将半径为 r 的圆柱紧靠圆弧面，如图 1 – 1 – 23 所示，测量出 M 值、圆弧顶面与圆柱上表面分别与零件底面的距离。

（3）计算 a 的数值，根据 a、R、r、M 计算求解 L 值。

$$BC^2 = R^2 - a^2$$

$$(1-1-21)$$

$$\sin\theta = \frac{r+a}{R+a}$$

$$(1-1-22)$$

$$AC = （R + R）\cos\theta \tag{1-1-23}$$

$$L = AB + r + R = AC - BC + r + R \tag{1-1-24}$$

5. 斜孔的测量与计算技术

已知斜孔的直径 D，要确定斜孔的坐标尺寸 Ly。具体的测量和计算方法如下：

（1）按图示 1-1-24 所示放置量柱。量柱的直径分别为 D 和 d。

（2）以合适的方法直接测量出斜孔与水平面之间的倾角 θ。

（3）以合适的方法直接测量出 My 值。

（4）根据测量出的 My、θ 按公式（1-1-25）求解 Ly 的大小。

$$Ly = My - \frac{d}{2} - \frac{D+d}{2\cos\theta} - \frac{d\tan\theta}{2} \tag{1-1-25}$$

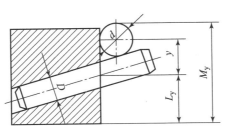

图 1-1-24 斜孔的测量计算

任务实施

完成下列间接测量任务。

准备两个直径不同的圆柱体，将两个圆柱体平放在一个平面上，按图 1-1-19 所示的位置摆放好。准备测量工具，由老师指导将所需尺寸进行测量或直接由老师给出测量数据，根据公式（1-1-16）$L = L_1 - \dfrac{\phi_1 + \phi_2}{2}$，计算出两轴中心距。

任务评价

请将任务评价结果填入表 1-1-11 中。

表 1-1-11 自评/互评表（四）

任务小组			任务组长		
小组成员			班级		
任务名称			实施时间		
评价类别	评价内容	评价标准	配分	个人自评	小组评价	教师评价
学习准备	资料准备	参与资料收集、整理、自主学习	5			
	计划制订	能初步制订计划	5			
	小组分工	分工合理，协调有序	5			

评价类别	评价内容	评价标准	配分	个人自评	小组评价	教师评价
学习过程	操作技术	见任务评分标准	40			
	问题探究	能在实践中发现问题，并用理论知识解释实践中的问题	10			
	文明生产	服从管理，遵守"5S"标准	5			
学习拓展	知识迁移	能实现前后知识的迁移	5			
	应变能力	能举一反三，提出改进建议或方案	5			
	创新程度	能提出创新建议	5			
学习态度	主动程度	主动性强	5			
	合作意识	能与同伴团结协作	5			
	严谨细致	认真仔细，不出差错	5			
总　　计			100			
教师总评 （成绩、不足及注意事项）						
综合评定等级						

拓展知识

半圆键槽深度的间接测量法

下面介绍一种间接测量圆锥面上半圆键槽深度的方法。图 1 - 1 - 25 所示零件圆锥面上的半圆键槽几何图如图 1 - 1 - 26 所示。已知半圆键槽铣刀半径 R，键槽深 h、铣刀中心所在圆截面直径 D，斜角 θ。

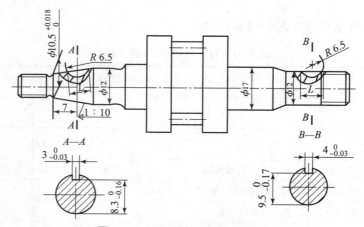

图 1 - 1 - 25　圆锥面上半圆键槽

由图 1 - 1 - 26 可知，

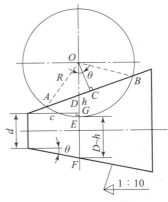

图 1 - 1 - 26　半圆键槽几何图

$$BC^2 + OC^2 = OB^2 \quad (其中\ OB = R) \quad (1 - 1 - 26)$$

$$OC = OD\cos\theta = (R - h)\cos\theta \quad (1 - 1 - 27)$$

$$BC = \frac{1}{2}AB = \frac{1}{2}L \quad (1 - 1 - 28)$$

式中，L 为半圆键在圆锥面上的长度，由式（1 - 1 - 26）、式（1 - 1 - 27）、式（1 - 1 - 28），得

$$BC^2 = R^2 - [(R - h)\cos\theta]^2 = \frac{1}{4}L^2$$

整理后得：$L = \sqrt{4R^2 - 4(R - h)^2\cos^2\theta} \quad (1 - 1 - 29)$

由式（1 - 1 - 29）得：$h = R - \dfrac{\sqrt{4R^2 - L^2}}{2\cos\theta} \quad (1 - 1 - 30)$

用游标卡尺测出半圆键在圆锥面上的长度 L，将各已知条件代入式（1 - 1 - 30），可求得键槽深度 h。

如果求圆柱面上半圆键槽深度，将 $\theta = 0°$ 代入式（1 - 1 - 29）、式（1 - 1 - 30）中，可得

$$h' = R' - \frac{1}{2}\sqrt{4R'^2 - L'^2} \quad (R' = R) \quad (1 - 1 - 31)$$

$$L' = \sqrt{4R'^2 - 4(R' - h')^2} \quad (1 - 1 - 32)$$

根据图 1 - 1 - 25、图 1 - 1 - 26，对左键槽铣刀中心所在圆截面直径得

$$D = d + 2\tan\theta \cdot c = 11.2^{+0.018}_{0} \quad (\text{mm})$$

$$h = D - 8.3^{0}_{-0.16} = 2.9^{+0.16}_{0} \quad (\text{mm})$$

$$L = \sqrt{4 \times 6.5^2 - 4(6.5 - h)^2\cos^2\theta} = (11.0356 \sim 10.827) \ \text{mm}$$

即测出尺寸 L 在 10.827 ~ 11.0356 mm 范围内，即符合图样要求。

对右键槽，将 $R' = 6.5$ mm，$h' = 2.5^{+0.17}_{0}$ mm，代入式（1 - 1 - 32），得 $L' = (10.247 \sim 10.504)$ mm。

即测出尺寸 L' 在 10.247 ~ 10.504 mm 范围内，即符合图样要求。总之，如果用游标卡尺测出尺寸 L，就可以有效保证键槽深度，而游标卡尺的精度完全可以保证该件产品的加工精度。

课题二　测量工具基础

任务一　认识常用测量工具

任务描述

掌握测量技术就必须掌握测量工具的使用方法。在测量中难免会产生误差，为减少测量所带来的误差，必须采用正确的测量方法及熟练、准确和方便地使用测量工具。

（1）有哪些常用的测量工具？

（2）常用的测量工具的结构和读数方法又是怎样的？

知识链接

测量工具分为两类，即通用型量具与专用型量具（即检具）。任何通用型量具都具有以下几个要素：量程、量具的最大测量范围、最小示值、量具的精确度（如千分尺的读数可精确到0.01，游标卡尺的读数可精确到0.02等）。示值误差、示值与真值的差异可反映一个量具的精密程度，有些用绝对值表达，有些用百分数表达。零误差是指当被测量要素为零时，量具刻度上的误差。有些量具可调零位，不可调零位的量具，测量结果要消除零位误差。

一、直尺

金属直尺是最简单的长度量具（图1-2-1），它的长度有150 mm、300 mm、500 mm、1 000 mm四种规格。

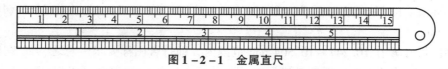

图1-2-1　金属直尺

如果用金属直尺直接测量零件的直径尺寸（轴径或孔径），测量精度较低。这是因为金属直尺本身的读数误差比较大，且无法将金属直尺正好放在零件直径的正确测量位置（图1-2-2）。所以，一般不直接使用金属直尺测量零件直径尺寸。

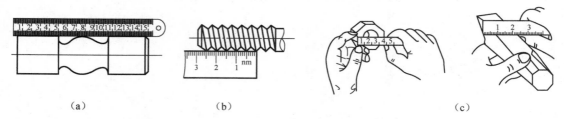

（a）　　　　　　　　　　（b）　　　　　　　　　　（c）

图1-2-2　不用金属直尺测量的情况

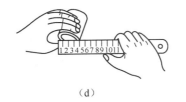
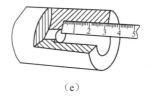

(d)　　　　　　　　　　　(e)

图1-2-2　不用金属直尺测量的情况（续）

二、内、外卡钳

图1-2-3所示为常见的两种内、外卡钳。内、外卡钳是最简单的比较量具。内卡钳用来测量内径和凹槽的长度，外卡钳用来测量外径和平面的长度。它们本身都不能直接读出测量结果，而是通过金属直尺读出测量得到的长度尺寸（直径也属于长度尺寸）数值。

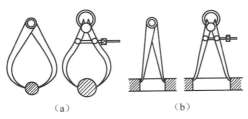

（a）　　　　　　　　（b）

图1-2-3　常见的内、外卡钳

1. 卡钳开度的调节

钳口形状对卡钳测量的精确性影响很大，应经常对其进行修整。在测量前首先要检查钳口的形状，图1-2-4所示为卡钳钳口形状对比。调节卡钳的开度时，先将卡钳调整到和工件尺寸相近的开度，然后轻敲卡钳的外侧来减小卡钳的开口，或轻敲卡钳内侧来增大卡钳的开口，如图1-2-5所示。但是不能直接敲击卡钳的钳口，这会导致钳口损伤，进而引起测量误差。

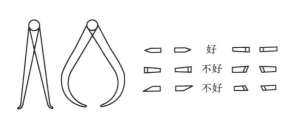
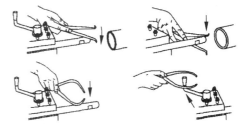

图1-2-4　两种不同卡钳钳口形状　　　　图1-2-5　卡钳开度的调节

2. 外卡钳的使用

用外卡钳测量长度尺寸后，在金属直尺上读取尺寸数值时，其中一个钳脚的测量面应置于金属直尺的端面上，另一个钳脚的测量面对准所需尺寸标尺标记，且两个测量面的连线应与金属直尺平行，人的视线要垂直于金属直尺，如图1-2-6所示。

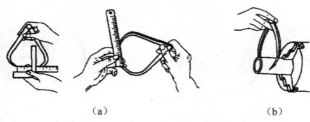

图1-2-6 外卡钳的使用

3. 内卡钳的使用

用内卡钳测量内径时，应使两个钳脚的测量面连线正好垂直相交于内孔的轴线上，即钳脚的两个测量面应是内孔直径的两个端点。因此，测量时应将一个钳脚测量面停留在孔壁上作为支点，另一个钳脚由孔口略往里一些并逐渐向外试探，试探时钳脚应沿孔壁圆周方向摆动，当沿孔壁圆周方向能摆动的距离为最小时，表示内卡钳钳脚的两个测量面已处于内孔直径的两个端点上，如图1-2-7所示。

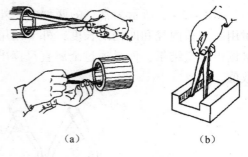

图1-2-7 内卡钳的使用

4. 卡钳的适用范围

卡钳是一种简单的量具，由于具有结构简单、制造方便、价格低廉、维护和使用方便等特点，所以广泛应用于要求不高的零件尺寸的测量和检验，尤其适用于对锻铸件毛坯尺寸的测量和检验。卡钳虽然结构简单，但是若熟练掌握使用要领也可获得较高的测量精度。

三、游标卡尺

1. 游标卡尺的结构

游标卡尺是一种中等精度的量具，可以直接测量出工件的外径、孔径、长度、宽度、深度和孔距等尺寸。图1-2-8所示为常用的游标卡尺。

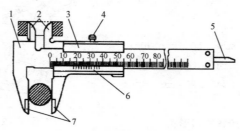

图1-2-8 常用游标卡尺

1—尺身；2—内测量爪；3—尺框；4—制动螺钉；5—深度尺；6—游标尺；7—外测量爪

2. 游标卡尺的标尺标记原理和读法方法

常用的游标卡尺按其测量精度，主要有1/20 mm（0.05 mm）和1/50 mm（0.02 mm）两种。下面主要介绍1/50 mm（0.02 mm）游标卡尺的标尺标记原理和读法。

（1）游标卡尺的标尺标记原理。游标卡尺的主标尺每小格 1 mm，当两测量爪合并时，游标尺上的第 50 格刚好与主标尺上的 49 mm 标尺标记对正（图 1-2-9）。因此，游标的每格长度为 49/50 = 0.98 mm，主标尺与游标尺每格长度之差为：1 - 0.98 = 0.02 mm，此差值即为 1/50 mm 游标卡尺的测量精度。

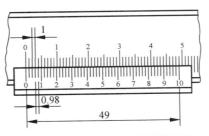

图 1-2-9　游标卡尺的刻线原理

（2）游标卡尺的读数方法。用游标卡尺测量工件时，读数方法分以下三个步骤（图 1-2-10）。

①首先读出游标尺零标尺标记左面主标尺的毫米整数 60 mm；

②然后找出游标尺上与主标尺标尺标记对齐的那条标尺标记，并得出读数 0.48 mm；

③最后把主标尺和游标尺上的尺寸加起来得出测得尺寸，即 60 + 0.48 = 60.48 mm。

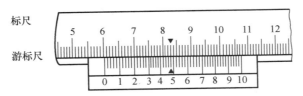

图 1-2-10　游标卡尺的读数示例

3. 游标卡尺的测量范围和精度

游标卡尺的规格按测量范围分为 0 ~ 125 mm、0 ~ 200 mm、0 ~ 300 mm、0 ~ 500 mm、300 ~ 800 mm、400 ~ 1 000 mm、600 ~ 1 500 mm、800 ~ 2 000 mm 等。

测量工件尺寸时，应按工件的尺寸大小和尺寸精度要求选用量具。游标卡尺只适用于中等精度尺寸的测量和检验，不能用游标卡尺去测量铸锻件等毛坯尺寸，因为这样容易使量具很快磨损而失去精度；也不能用游标卡尺去测量精度要求高的工件，因为游标卡尺在制造过程中存在一定的示值误差，且其示值误差，不应超过按表 1-2-1 相关公式计算所得的最大允许误差值，见表 1-2-1。

表 1-2-1　游标卡尺的最大允许误差

分 度 值	示值总误差
0.02	±0.02
0.05	±0.05

四、千分尺

外径千分尺常简称为千分尺，它是比游标卡尺更精密的长度测量仪器，它的量程是 0～25 mm，分度值是 0.01 mm。

1. 外径千分尺的结构

外径千分尺的结构，如图 1 – 2 – 11 所示。由固定的尺架、测砧、测微螺杆、固定套管、微分筒、测力装置、锁紧装置等组成。固定套管上有一条水平线，这条线上、下各有一列间距为 1 mm 的标尺标记，上面的标尺标记恰好位于下面两相邻标尺标记中间。微分筒上的标尺标记是将圆周分为 50 等分的水平线，它是旋转运动的。

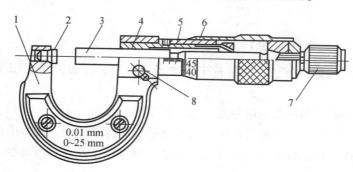

图 1 – 2 – 11　0 ～ 25 mm 外径千分尺

1—尺架；2—测砧；3—测微螺杆；3—螺纹轴套；3—固定套筒；
6—微分筒；7—测力装置；8—锁紧装置

2. 外径千分尺的读数

根据螺旋运动原理，当微分筒（又称可动刻度筒）旋转一周时，测微螺杆前进或后退一个螺距 0.5 mm。这样，当微分筒旋转一个标尺分度后，它转过了 1/50 周，此时螺杆沿轴线移动了 1/50 × 0.5 mm = 0.01 mm，因此，使用千分尺可以准确读出 0.01 mm 的数值，如图 1 – 2 – 12 所示。

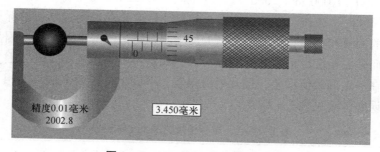

图 1 – 2 – 12　外径千分尺的读数

特别敬告：螺旋测微器是精密仪器，当测微螺杆快要靠近被测物时应使用微调旋钮。

五、游标万能角度尺

1. 游标万能角度尺的基本结构

游标万能角度尺又称为角度规、游标角度尺和万能量角器［图 1 – 2 – 13（a）］，它是利用游标读数原理来直接测量工件角或进行划线的一种角度量具。

游标万能角度尺的结构如图1-2-13（b）所示。它由尺身、90°直角尺、游标尺、锁紧装置、基尺、直尺、卡块等组成。

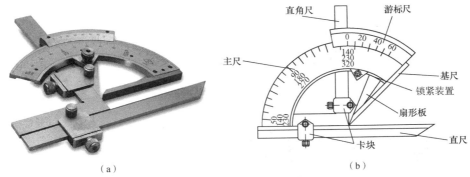

图1-2-13　游标万能角度尺

2. 游标万能角度尺的读数

游标万能角度尺的读数机构是根据游标原理制成的。主尺分度值为1°，游标尺的标尺标记将主尺的29°等分为30格，因此游标标尺分度为29°/30，即主尺与游标一格的差值为2′，即游标万能角度尺分度值为2′（图1-2-14）。

注意：

主尺上基本角度的标尺分度只有90个，如果被测角度大于90°，读数时，应加上一基数（90、180、270），即当被测角度

（1）＞90°～180°时，被测角度＝90°+角度尺读数；

（2）＞180°～270°时，被测角度＝180°+角度尺读数；

（3）＞270°～320°时，被测角度＝270°+角度尺读数。

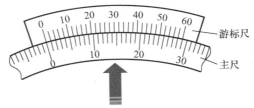

主尺上的29个格刚好和游标尺上的30个格对齐

图1-2-14　游标万能角度尺分度值

以图1-2-15所示示值为例，其读数方法为：游标尺上零标尺标记在主尺9°后面，因此"度"的数值为9°；游标尺第8个标尺标记与主尺标尺标记对齐，因此"分"的读数为8×2′=16′；最终读数为9°+16′=9°16′。

图1-2-15　游标万能角度尺读数

任务实施

请完成以下测量工具名称与其对应图片的连线。

千分尺

内卡钳

游标万能角度尺

外卡钳

游标卡尺

金属直尺

任务评价

请将任务评价结果填入表 1 – 2 – 2 中。

表 1 – 2 – 2　自评/互评表（五）

任务小组			任务组长	
小组成员			班级	
任务名称			实施时间	
评价类别	评价内容	评价标准	配分	个人自评	小组评价	教师评价
学习准备	资料准备	参与资料收集、整理、自主学习	5			
	计划制订	能初步制订计划	5			
	小组分工	分工合理，协调有序	5			
学习过程	操作技术	见任务评分标准	40			
	问题探究	能在实践中发现问题，并用理论知识解释实践中的问题	10			
	文明生产	服从管理，遵守"5S"标准	5			
学习拓展	知识迁移	能实现前后知识的迁移	5			
	应变能力	能举一反三，提出改进建议或方案	5			
	创新程度	有创新建议提出	5			
学习态度	主动程度	主动性强	5			
	合作意识	能与同伴团结协作	5			
	严谨细致	认真仔细，不出差错	5			
总　　计			100			
教师总评（成绩、不足及注意事项）						
综合评定等级						

拓展知识

游标卡尺读数示例

观察图 1 – 2 – 16 所示游标卡尺读数示例，试读出该游标卡尺显示的数值。

解：观察图 1 – 2 – 16 （a）可知，主标尺的分度值（即每 1 小格）为 1 mm，当内外测量爪合并时，主标尺上 49 mm 标尺标记刚好对准游标尺上第 50 格，因此游标尺每格长为 = 0.98 mm,主标尺与游标尺的分度值相差为 1 – 0.98 = 0.02（mm），因此其测量精度为 0.02 mm。

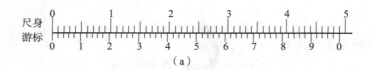

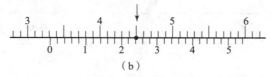

图1-2-16　游标卡尺读数示例

(a) 游标卡尺标尺标记；(b) 游标卡尺读数

（1）在主标尺上读出游标零线以左的最近标尺标记对应的毫米数，该值即为最后读数的整数部分。图1-2-16（b）所示为33 mm。

（2）游标尺上有一条标尺标记与主标尺上的标尺标记对齐。在游标尺上读出该标尺标记距游标尺零线的格数，再将其与分度值0.02 mm相乘，即得到最后读数的小数部分。图1-2-16（b）所示为0.24 mm。

（3）将所得的整数和小数部分相加，即得到总尺寸为33.24 mm。

任务二　常用工具的测量方法

任务描述

常用测量工具有很多种，在认识这些工具的同时，必须掌握其测量方法。本任务将全面介绍十几种常用工具的测量方法。

（1）常用工具的测量方法是怎么样的？

（2）使用工具测量时有何注意事项？

知识链接

本任务将介绍的常用工具包括外径千分尺、内径千分尺、深度千分尺、游标卡尺、游标深度卡尺、游标万能角度尺、指示表、螺纹千分尺、圆度仪、正弦规、干涉显微镜、立式光学计、万能工具显微镜、万能卧式测长仪和测量平板。

千分尺是一种精密量具，其种类很多，机械加工车间常用的千分尺包括外径千分尺、内径千分尺、深度千分尺、壁厚千分尺、螺纹千分尺和公法线千分尺等，它们分别用于测量或检验零件的外径、内径、深度、厚度以及螺纹的中径和齿轮的公法线长度等。

一、外径千分尺

外径千分尺的结构及其读数方法详见本课题任务一，此处不再重复。

1. 外径千分尺的测量方法

用外径千分尺测量零件时，一般采用单手或双手操作。外径千分尺正确的使用方法如

图 1 - 2 - 17 所示。

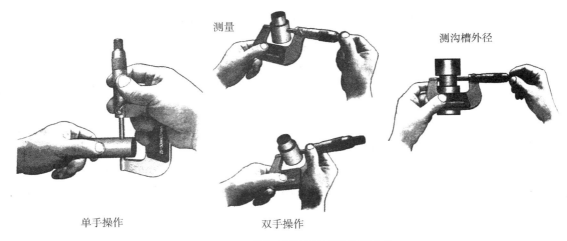

图 1 - 2 - 17　外径千分尺的正确使用方法

（1）外径千分尺常用测量范围有 0 ~ 25 mm、25 ~ 50 mm、50 ~ 75 mm、75 ~ 100 mm 等，间隔为 25 mm。因此，应根据被测件的尺寸选择相应的外径千分尺。

（2）使用前把外径千分尺测砧端面擦拭干净，校准零线。对于测量范围为 0 ~ 25mm 的外径千分尺，校准零线时应旋紧测微螺杆使两测砧端面相接触，此时微分筒上的零线应与固定套筒上的基准线对齐；对于其他范围的外径千分尺，则用标准样棒来校准。如果零线不对准，则可松开罩壳，略转动固定套筒，使其零线对齐。

（3）测量时将零件被测表面擦拭干净，将外径千分尺置于两测量面之间，使外径千分尺的测量轴线与零件中心线垂直或平行。

（4）将测砧与零件接触，然后旋转测微螺杆，使测砧端面与零件测量表面接近，此时旋转棘轮，直到棘轮发出 2 ~ 3 次"咔咔"声为止，最后旋紧锁紧手柄。

（5）轻轻取下外径千分尺，其指示的数值即为所测量零件的尺寸。

（6）使用完毕后，应将外径千分尺擦拭干净，并涂上一层工业凡士林，存放在卡尺盒内。

2. 外径千分尺的维护保养

（1）不能用千分尺测量毛坯及未加工表面，不能在工件转动时进行测量。

（2）使用时，应避免发生摔碰，不能与其他工具混放，用后擦净放入盒内。

（3）不允许用砂纸或硬的金属刀具去污或除锈。

（4）要定期检修，出现问题要送检修部门，不可私自拆卸。

二、内径千分尺

1. 内径千分尺的结构

内径千分尺主要用于测量孔径、槽宽等内尺寸。内径千分尺主要由固定测头、可调测头、固定套管、微分筒、接长杆和锁紧装置等部分组成，如图 1 - 2 - 18 所示。

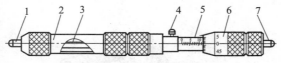

图 1 – 2 – 18　内径千分尺

1—固定测头；2—接长杆；3—心杆；4—锁紧装置；

5—固定套管；6—微分筒；7—可调测头

由于结构的限制，内径千分尺不能测量较小的尺寸，被测尺寸必须在 50 mm 以上。内径千分尺的测量范围有 50 ~ 250 mm、50 ~ 600 mm、100 ~ 1 225 mm、100 ~ 1 500 mm、100 ~ 5 000 mm、250 ~ 2 000 mm 等，因为需要使用接长杆来扩大其测量范围，所以又称它为接杆千分尺。另外，由于内径千分尺没有测力装置，使用较长的接长杆时会因变形而造成一定的误差，再加上在被测孔内测量位置不易找正等原因，所以难以获得精确的测量结果，一般用于测量 10 级精度以下的内尺寸。

内径千分尺的工作原理和读数方法与普通外径千分尺完全相同，因此这部分内容不再重述。

2. 内径千分尺的测量方法

内径千分尺在使用前要检查其外观和各部位的相互作用，检查方法同外径千分尺。若无问题，就可以校对"零"位。

（1）校对"零"位。检查内径千分尺的零位需要用专用的校对卡板，校对卡板是内径千分尺的附件。如图 1 – 2 – 19 所示，首先把内径千分尺的两个测量面和校对卡板的两个工作面擦净；然后调整内径千分尺两个测量面的距离，使其比校对卡板两个工作面的距离稍小，最后将内径千分尺的固定测头放进校对卡板中，并将其压在一个工作面上；左手扶住该测头和校对卡板，右手将内径千分尺的可调测头移入校对卡板内，慢慢转动微分筒，同时上下前后轻轻摆动可调测头，找出最小读数。如果该读数与校对卡板的尺寸相符，则说明零位正确。当然，允许有 0.05 mm 的压线和 0.10 mm 的离线。

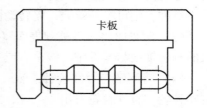

图 1 – 2 – 19　检查内径
千分尺零位的示意图

（2）选择接长杆并连接。在测量前，要根据被测尺寸的公称值，按照接长杆选用表中规定的顺序，选取接长杆（每套内径千分尺都附有接长杆选用表）。

在连接接长杆时，如果使用两根或两根以上的接长杆，要遵守以下原则：最长的接长杆与微分筒连接，最短的接长杆放在最后与固定测头连接，中间的接长杆按尺寸大小顺次连接，以减少连接后的轴线弯曲。连接时要旋紧各根接长杆接头的螺纹，以防止松动。

（3）测量。先将内径千分尺的测量面与被测工件的表面擦净，旋转微分筒将千分尺的测量范围调整至略小于被测尺寸。然后把固定测头先放入孔内并使其与孔壁紧密接触，再把可调测头放入孔内，右手慢慢旋转微分筒，同时沿着孔的径向和轴向轻轻地摆动可调测头，直至在径向找到最大值，轴向找到最小值，如图 1 – 2 – 20 所示。此时，这一读数便是被测孔的直径尺寸。

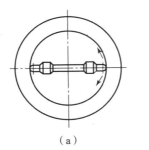
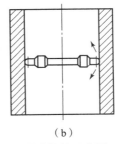

（a）　　　　　　　　　（b）

图 1-2-20　用内径千分尺测量孔径的示意图

（a）径向截面；（b）轴向截面

对于较深的孔，如果要判断它是否存在形状误差，应分别在几个径向和轴向截面内测量，根据测得的数据进行分析比较，就可以判定被测孔是否存在形状误差。

3. 内径千分尺的维护保养

（1）若内径千分尺已经接上接长杆而暂时不用时，可将其平放在平板上，或垂直吊起来，不允许将其斜靠放置，以避免引起变形。

（2）使用完毕，必须把接长杆卸下，擦净后在接长杆的螺纹部位涂防锈油，并放入盒内固定位置，置于干燥的地方存放。

（3）内径千分尺和校对卡板都需要进行定期的检定。

三、深度千分尺

1. 深度千分尺的结构

深度千分尺是机械制造业中用于测量工件的孔或槽的深度以及台阶高度的测量器具。它是应用螺旋副转动原理将回转运动变为直线运动的一种量具。如图 1-2-21 所示，深度千分尺由微分筒、固定套管、测杆、底板、测力装置、锁紧装置等组成。

2. 深度千分尺测量方法

（1）使用前先将深度千分尺擦干净，然后检查其各活动部分是否灵活可靠。在全行程内微分筒的转动要灵活，微分螺杆的移动要平稳，锁紧装置的作用要可靠。

（2）根据被测的深度或高度选择并换上测杆。

（3）30～25mm 的深度千分尺可以采用 00 级平台，直接校对零位。校对时，将平台、深度千分尺的基准面和测量面擦干净，旋转微分筒使其端面退至固定套筒的零线之外，然后将深度千分尺的基准面贴在平台的工作面上，左手压住底板，右手慢慢旋转测力装置，使测量面与平台的工作面接触后检查零位。若微分筒上的零标尺标记对

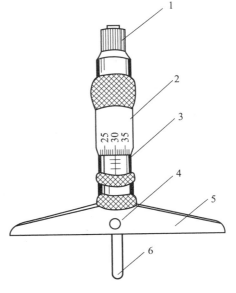

图 1-2-21　深度千分尺

1—测力装置；2—微分筒；3—固定套管；

4—锁紧装置；5—底板；6—测杆

准固定套管上的纵标尺标记，微分筒锥面的端面与套管零标尺标记相切标尺标记。

（4）测量范围大于 25 mm 的深度千分尺，要用校对量具（可以用量块代替）校对零位。校对时，把校对量具和平台的工作面擦净，将校对量具放在平台上，再把深度千分尺的基准面贴在校对量具上校对零位。

（5）使用深度千分尺测量盲孔、深槽时，由于往往看不见孔、槽底的情况，所以操作深度千分尺时要特别小心、切忌用力莽撞。

（6）当被测孔的口径或槽宽大于深度千分尺的底座时，可以使用一辅助定位基准板进行测量。

3. 深度千分尺使用注意事项

（1）不准任意摇动微分筒。

（2）不准用油石、砂纸等硬物摩擦测量面、测微螺杆等部位。

（3）不准在深度千分尺的微分筒和固定套管之间加酒精、煤油、柴油、机油或凡士林等物质；不准把深度千分尺浸泡在上述油类或水以及冷却液中。如果深度千分尺被上述液体浸入，则用航空汽油冲洗干净，然后加入少量钟表油或特种轻质润滑油。

（4）使用完后，用绸或干净的白细布擦净深度千分尺的各部位，卸下可换测杆及测微螺杆上涂一薄层防锈后，放入专用盒，存放于干燥处。

（5）不能将深度千分尺放在潮湿、有酸性、磁性以及高温或振动的地方。

（6）深度千分尺须实行周期检定，检定周期由计量部门根据使用情况决定。

四、游标卡尺

游标卡尺的结构及其读数方法详见本课题任务一，在此处不再重复。

1. 游标卡尺的测量方法

游标卡尺是一种中等精度的量具，只适用于中等精度零件的测量。

（1）测量前，首先要用软布将测量爪擦干净。然后检查卡尺的尺框、微动装置沿尺身的移动是否平稳、无卡滞和松动现象；使用制动螺钉时，能否将其准确、可靠地紧固在尺身上。制动螺钉拧紧后，检查微动装置是否晃动，读数是否发生变化。

（2）检查并校对零位。慢慢推动尺框，使两测量爪并拢，检查两测量面的接触情况，并查看游标尺和主标尺的"零"标尺标记是否对齐。如果对齐就可以进行测量，如没有对齐则要记下零误差。游标尺的"零"标尺标记在主标尺零标尺标记右侧的称正零误差，在主标尺零标尺标记左侧的称负零误差（这种规定方法与数轴的规定一致，原点以右为正，原点以左为负）

（3）测量时，要慢慢推动尺框，使测量爪与被测表面轻轻接触，然后轻微晃动卡尺，使其接触良好。在测量过程中，操作者要慢推轻放，不要用力过大；也不允许测量处于运动中的工件，致使测量爪产生变形或过早磨损，以免影响测量精度。

（4）测量外尺寸时，应先把外测量爪张开，尺寸比被测尺寸稍大，使工件能够自由地放入两测量爪之间。再把固定测量爪与被测表面靠上，然后慢慢推动尺框，如图 1－2－22 所示。使活动测量爪轻轻地接触被测表面，并稍微移动一下活动测量爪，以便找出最小尺寸部位，可获得正确的测量结果。卡尺的两个测量爪应垂直于被测表面，不得倾斜。同理，读数之后，要先把活动测量爪移开，再从被测工件上取下卡尺。在活动测量爪还没松开之前，不允许猛力拉下卡尺。

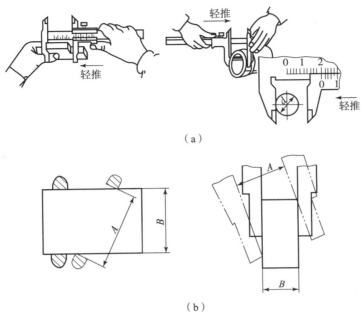

（a）

（b）

图 1-2-22　游标卡尺测量外尺寸

（5）测量内尺寸时，应先把由测量爪张开，尺寸比被测尺寸稍小，以免划伤被测表面。再把固定测量爪靠在孔壁上，然后慢慢拉动尺框，如图 1-2-23 所示。使活动测量爪沿着直径方向轻轻接触孔壁，再把测量爪在孔壁上稍微游动一下，以便找出最大尺寸部位。注意测量爪应放在孔的直径方向，不得歪斜。

（6）测量沟槽宽度时，卡尺的操作方法与测量孔径相似。测量爪的位置也应放正，并且垂直于槽壁，如图 1-2-24 所示。

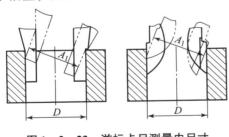

图 1-2-23　游标卡尺测量内尺寸

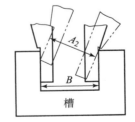

图 1-2-24　游标卡尺测量
沟槽宽度尺寸

（7）测量深度时，应使游标卡尺的尺身下端面与被测件的顶面贴合，向下推动深度尺，使之轻轻接触被测底面，如图 1-2-25 所示。

2. 游标卡尺测量时的注意事项

（1）游标卡尺是比较精密的测量工具，要轻拿轻放，不得碰撞或跌落地下。使用时不要用来测量粗糙的物体，以免损坏测量爪。

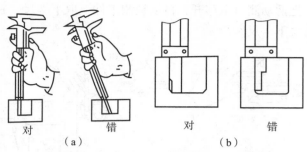

图 1 - 2 - 25　游标卡尺测量深度尺寸

（2）测量力要适当，测量力太大会造成尺框倾斜，产生测量误差；测量力太小，游标卡尺与工件接触不良，致使测量尺寸不准确。

（3）选用适当的测量爪测量面形状。测量爪测量面形状有平面形、圆弧形和刀口形等，在测量时，应根据被测表面的形状正确选用。例如，测量平面和圆柱形尺寸，应选用平面外测量面；测量内尺寸，可选用圆弧或刀口内测量面；测量沟槽及凹形弧面则应选用刀口外测量面，如图 1 - 2 - 26 所示。

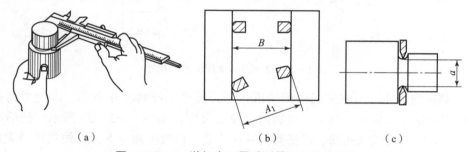

图 1 - 2 - 26　游标卡尺量爪测量面形状的选择

（4）测量温度要适宜，当卡尺和被测量件的温度相同时，测量温度与标准温度的允许偏差可适当放宽。

（5）适当增加测量次数，取平均值。实际测量时，对同一尺寸应多测几次，取其平均值以减少偶然误差。

3. 游标卡尺的维护保养

使用游标卡尺，除了要遵守测量器具维护保养的一般事项外，还要注意以下几点。

（1）不允许把卡尺的两个测量爪当成螺钉扳手用，或把测量爪的尖端用作划线工具、圆规等。

（2）不准用卡尺代替卡钳、卡板等，或在被测件上来回推拉。以免磨损卡尺，影响测量精度。

（3）移动卡尺的尺框和微动装置时，应先松开制动螺钉；但也不要松得过量，以免螺钉脱落丢失。移动游标不能用力过猛，两测量爪与待测物的接触不宜过紧，不能使被夹紧的物体在测量爪内挪动。

（4）测量结束后，要把卡尺平放，尤其是大尺寸的卡尺更应注意，否则尺身会弯曲变形。

（5）带深度尺的游标卡尺，用完后，要把测量爪合拢，否则较细的深度尺露在外边，容易变形甚至折断。

（6）避免与刀具、工具放在一起，以免划伤游标卡尺的表面。

（7）卡尺使用完毕，要用棉纱擦拭干净并上油（黄油或机油）。不可用砂布或普通磨料来擦除标尺表面及测量爪测量面的锈迹和污物。两测量爪合拢并拧紧制动螺钉，放入卡尺盒内盖好，并置于干燥中性的地方，远离酸碱性物质，防止锈蚀。

（8）游标卡尺受损后，不允许用锤子、锉刀等工具自行修理，应交专门部门修理，并经鉴定合格后方能使用。正常使用的游标卡尺，也应定期校验游标卡尺的精准度和灵敏度。

五、游标深度卡尺

1. 游标深度卡尺的结构

深度游标卡尺用于测量零件的深度尺寸或台阶高低和槽的深度，如图 1 – 2 – 27 所示。它的结构特点是尺框 3 的两个测量爪连在一起成为一个带游标的尺框测量爪 1，其端面和尺身 4 的端面即为它的两个测量面。例如，测量内孔深度时，应把尺框测量面紧靠在被测孔端面上，使尺身与被测孔的中心线平行，伸入尺身，则尺身测量面至尺框测量面之间的距离，就是被测零件的深度尺寸。它的读数方法和游标卡尺完全一样。

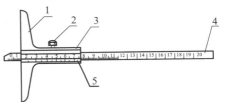

图 1 – 2 – 27 游标深度卡尺

1—尺框测量爪；2—制动螺钉；3—尺框；
4—尺身；5—游标尺

2. 游标深度卡尺测量方法

游标深度卡尺多用于工件的深度测量和台阶测量。测量时，先把尺框测量爪轻轻压在工件的基准面上，尺框测量面必须接触工件的基准面，如图 1 – 2 – 28（a）所示。测量轴类等台阶时，尺框测量面一定要压紧在基准面，如图 1 – 2 – 28（b）、（c）所示，再移动尺身，直到尺身测量面接触到工件的量面（台阶面）上，然后用制动螺钉固定尺框，提起卡尺，读出深度尺寸。多台阶小直径的内孔深度测量，要注意尺身测量面是否在要测量的台阶上，如图 1 – 2 – 28（d）所示。当基准面是曲线时，图 1 – 2 – 28（e），尺框测量面必须放在曲线的最高点上，测量出的深度尺寸才是工件的实际尺寸，否则会出现测量误差。

3. 游标深度卡尺使用注意事项

游标深度卡尺是比较精密的量具，使用是否合理，不但影响游标深度卡尺本身的精度和使用寿命，而且对测量结果的准确性，也有直接影响。必须正确使用游标深度卡尺。

（1）使用前，认真学习并熟练掌握游标深度卡尺的测量、读数方法。

（2）熟悉所用游标深度卡尺的量程、精度是否符合被测零件的要求。

（3）使用前，检查游标深度卡尺是否完整无任何损伤，移动尺框 3 时，活动要自如，不应出现过松或过紧，甚至晃动等现象。

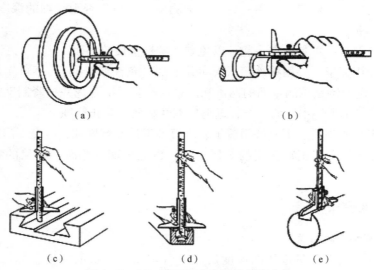

（a） （b）

（c） （d） （e）

图1－2－28 游标深度卡尺的使用方法

（4）使用前，用纱布将游标深度卡尺擦拭干净，检查尺身4和游标5的标尺标记是否清晰，尺身有无弯曲变形、锈蚀等现象。校验零位、检查各部分作用是否正常。

（5）使用游标深度卡尺时，要轻拿轻放，不得碰撞或跌落地下。使用时不要用来测量粗糙的物体，以免过早损坏测量面。

（6）移动卡尺的尺框和微动装置时，不要忘记松开紧固螺钉4，但也不要松得过量，以免螺钉脱落丢失。

（7）测量前，应将被测量表面擦拭干净，以免灰尘、杂质磨损量具。

（8）卡尺的尺框测量爪和尺身端面应垂直于被测表面并贴合紧密，不得歪斜，否则会造成测量结果不准。

（9）应在足够的光线下读数，两眼的视线与卡尺的标尺标记表面垂直，以减小读数误差。

（10）卡尺使用完毕，要擦净并放到卡尺盒内。若长时间不用，应在卡尺测量面上涂黄油或凡士林，放干燥、阴凉处储存，注意不要锈蚀或弄脏。

六、游标万能角度尺

游标万能角度尺的结构及其读数方法详见本课题任务一，在此处不再重复。

1. 游标万能角度尺的测量方法及注意事项

（1）使用前，先将游标万能角度尺擦拭干净，再检查各部件的相互作用情况，是否移动平稳灵活、止动后的读数是否不动。不得使用丙酮等有机溶剂擦拭。

（2）测量前，应先校准零位。游标万能角度尺的零位，是当直角尺与直尺均装上，而直角尺的底边及基尺与直尺无间隙接触，此时主尺与游标尺的零标尺标记对准。调整好零位后，通过改变基尺、直角尺和直尺的相互位置，可测试0°～320°范围内的任意角。

（3）测量时，放松锁紧装置上的螺母，移动主尺座进行粗调整，应使基尺与零件角度的母线方向一致，再转动游标尺背面的把手，进行精细调整，直到游标万能角度尺的两测量面在全长上与被测工件的工作面接触良好为止，以免产生测量误差。然后拧紧锁紧装置上的螺母加以固定，即可进行读数。

（4）测量完毕后，应用汽油或酒精把游标万能角度尺洗净，用干净纱布仔细擦干，涂以防锈油，然后装入匣内。

（5）要定期进行检定。检定周期可根据具体使用情况确定，一般不超过一年。

七、指示表

1. 指示表的结构

指示表用以校正零件或夹具的安装位置，检验零件的形状精度或相互位置精度。它共有 4 种分度值，即分度值为 0.10 mm、0.01 mm、0.001 mm 及 0.002 mm。其中，分度值为 0.10 mm 的指示表，也称为十分表；分度值为 0.01 mm 的指示表，也称为百分表；分度值为 0.001 mm 和 0.002 mm 的指示表，也称为千分表。车间里经常使用的是百分表，因此，本部分内容主要介绍百分表。

百分表的外形如图 1-2-29 所示。8 为测杆，6 为指针，度盘 3 上刻有 100 个等分标尺分度，其分度值为 0.01 mm。当指针转一圈时，小指针即转动一标尺分度，因此转数指示盘 5 的分度值为 1 mm。用手转动表圈 4 时，度盘 3 也随之转动，从而可使指针对准任一标尺标记。测杆 8 沿着轴套 7 上下移动，轴套 7 可作为安装百分表用。9 是测头，2 是手提测杆用的圆头。

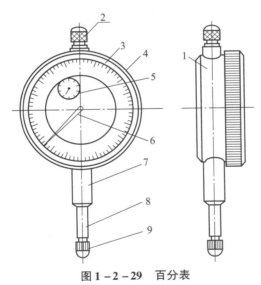

图 1-2-29 百分表

1、8—测杆；2—圆头；3—度盘；4—表圈；5—转数指示盘；6—指针；7—轴套；9—测头

图 1-2-30 所示是百分表内部机构的示意图。带有齿条的测杆 1 的直线移动，通过齿轮传动（z1、z2、z3），转变为指针 2 的回转运动。齿轮 z4 和弹簧 3 使齿轮传动的间隙始终在一个方向，起着稳定指针位置的作用。弹簧 4 是控制百分表的测量压力的百分表内的齿轮传动机构，使测杆直线移动 1 mm 时，指针正好回转一圈。

另外，由于指示表的测杆是作直线移动的，可用来测量长度尺寸，所以其也是长度测量工具。

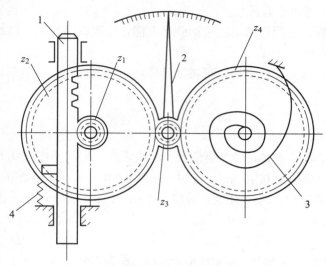

图1-2-30　指示表内部结构的示意图

1—测杆；2—指针；3、4—弹簧

2. 指示表的测量方法及注意事项

由于千分表的读数精度比百分表高，所以百分表适用于尺寸精度为IT6~IT8级零件的校正和检验；千分表则适用于尺寸精度为IT8~IT7级零件的校正和检验。指示表按其制造精度，可分为0、1和2级三种，0级精度较高。使用时，应按照零件的形状和精度要求，选用合适的指示表的精度等级和测量范围。

（1）使用前，应检查测杆活动的灵活性。即轻轻推动测杆时，测杆在轴套内的移动要灵活，没有任何卡滞现象，且每次放松后，指针能回复到原来的标尺标记位置。

（2）使用指示表时，必须把它固定在可靠的夹持架上（如固定在万能表架或磁性表座上），如图1-2-31所示，夹持架要安放平稳，以免使测量结果不准确或摔坏指示表。

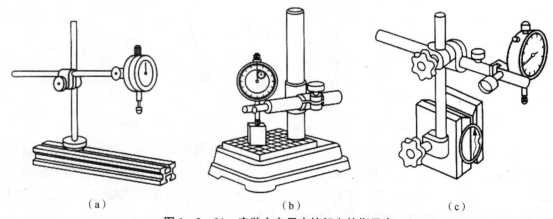

（a）　　　　　　　　　　（b）　　　　　　　　　　（c）

图1-2-31　安装在专用夹持架上的指示表

用夹持指示表的轴套来固定指示表时，夹紧力不要过大，以免因轴套变形而使测杆活动不灵活。

（3）用指示表测量零件时，测杆必须垂直于被测量表面，如图 1 - 2 - 32 所示。使测杆的轴线与被测量尺寸的方向一致，否则将使测杆活动不灵活或使测量结果不准确。

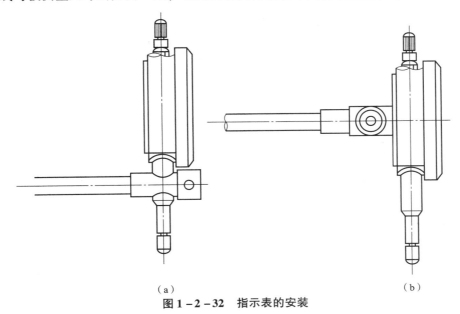

（a）　　　　　　　　　　　　　　　　　　　　　（b）

图 1 - 2 - 32　指示表的安装

（4）测量时，不要使测杆的行程超过其测量范围，不要使测头突然撞在零件上，不要使指示表受到剧烈的振动和撞击，亦不要把零件强迫推入测头下，以免损坏指示表的机件而失去精度。因此，用指示表测量表面粗糙或有显著凹凸不平的零件是错误的。

（5）用指示表校正或测量零件时，如图 1 - 2 - 33 所示。应当使测杆有一定的初始测力。即在测头与零件表面接触时，测杆应有 0.3 ~ 1 mm 的压缩量（0.001 mm 分度值的指示表可小一点，有 0.1 mm 即可），使指针转过半圈左右，然后转动表圈，使度盘的零标尺标记对准指针。轻轻地拉动手提测杆的圆头，拉起和放松几次，检查指针所指的零位有无改变。当指针的零位稳定后，再开始测量或校正零件的工作。如果是校正零件，此时开始改变零件的相对位置，读出指针的偏摆值，就是零件安装的偏差数值。

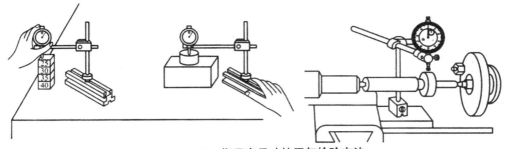

图 1 - 2 - 33　指示表尺寸校正与检验方法

八、螺纹千分尺

螺纹千分尺是利用螺旋副原理，对弧形尺架上的锥形测量面和 V 形凹槽测量面间分隔的距离进行读数的测量螺纹中径的测量器具，如图 1 - 2 - 34 所示。螺纹千分尺的结构及使用方法与外径千分尺基本相同，不同之处在于测头的形状不同且可更换，每对测头只能测量一定螺距范围内的螺纹中径。螺纹千分尺是专用量具之一。螺纹千分尺主要用于测量公差等级为 IT7、IT8、IT9 的普通外螺纹的中径尺寸。

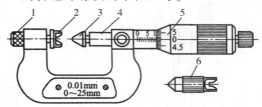

图 1-2-34　螺纹千分尺

1—调零装置；2—V 形测头；3—锥形测头；4—测微螺杆；5—微分筒；6—校对量杆

在测量时，首先根据被测螺纹的螺距选取一对测头。然后将测头及被测螺纹擦拭干净，测头安装在尺架上，校正好千分尺零位。再将被测螺纹放入两测头之间（V 形测头跨在被测螺纹的牙尖上，锥形测头插在牙槽内），找正中径部位。分别在同一截面相互垂直的两个方向上测量螺纹中径，取它们的平均值作为被测螺纹的实际中径。将此值与标准中径进行比较，即可判定被测螺纹的中径是否合格。需要注意的是，当螺纹千分尺两个测头的测量面与被测螺纹的牙型接触后，旋转千分尺的测力装置，并轻轻晃动千分尺，当千分尺发出"咔咔"声后，即可读数。

九、圆度测量仪

1. 圆度反射结构型式

圆度测量仪是具有精密回转轴系统的测量仪器，其利用精密回转轴系上一个动点（测量装置的测头）所产生的理想圆与被测轮廓进行比较，可测量圆度误差。

圆度仪有两种结构型式。一种是转轴式（或称传感器回转式）圆度仪，如图 1-2-35（a）所示。主轴垂直地安装在头架上，主轴的下端安装一个可以径向调节的传感器，用同步电机驱动主轴旋转，这样就使安装在主轴下端的传感器测头形成一接近于理想圆的轨迹。被测件安装在中心可做精确调整的微动定心台上，利用电感放大器的对中表可以相对精确地找正主轴中心。测量时，传感器测头与被测件截面接触，被测件截面实际轮廓引起的径向尺寸的变化由传感器转化成电信号，并通过放大器、滤波器输入极坐标记录器。此时，零件被测截面实际轮廓在半径方向上的变化量被放大，并被画在记录纸上。最后，用刻有同心圆的透明样板或采用作图法可评定出圆度误差或用计算机直接显示测量结果。对转轴式圆度仪，由于主轴工作时不受被测零件重量的影响，所以比较容易保证较高的主轴回转精度。

另一种是转台式（或称工作台回转式）圆度仪，如图 1-2-35（b）所示。测量时，被测件安置在工作台上，随工作台一起转动。传感器在支架上固定不动。传感器感受的被测件轮廓的变化经放大器放大，并做相应的信号处理。最后送到记录器记录或由计算机显示结果。转台式圆度仪具有能使测头很方便地调整到被测件任一截面进行测量的优点，但受旋转工作台承载能力的限制，只适用于测量小型零件的圆度误差。

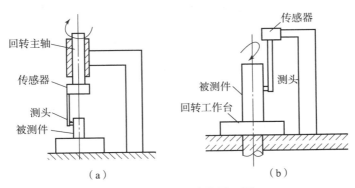

图 1-2-35 圆度仪原理图

（a）转轴式；（b）转台式

圆度仪的测头形状有针形测头、球形测头、圆柱形测头和斧形测头。对于较小的工件，材料硬度较低，可采用圆柱形测头。若材料硬度较低并要求排除表面粗糙度的影响，则可采用斧形测头。

另外，圆度仪使用中要注意记录图形放大倍率的选择。圆度仪的放大倍率是指零件轮廓径向误差的放大比率，即记录笔位移量与测头位移量之比。在选取放大倍率时，通常使记录的轮廓图形占记录纸记录环宽度的 1/3 ~ 1/2。

圆度仪的记录图形以被测件的实际轮廓为依据，它将实际轮廓与理想圆的半径差按高倍数放大，而半径尺寸则按低倍数放大，即记录图上半径差与半径尺寸值的放大倍率不同。这是因为半径差与半径尺寸若按同一倍率放大，则需要极大的一张记录纸来描绘其轮廓图形。所以记录的轮廓图形在形状特征上与实际轮廓有较大差别。如图 1-2-36 所示，一个五棱形的实际轮廓，在选用 3 种不同的放大倍率的情况下，会呈现出 3 个不同形状特征的记录轮廓图。因此，对记录图形所代表的零件截面的实际形状特征要有一个正确的判断。

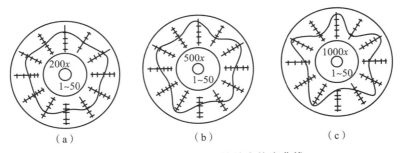

图 1-2-36 3 种不同的放大倍率曲线

2. 圆度仪测量圆度误差的测量方法

（1）打开电源，倍率开关置 100 倍率档，补偿电位器置 1。

（2）零件对中放置在转盘工作台上，如果零件不对称，其重心应落在两个调节旋钮的直角平分线方向上。

（3）目测找正中心，移动传感器，使传感器测头与被测表面留有适当间隙。当转台转动时，目测该间隙的变化并用校心杆敲拨零件，使其对正。如果是对称零件，则可利用定心装置，使零件快速定心。

（4）精确找正中心，使传感器测头在测量线方向（即法线方向）上接触零件表面，并使对心表指针在两条边线范围内摆动。当指针处在转折点时，在测头所处的径向方位上用校心杆敲拨零件，以使摆幅最小。找正中心应从最低放大倍率挡100倍率开始，直至2 000倍率（粗糙零件）、4 000 倍率（较精密的零件）。

（5）放入记录纸，记录轮廓图线。如果记录图线的头尾有径向偏离，则需重新记录。

（6）借助刻有一组等间距（如2 mm）的同心圆透明样板，使其复合在记录纸上。

（7）用最小区域圆法读圆度值。通过被测轮廓内每点都可作两个同心圆的圆心，其中一个为外接圆，另一个为内切圆，以包含实际轮廓并且以半径差最小的两个同心圆的圆心为理想圆心，但是至少应有4个实测点内外相间在内、外两个圆周上。如图1－2－37所示。（a，c与b，d分别与外圆和内圆交替接触）

（8）两包容圆半径差即为圆度误差值。

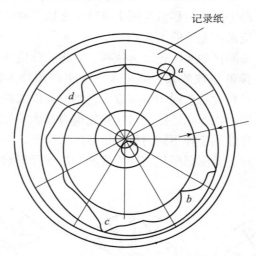

图1－2－37　最小区域圆法

3. 圆度仪测量圆柱度误差的测量方法

圆柱度测量结果若不经计算机进行数据处理，很难做到精确及符合定义要求，因此，用简便的近似方法来评定圆柱度误差仍是常用的一种方法。圆柱度误差测量工作示意如图1－2－38所示。将被测工件的轴线调整至与仪器同轴，记录被测工件倒转一周过程中测量截面上各点的半径差。在测头没有径向偏移的情况下，按需要重复上述方法测量若干个横截面。可用计算机按最小条件确定圆柱度误差，也可用极坐标图近似求出圆柱度误差。

圆度仪测量圆柱度误差的具体操作步骤如下：

（1）接通电源，倍率开关置100倍率挡，补偿电位器置1。

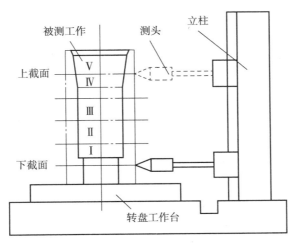

图 1 - 2 - 38　圆度仪测量圆柱度误差

（2）零件对中放置在转盘工作台上，如果零件不对称，其重心应落在两个调节旋钮的直角平分线方向上。

（3）目测找正中心，移动传感器，使传感器测头与被测表面留有适当间隙。当转台转动时，目测该间隙的变化并用校心杆敲拨工件，使其对正。如果是对称零件，则可利用定心装置，使零件快速定心。

（4）精确找正中心，使传感器测头在测量线方向（即法线方向）上接触零件表面并使对心表指针在两条边线范围内摆动。当指针处在转折点时，在测头所处的径向方位上用校心杆敲拨工件，以使摆幅最小。找正中心应从最低放大倍率挡 100 倍率开始，直至 2 000 倍率（粗糙零件）、4 000 倍率（较精密的零件）。

（5）放入记录纸，记录截面轮廓图线。若记录图线的头尾有径向偏离，则需重新记录。

（6）在测头没有径向偏移的情况下，按需要重复上述方法测量若干个横截面。

（7）把在圆度仪上测量的每个截面的图形描绘在一张记录纸上，然后使用同心圆透明样板，按照最小条件圆度的判别准则，求出包容这组记录图形的两同心圆半径差 Δ，再除以放大倍率 M，即得出此零件的圆柱度误差 f，即 $f = \Delta / M$

十、正弦规

1. 正弦规的结构

正弦规是用于准确检验零件及量规角度和锥度的量具。由于它利用三角函数的正弦关系来度量，所以称为正弦规、正弦尺或正弦台，如图 1 - 2 - 39 所示。

正弦规主要由带有精密工作平面的主体和两个精密圆柱组成，四周可以由装测量时可作为放置零件的定位板的挡板（使用时只装互相垂直的两块挡板）国产正弦规有宽型和窄型两种。其规格见表 1 - 2 - 3。

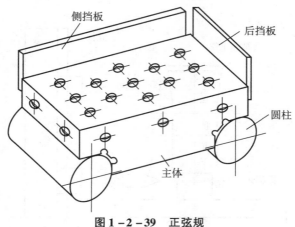

图1-2-39 正弦规

表1-2-3 正弦规的规格

两圆柱中心距/mm	圆柱直径/mm	工作台宽度/mm		精度等级
		窄型	宽型	
100	20	25	80	0.1级
200	30	40	80	

正弦规的两个精密圆柱的中心距的精度很高。正弦规的中心距为200 mm时，窄型的工作台宽度误差不大于0.003 mm，宽型的工作台宽度不大于0.005 mm。同时，主体上工作平面的平直度以及它与两个圆柱之间的相互位置精度也很高，因此可用于精密测量，也可用于机床上带角度零件加工的精密定位。利用正弦规测量角度和锥度时，测量精度可达±（1″~3″），但适宜测量小于40°的角度。

2. 正弦规的测量方法

使用正弦规测量圆锥塞规锥角的示意图如图1-2-40所示。

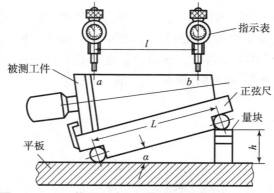

图1-2-40 使用正弦规测量圆锥塞规锥角的示意图

使用正弦规测量零件角度时，首先把正弦规放在精密平台上，被测零件（如圆锥塞规）放在正弦规的工作平面上，被测零件的定位面平靠在正弦规的挡板上，（如圆锥塞规的前端面靠在正弦规的前挡板上），指示表安装在表座上，并可在平板上拖动。在图1-2-40所示锥体最顶端的母线上的 a、b 两处读出指示表示值，如果这两个读数相同，则表明被测锥体的圆锥角正好等于正弦规的倾斜角 α，即被测圆锥体的上素线与平板平行。测量时，在正弦规的一个圆柱下面垫入量块，用指示表检查零件全长的高度，调整量块尺寸，使指示表在零件全长部位的读数处处相同。此时，可应用直角三角形的正弦公式计算出零件的角度。正弦公式如下：

$$\sin\alpha = \frac{H}{L} \tag{1-2-1}$$

式中　α——圆锥的锥角，（°）；

　　　H——量块的高度，（mm）；

　　　L——正弦规两圆柱的中心距，（mm）。

由上可知，正弦规的测量使用方法如下：

（1）将正弦规、量块用不带酸性的无色航空汽油进行清洗。

（2）检查测量平板、被测件表面是否有毛刺、损伤和油污，并进行清除。

（3）将正弦规放在平板上，把被测件按要求放在正弦规上。

（4）根据被测件尺寸，选用相应高度尺寸的量块组，垫起其中一个圆柱。

（5）调整磁性表座，装入百分表（或千分表），将表头调整至相应高度，压缩百分表表头 0.2~0.5 mm（千分表表头压缩 0.1~0.2 mm），紧固磁性表座各部分螺母、螺栓（装入表头的紧固螺母不能过紧，以免影响表头的灵活性）。

（6）提升表头测杆 2~3 次，检查示值稳定性。

（7）求出被测角的偏差值 $\Delta\alpha$。

3. 正弦规的维护保养

正弦规是一种精密量具，正确的维护保养对保持正弦规的精度和延长其使用寿命意义重大。

（1）正弦规在使用前，首先检查检定合格证是否在有效期内。再检查各测量面的外观，不能有碰伤，锈蚀等缺陷。

（2）用正弦规测量时，不准磕碰。

（3）在正弦规上安装被测工件时，要利用前挡板和侧挡板定位，以尽量减少测量误差。

（4）正弦规使用完毕后，要用汽油将其表面洗净擦干，并涂上防锈油，再放入盒内妥善保管。

十一、干涉显微镜

1. 干涉显微镜的结构

干涉显微镜结构如图 1-2-41 所示，其外壳是方箱。箱内安装光学系统；箱后下部伸出光源部件；箱后上部伸出参考平镜及其调节的部件等；箱前上部伸出观察管，其上装测微器 2；箱前下部窗口装照相机 3；箱的两边装有各种调整用的手轮；箱的上部是圆工作台 15，它可水平移动、转动和上下移动。

干涉显微镜可测量轮廓峰谷高度的范围为 0.025~0.8 μm。对于小工件，测量时将其被测表面向下放在圆工作台上进行测量；对于大工件，可将干涉显微镜倒立放在工件的被测表面上进行测量。

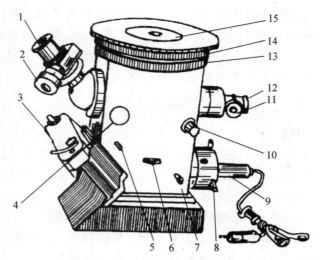

图 1－2－41　6JA 干涉显微镜

1—目镜；2—测微器；3—照相机；4、6、10、11、12—手轮；5、7—手柄；

8—螺钉；9—光源；13、14—滚花轮；15—圆工作台

　　另外，干涉显微镜备有反射率为 0.6 和 0.04 的两个参考平镜，不仅适用于测量高反射率的金属表面，也适用于测量低反射率的工件（如玻璃）表面。

　　2. 干涉显微镜的工作原理

　　干涉显微镜利用光波干涉原理来测量表面粗糙度。干涉显微镜的光学系统如图 1－2－42 所示。由光源 1 发出的光经滤光片 3 成单色光，经聚光镜 2、8 投射到分光镜 9 上，并

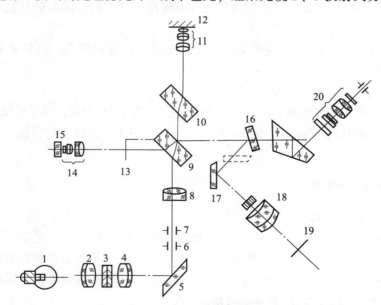

图 1－2－42　干涉显微镜光学系统

1—光源；2、4、8—聚光镜；3—滤光片；5—反光镜；6—视场光阑；7—孔径光阑；9—分光镜；

10—补偿镜；11、14—物镜组；12—被测表面；13、19—遮光板；15—参考平面镜；

16—可调反光镜；17—折射镜；18—照相物镜；20—目镜组

被分成两路：一路光反射向左（遮光板 13 移去），经物镜组 14，射向参考平面镜 15 再反射回来；另一路透射向上，经补偿镜 10 和物镜组 11 射向工件被测表面 12，再反射回来。两路光在分光镜 9 会合，向前射向目镜组 20 或照相机。

　　两路光会合时会发生光波干涉现象。由于参考平面镜 15 对光轴微有倾斜，相当于与被测表面 12 形成楔形空隙，所以能在目镜中看到一系列干涉条纹，如图 1 - 2 - 43 所示。相邻两干涉条纹相应的空隙差为半个波长。由于轮廓的峰和谷相当于不同大小的空隙，故干涉条纹呈弯曲状。其相对弯曲程度与轮廓高度对应。测出干涉条纹的弯曲量 a 与相邻两条纹间距 b 的比值，乘半个光波波长（$\lambda/2$），可得轮廓的峰谷高度 h，即

$$h = \frac{a}{b} \times \frac{\lambda}{2} \tag{1-2-2}$$

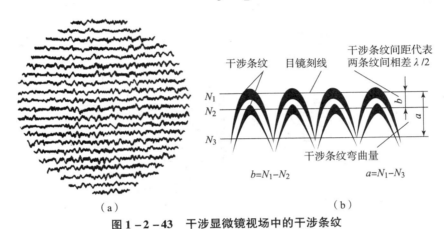

（a）　　　　　　　　　　　　　　　（b）

图 1 - 2 - 43　干涉显微镜视场中的干涉条纹

（a）视场图；（b）轮廓峰谷高度测量原理

3. 干涉显微镜测量方法及步骤

（1）通过变压器接通电源，开亮灯泡。

（2）调节参考光路。将手轮 4 转到目视位置，转动手轮 10 使图 1 - 2 - 42 中的遮光板 13 移出光路。旋动螺钉 8 调整灯泡位置，使视场照明均匀。转动手轮 11，使目镜视场中弓形直边（图 1 - 2 - 44）清晰。

（3）调节被测工件光路。将工件被测面擦净，面朝下放在工作台上。转动手轮 10，使遮光板转入光路。转动滚花轮 13 以升降工作台，直到从目镜视场中看到工件表面的清晰加工痕迹为止。再转动手轮 10，使遮光板转出光路。

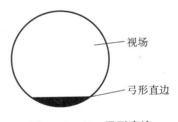

图 1 - 2 - 44　弓形直边

（4）调节两路光束重叠。松开螺钉取下目镜 1，从观察管中可看到两个灯丝像。转动滚花轮 13，使图 1 - 2 - 42 中的孔径光阑开到最大。转动手轮 10，使两个灯丝像完全重合，同时调节螺钉 8，使灯丝像位于孔径光阑中央。

（5）调节干涉条纹。装上目镜，旋紧紧固螺钉，转动目镜上的滚花环直至看清十字线。将手柄 7 向左推到底，使滤光片插入光路，在目镜视场中就会出现单色的干涉条纹。微转手轮 12，使条纹清晰。再将手柄 7 向右推到底，使滤光片退出光路，目镜视场中就会

出现彩色的干涉条纹，用其中仅有的两条黑色条纹进行测量。转动手轮11，调节干涉条纹的亮度和宽度。转动滚花轮14以旋转圆工作台，使要测量的截面与干涉条纹方向平行，未指明截面时，则使表面加工纹理与干涉条纹方向垂直。

十二、立式光学计

光学计是一种精度较高、结构简单的常用光学仪器，常用来检定5等、6等量块、光滑极限量规及测量相应精度的零件。

1. 立式光学计的结构

立式光学计是利用光学杠杆放大原理进行测量的仪器。型号为LG－1的立式光学计，其外形结构如图1－2－45所示。立式光学计光学系统结构如图1－2－46所示。

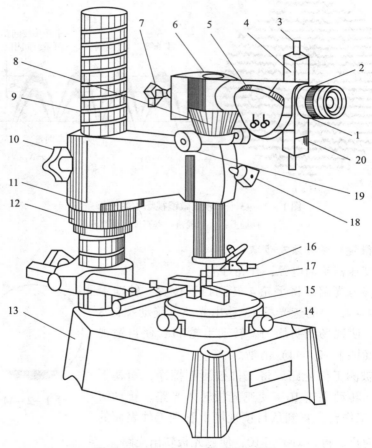

图1－2－45 LG－1型立式光学计

1—反射镜；2—目镜；3—偏差指示限调节手柄；4—刻度尺及偏差指示器外壳；5—镜管体；
6—装照明灯的孔；7—光杆紧固螺钉；8—镜管体微动手轮；9—立柱；10—支臂锁紧螺钉；
11—支臂；12—调节螺母；13—底座；14—工作台调整螺钉；15—工作台；
16—测帽提升器；17—测帽；18—镜管体锁紧螺钉；
19—凸轮框架锁紧螺钉；20—刻度尺微调螺钉

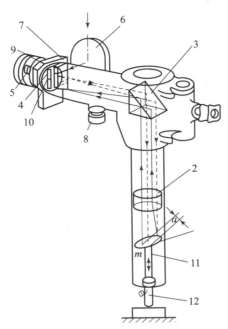

图1-2-46　立式光学计光学系统图

1—反射镜；2—物镜；3—棱镜；4—分划板；5—目镜；6—进光反射镜；

7—通光棱镜；8—零位调节手轮；9—标尺；10—指示线；11—测杆；12—测帽

立式光学计的主要技术指标如下：

（1）仪器的测量范围为0～180 mm；

（2）仪器的分度值为0.001 mm；

（3）仪器的示值范围为±0.1 mm；

（4）仪器的不确定度为±0.25 μm（按仪器的最大示位误差给出）；

（5）测量不确定度为$\pm\left(0.5+\dfrac{L}{100}\right)$μm。

2. 立式光学计的测量使用方法

（1）选择测帽。根据被测工件形状，正确地选择测帽。测量时，被测物体与测帽间的接触面必须最小，即接近于点或线接触。因此，在测量平面时，需使用球形测帽，测量柱面时宜采用刀口形或平面形测帽，对球形物体则应采用平面形测帽。测帽形式如图1-2-47所示。

（2）工作台的选择与校正。立式光学计工作台分为平面工作台和槽面工作台，其选择原则与测帽的要求相同。对于可调整工作台，为保证测杆与工作台面垂直，测量前必须进行校正。首先，选择一个与被测工件尺寸相同的量块大致放在工作台的中央，光学计换上最大直径的平面测帽，并使测帽平面的1/4与量块接触。调整仪器至目镜中看到分划板刻度为止。然后旋动工作台调整螺钉，使其前后移动，并从目镜中观看分划板示值的变化，若测帽平面四个位置的读数变化小于分度值的1/5，则表示工作台的校正已完成。

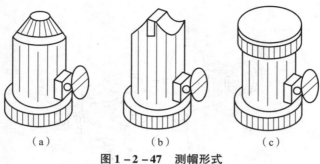

图1-2-47　测帽形式

（a）球形；（b）刀口形；（c）平面形

（3）调整反射镜并缓慢地拨动测帽提升器，直至能从目镜中看到标尺影像，若此影像不清楚可调整目镜视度环。

（4）松开支臂锁紧螺钉，调整手柄，使光管上升至最高位置后紧固螺钉。

（5）按被测件的公称尺寸组合所需量块尺寸。一般是从所需尺寸的末位数开始选择，将选好的量块用蘸有汽油的棉花擦去表面防锈油并用绒布擦净。用少许压力将两量块工作面相互研合。

（6）将组合好的量块组放在工作台上，松开支臂锁紧螺钉，转动调节螺母，使支臂连同光管缓慢下降至测头与量块中心位置极为接近处（约有0.1 mm的间隙）将螺钉拧紧。

（7）松开光杆紧固螺钉，调整手柄，使光管缓慢下降至测头与量块中心位置接触并从目镜中看到标尺像，零标尺标记处于指标线附近为止。调节目镜视度环，使标尺像完全清晰（可配合微调反光镜）。锁紧螺钉，调整微调旋钮，使刻度尺像准确对好零位。

（8）按压测帽提升器2~3次，检查示值稳定性，要求零位变化不超过分度值的1/10，否则，应寻找原因并重新调零（各紧固螺钉应拧紧但不能过紧，以免仪器变形）。

（9）按下测帽提升器，取下量块组，将被测件放在工作台上（注意一定要使被测轴的母线与工作台接触，不得有任何跳动或倾斜）。

（10）按压测帽提升器多次，若示值稳定，则记下标尺读数（注意正负号）。此读数即为该测点轴线的实际差值。

（11）在轴的三个横截面上，相隔90°的径向位置上共测6个点（图1-2-48），并按其验收极限判断其是否合格。

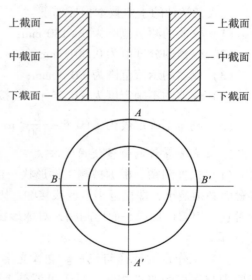

图1-2-48　测量位置

十三、万能工具显微镜

1. 万能工具显微镜的结构

万能工具显微镜（图1-2-49）是一种多用途的光学机械式两坐标测量仪器，通常用影像法和轴切法测量精密机械零件的长度、角度和螺纹等。其以直角坐标或极坐标方法可测量各种形状和位置复杂的机械零件的形状。例如，测量扁平工件、光滑圆柱、椎体、螺纹的各项参数，刀具的轮廓角及其各项参数，样板和模具的几何形状，凸轮的坐标尺寸，圆弧半径、孔径和孔间距离等。万能工具显微镜的长度测量读数可精确到微米，角度测量读数可精确到分，但测量过程中一些细节的疏忽可导致其准确度大大降低。

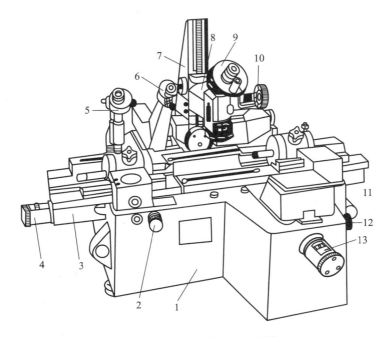

图 1 - 2 - 49　万能工具显微镜

1—基座；2—纵向锁紧手轮；3—工作台纵滑板；4—纵向滑动微调；5—纵向读数显微镜；

6—横向读数显微镜；7—立柱；8—支臂；9—测角目镜；10—立柱倾斜手轮；11—小平台；

12—立柱横向移动及锁紧手轮；13—横向移动微调

2. 万能工具显微镜测量方法

（1）刀口法和轴切法。刀口法和轴切法是一种光学和机械综合的方法，主要用于测量螺纹的轴切面。另外，由于这一方法调节误差极小且不受外来影响，如边缘不光洁，倒角遮住等影响，也可用于测量圆柱，圆锥和平试件。

对于拭件，其要有光滑的平直的测量面，测量时，用手把测量刀移至其测量平面接触为止。对于圆形件，此测量平面与旋转轴相切，平行于刀口边缘的细线可表示出试件的轴切面。然后，用角度测量目镜的基准刻线对准此细线。通常，未磨损刀口的边缘与视场中通过十字线的对准轴线接触，在测量时不必考虑从细线到刀口边缘之间的距离。只有用磨损了的刀口测量时，才要求从量值中减去刀口的误差。

需要注意的是：需清除检验面上的灰尘和液体残迹，这是因为根据光隙检验刀口位置时，液体残迹会引起误差。另外，垫板和仪器的顶尖高度是配好的，不可调错，使用前应清洗一下。

（2）阴影法。阴影法是纯粹的光学方法，它可以迅速地调节仪器以对准试件轮廓及比较形状。阴影法要求试件放在自下而上的光路中，并处于对准显微镜的清晰范围内。这样，才能得到试件的阴影像。

圆形工件的像是轴向平面的轮廓阴影，而平试件的阴影像决定于其边缘。应用旋转目镜和角度测量目镜上的标尺标记与阴影相切而测量。把试件的形状与自绘的图形进行比较时，可以借助投影装置，使用双目观察。

（3）反射法。反射法和阴影法相似，也是光学接触法，反射法的特点是可以测量边缘和标记，如划线、样冲眼等。此法也可以用旋转目镜的刻线图形来比较形状，根据显微镜的清晰平面确定测量平面，用于测量平试件等。测量划线和样冲眼时用角度测量目镜，测量孔的边缘时用双像目镜，比较形状时用旋转目镜。

（4）测微杠杆法。测微杠杆法用于测量不能用光学方法对准测量的测量面，如孔、各种曲线面和螺旋面。必须注意的是，在相对方向接触或接触曲面时，测头的直径也要包含在测量结果内。对于特殊的测量，建议自制合适的接触杆。应用直径一定的球形测头可以检验滚动曲线，尖的测头用以在一定的测量面内检验螺旋面。刀口形测头用以测量切面及只有两个坐标轴的空间曲线的投影。

3. 万能工具显微镜操作使用中的注意事项

（1）注意目镜和物镜的调焦顺序。很多人在开始测量时就用物镜调焦，当调好物体焦距后再用目镜中的"米"字线去进行对准测量，此时如果觉得"米"字线不够清晰，还会对目镜进行调焦。其实，这种次序是错误的，这是因为这样一来会造成前面被调焦后的被测物体进行的影像存在一定的虚影。正确的方法是先将目镜中的"米"字线调清晰，然后再对物体进行调焦，这样才能保证"米"字线和物体的像均是清晰的。

（2）注意在测量前清除被测件表面的毛刺和磕痕。被测件在加工、使用和运输过程中均可能产生一些毛刺和磕痕，这些缺陷可能不易被觉察，但在测量中容易引起对线错误或造成测量面不在同一焦平面上而形成一定的局部虚影，从而影响测量结果的准确性。因此，一定要彻底清除这些表面毛刺和磕痕。

十四、万能测长仪

1. 万能测长仪的结构

万能测长仪是一种用途较广的计量光学仪器。它可对零件的外尺寸进行直接测量和比较测量，也可用以测量内尺寸，如孔径、槽宽等。另外，利用仪器附件，还可测定各种特殊工件，如小孔内径、内外螺纹中径等。由于万能测长仪的测量轴处于水平位置，因此它又被称为"卧式测长仪"。如图1-2-50所示，万能测长仪主要由底座、工作台、测座、尾座以及各种测量设备附件组成。

2. 万能测长仪测量方法

开始测量前，先将仪器电源打开，然后打开光源开关。

（1）测量外尺寸。外尺寸测量属于绝对测量（直接测量）。测量时，需先找到基准零点，再进行测量。

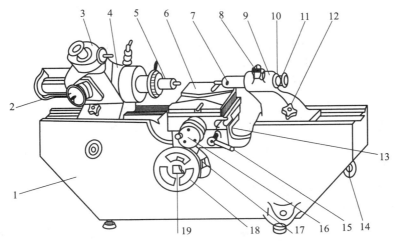

图 1 – 2 – 50　万能测长仪结构图

1—底座；2、11—微动手轮；3—读数显微镜；4—测量座；5—测量轴；6—万能工作台；7—微调螺钉；
8—尾管紧固手柄；9—尾座；10—尾管；12—尾座紧固手柄；13—工作台转动手柄；14—平衡手轮；
15—工作台摆动手柄；16—微分筒；17—限位螺钉；18—工作台升降手轮；19—锁紧螺钉

①装上活动尾管、测帽（测量轴承内沟径时可选用测沟，测头向外反装），将左边重锤丝线挂上，移动阿贝头主轴使测帽或者测头慢慢靠近直至接触。调节活动尾管上转折点调节螺钉，找出转折点：平面测帽找最小值，球面测帽找最大值。清零。

②移动阿贝头主轴，直至被测工件方便固定为止，缩紧阿贝头主轴。固定被测件，使其被测轴线大致位于测量轴线上，可使用条形垫铁将工件垫高以方便测量。

③松开阿贝头主轴，找出转折点、采点。所得数值即为被测工件尺寸。

（2）测量内尺寸。内尺寸测量属于相对测量，需使用标准环规作为测量基准。

①换上固定尾管，将测沟固定在尾管和主轴上，挂起右边重锤丝线。将条形垫铁垫在工作台上，环规固定在垫铁上。

②移动工作台将两测沟置于环规内，找出转折点、采点。记住所采点的序号。

③取下标准环规，将被测件装上，找出转折点、采点。

④关闭主显示窗，打开相对测量或者测沟测量对话框，按照提示输入相关数值，计算后即得所测尺寸。

3. 注意事项及仪器保养

（1）测量前将测头、测帽及被测件表面用软布或者吸油纸蘸汽油擦净，测量后需重新涂上防锈油，放入附件箱或者干燥箱内。

（2）仪器切勿随意搬动，振动，使用时轻拿轻放，切勿猛烈撞击。

（3）保持室内清洁，温度控制在（20±1）℃，湿度60%以内。

（4）导轨定时保养涂油。

十五、测量平板

测量平台也叫测量平板，它有很多别名，如威泰测量平台、测量工作台、铸铁测量平台、花岗石测量平台、岩石测量平台、大理石测量平台、测量工作平台、铸铁测量工作平台等。

用途：（测量平板）用于机械、发动机的动力实验，设备调试，具有较好的平面稳定性和韧性，表面带有T型槽，可以用来固定实验设备。

材质：高强度铸铁 HT200~300。

热处理范围：工作面硬度为 170~240 HBW，经过两次人工处理（人工退火 600°~700°和自然时效 2~3 年）使用该产品的精度稳定，耐磨性能好。

规格：100 mm×100 mm~3 000 mm×6 000 mm，（大于此规格的装配平台可以拼装使用或按图纸订做。）

精度：按国家标准计量检定规程执行，分别为0、1、2、3四个等级。

（测量平板）详细规格：

①100 mm×200 mm~400 mm×400 mm（本规格适用于研磨压砂平板），精度为0级、1级、2级。

②400 mm×600 mm~1 500 mm×2 500 mm（本规格适用于人工刮研平板），精度为1级、2级、3级。

③1 500 mm×3 000 mm~2 000 mm×3 000 mm（本规格适用于人工刮研平板），精度为2级、3级、精刨。

④2 000 mm×4 000 mm~3 000 mm×10 000 mm/4 000 mm×8 000 mm，精度为3级和精刨。

任务实施

测量工具大比拼。由老师准备多种不同形状的零件，并给出各零件要测量的内容及要求。同学们以小组的形式进行讨论研究，最终派代表阐述该组零件测量时应该选择何种测量工具，有何注意事项。老师对此提出必要的指导和建议，讨论方案确定后，各组实际操作，完成测量任务。

任务评价

请将任务评价结果填入表1-2-4。

表1-2-4 自评/互评表（六）

任务小组				任务组长		
小组成员				班级		
任务名称				实施时间		
评价类别	评价内容	评价标准	配分	个人自评	小组评价	教师评价
学习准备	资料准备	参与资料收集、整理、自主学习	5			
	计划制订	能初步制订计划	5			
	小组分工	分工合理，协调有序	5			

续表

评价类别	评价内容	评价标准	配分	个人自评	小组评价	教师评价
学习过程	操作技术	见任务评分标准	40			
	问题探究	能实践中发现问题，并用理论知识解释实践中的问题	10			
	文明生产	服从管理，遵守"5S"标准	5			
学习拓展	知识迁移	能实现前后知识的迁移	5			
	应变能力	能举一反三，提出改进建议或方案	5			
	创新程度	有创新建议提出	5			
学习态度	主动程度	主动性强	5			
	合作意识	能与同伴团结协作	5			
	严谨细致	认真仔细，不出差错	5			
总　　计			100			
教师总评（成绩、不足及注意事项）						
综合评定等级						

拓展知识

其他测量仪器简介

一、偏摆仪

图 1-2-51 所示的偏摆检查仪是用于测量回转体各种跳动指标的必备仪器。它除了能检测圆柱形和盘形的径向跳动和轴向跳动外，安装相应的附件，还可用以检测管类零件的径向跳动和轴向跳动，具有结构简单、操作方便、易于维护等特点，因此，运用十分广泛。

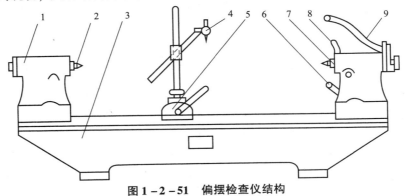

图 1-2-51　偏摆检查仪结构

1—固定顶尖座；2—顶尖；3—底座；4—指示表夹；5—表支架座；6—顶尖座锁紧手柄；
7—活动顶尖座；8—顶尖锁紧手把；9—活动顶尖移动手柄

1. 主要技术指标

PBY5017 型偏摆仪：最大测量长度为 500 mm。最大测量直径为 270 mm。

PBY5012 型偏摆仪：最大测量长度为 500 mm；最大测量直径为 170 mm。

2. 仪器精度

两顶尖连线对仪器底座导轨面的平行度≤0.04 mm。

3. 仪器结构

偏摆仪结构如图 1－2－51 所示。

4. 使用方法

首先，用锁紧手柄 6 将固定顶尖座固定在仪器底座上合适的位置。再按被测零件长度将活动顶尖座 7 固定。然后，压下活动顶尖移动手柄 9，装入零件使其中心孔顶在仪器的两顶尖上，拧紧把手 8 将活动顶尖固定。最后，移动表支架座 5 至所需位置后固定，通过其上所装的百分表（或千分表）即可进行检测工作。

5. 维护保养

（1）安装被测件时，要特别小心，防止碰坏仪器顶尖。

（2）仪器滑动部分要经常予以润滑油，但油层不易过厚，以免影响仪器示值精度。

（3）使用完毕，顶尖、仪器导轨等重要零件和部位应用汽油洗净并涂防锈油，然后盖上防尘罩。

二、平面度检查仪

平面度检查仪（图 1－2－52）是根据光学自准直原理设计的，它可以精确地测量机床或仪器导轨的直线度误差，也可以测量标准平板等的平面度误差，利用光学直角器和带磁性表座的反射镜等附件，还可以测量垂直导轨的直线度误差，以及垂直导轨和水平导轨之间的垂直度误差。

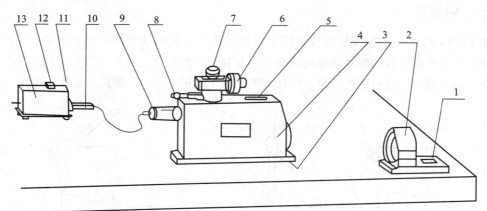

图 1－2－52　平面度检查仪的结构图

1、5—水准泡；2—反射镜；3—箱体基面；4—仪器箱体；6—测微鼓轮；7—目镜；
8—锁紧螺钉；9—照明灯座；10、11—6v3w 插销；12—按扭；13—变压器

如图 1－2－52 所示，平面度检查仪主体内装有一套自准直光学系统；照明灯座 9 可插进套筒内照明十字线分划板，旁向有锁紧螺钉。测微器装在仪器主体上方，外部有测微

鼓轮6，目镜7和锁紧螺钉8。目镜上有视度调整螺旋，可正反旋转，适应不同视力的检测员检测。锁紧螺钉8用于在互相垂直方向上锁紧测微器。箱体基面3是工作定位面，安放在测量基面上。水准泡5用来判断仪器安放是否水平。

平面度检查仪的光学系统如图1－2－53所示。

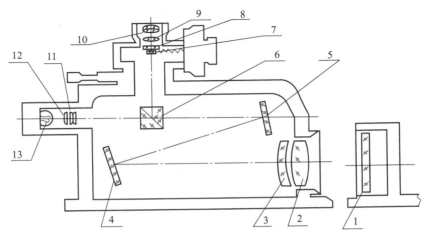

图1－2－53 平面度检查仪的光学系统图

1—射镜；2、3—物镜；4、5—反射镜；6—分光棱镜；7、8—分划板；
9、10—目镜；11—十字线分划板；12—滤光片；13—光源

光源13发出的光线照明位于物镜2、3焦平面上的分划板11的十字线，再经分光棱镜6，反射镜4、5，物镜2、3，呈一束平行光束射向平面反射镜1；若平面反射镜的反射面垂直于光轴，光线仍按原路返回，经物镜2、3，反射镜4、5，分光棱镜6，成像在位于其焦点的指标线分划板8上，与指标分划线重合，人眼通过目镜9、10观察到像。

1. 平面度检查仪的工作原理

对于窄长平面的形状误差，可以用直线度表示，而较宽平面的形状误差，必须用平面度表示。一个平面可以看作由无数条直线组成，因此，可以由几个剖面的直线度误差来反映该平面的平面度误差。平面度检查仪通过测量被测表面上的几个特点剖面（逐一读出剖面上各测点的读数），然后按选定的基准，以各个被测剖面的直线度误差及相互联系来确定被测表面的平面度误差。

测量剖面的布置通常采用"米"字形和网格形，如图1－2－54所示。

2. 仪器使用前的准备和检查

（1）用汽油和脱脂棉或绸布清洁仪器主体和附件，清洁被测表面。

（2）将照明灯插入仪器主体并锁紧，然后接通电源。

（3）选择仪器的安放位置，仪器安放一定要稳固可靠，位置合适，宜于观察，测量过程中不得移动仪器主体。

（4）安装仪器主体，使水平调整板或被测表面接触良好，并尽量使物镜光轴与测量方向一致。

（5）视度调节，直到能看清分划板上的标尺标记和标数为止。

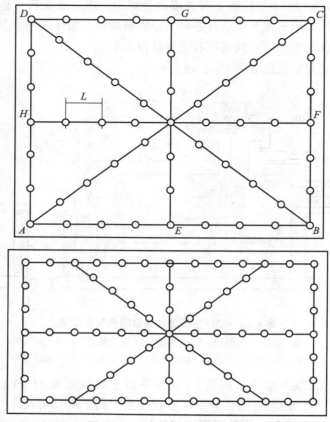

图 1 − 2 − 54　测量剖面的布置

模块二

典型零件的测绘

模块描述

1. 常规测量轴类零件的测量工具有哪些？它们的使用方法是什么？
2. 怎样正确地使用草图来表达轴类零件呢？
3. 如何使用 AutoCAD 绘制传动轴的平面图？

课题一　轴类零件的测绘

任务一　轴类零件的测量与草绘

任务描述

轴类零件一般是机器的主体，是支承转动零件并与之一起回转以传递运动、扭矩或弯矩的机械零件。轴类零件是旋转体零件，通常由外圆柱面、圆锥面、螺纹、键槽等构成。与轴配合的零件有齿轮、套、轴承、键等，工艺结构有螺纹退刀槽、砂轮越程槽、中心孔等。零件毛坯大多是锻件。

（1）如何选择正确的测量工具？
（2）轴类零件主要由哪些结构形状组成？在装配体中起到什么作用？能与之相配合的零件有哪些？
（3）轴类零件中的键槽、螺纹等一些细小复杂的部分应该如何表达？

知识链接

根据实际零件绘制图形，测量并标注尺寸、确定技术要求、填写标题栏等过程称为零件测绘。

一、轴类零件的作用与结构

轴类零件是机器中经常遇到的典型零件之一。它主要用以支承传动零部件，传递扭矩和承受载荷。轴类零件是旋转体零件，其长度大于直径，一般由同心轴的外圆柱面、圆锥面、内孔和螺纹及相应的端面所组成。根据结构形状的不同，轴类零件可分为光轴、阶梯轴、空心轴和曲轴等。轴的长径比小于 5 的称为短轴，大于 20 的称为细长轴，大多数轴介于两者之间。

二、轴类零件的视图选择

轴类零件多在车床和磨床上加工。为了加工时看图方便，轴类零件的主视图按其加工位置选择，一般将轴线水平放置，用一个基本视图来表达轴的主体结构。

轴上的局部结构，如键槽、退刀槽、倒角等结构，一般采用断面图、局部剖视图、局部放大图、局部视图来表达。

三、轴类零件的尺寸标注

测量轴类零件常采用外径千分尺、游标卡尺、指示表、游标万能角度尺、金属直尺、钢卷尺、内（外）卡钳、游标深度卡尺、游标高度卡尺、半径样板、螺纹样板等量具。

测绘零件的全部尺寸，并根据尺寸标注的原则和要求，标注全部的必需尺寸。轴类零件有径向尺寸和轴向尺寸。径向尺寸的基准为轴线，轴向尺寸的基准一般选择重要的定位面或端面。基准的选择是否合理，将直接影响测量精确程度。轴中的重要尺寸一定要直接标注出来，标准结构（如倒角、退刀槽、键槽等）的尺寸应根据相应的标准查表，按规定标注。

轴类零件的表达及尺寸标注实例如图 2－1－1 所示。

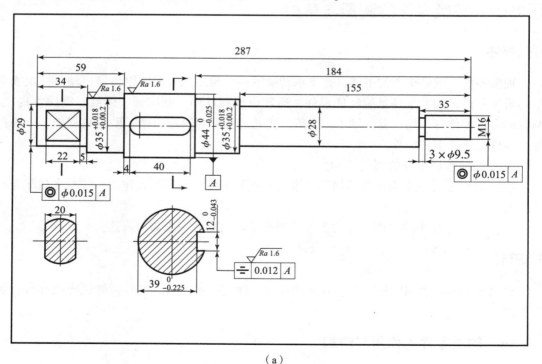

（a）

图 2－1－1

（a）轴零件的表达及尺寸标注

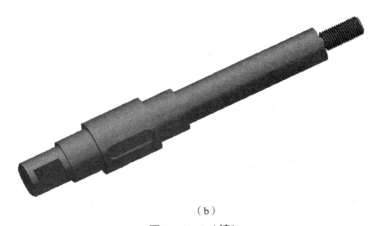

（b）

图 2 - 1 - 1（续）

（b）轴零件实例三维图

四、轴类零件的材料和技术要求

1. 轴类零件的毛坯

轴类零件可根据使用要求、生产类型、设备条件及结构，选用棒料、锻件等毛坯形式。对于外圆直径相差不大的轴，一般以棒料为主；而对于外圆直径相差较大的阶梯轴或重要的轴，常选用锻件，这样既能节约材料又能减少机械加工的工作量，还可改善机械性能。根据生产规模的不同，毛坯的锻造方式分为自由锻和模锻两种。中小批生产多采用自由锻，大批量生产时采用模锻。

2. 轴类零件的材料

长期承受交变应力作用的疲劳破坏是轴的主要失效形式。因此，轴的材料要求具有较好的强度、韧性，与轴上零件有相对滑动的部位还应具有较好的耐磨性。

（1）碳素钢工程中广泛采用 35 钢、45 钢、50 钢等优质碳素钢。对于轻载和不重要的轴也可采用 Q235、Q275 等普通碳素钢。

（2）合金钢常用于高温、高速、重载以及结构要求紧凑的轴，有较高的力学性能，但价格较贵，对应力集中敏感，因此在结构设计时必须尽量减少应力集中。

（3）球墨铸铁耐磨、价格低，但可靠性较差，一般用于形状复杂的轴。

3. 轴类零件技术要求

用于轴承支承，与轴承配合的轴段称为轴颈。轴颈是轴的装配基准，它们的精度和表面质量一般要求较高，其技术要求一般根据轴的主要功用和工作条件制定，通常包括以下四个方面。

（1）尺寸精度。起支承作用的轴颈为确定轴的位置，通常对其尺寸精度要求较高（IT5～IT7）。装配传动件的轴颈尺寸精度一般要求较低（IT6～IT9）。

（2）几何形状精度。轴类零件的几何形状精度主要是指轴颈、外锥面、莫氏锥孔等的圆度、圆柱度等，一般应将其公差限制在尺寸公差范围内。对精度要求较高的内外圆表面，应在图纸上标注其允许偏差。

（3）相互位置精度。轴类零件的位置精度要求主要是由轴在机械中的位置和功用决定的。通常应保证装配传动件的轴颈对支承轴颈的同轴度要求，否则会影响传动件（齿轮等）的传动精度，并产生噪声。普通精度的轴，其配合轴段对支承轴颈的径向跳动一般为 0.01～0.03 mm，高精度轴（如主轴）通常为 0.001～0.005 mm。

（4）表面粗糙度。一般与传动件相配合的轴颈表面粗糙度为 $Ra0.63～2.5$ μm，与轴承相配合的支承轴颈的表面粗糙度为 $Ra0.16～0.63$ μm。

任务实施

轴类零件测绘操作步骤具体如下。

1. 了解并分析轴的功能和结构

图 2-1-1（b）所示一级减速器轴是旋转零件，通常由外圆柱面、圆锥面、螺纹、键槽等构成。和轴配合的零件有齿轮、套、轴承、键等，工艺结构有螺纹退刀槽、砂轮越程槽、中心孔等。

2. 确定草图视图表达方案

通过对轴进行的结构分析和工艺分析，确定图 2-1-1（b）所示轴用一个基本视图和移出断面或局部放大图表示。基本视图的轴线水平放置，轴上的键槽最好放置在前面，用移出断面表示键槽的高度，砂轮越程槽或退刀槽常用局部放大图表示。

3. 绘制轴零件草图

（1）徒手绘制图框和标题栏，如图 2-1-2 所示。

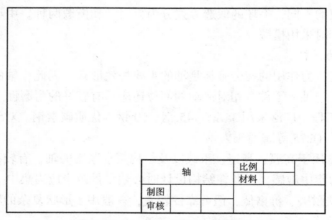

图 2-1-2　图框和标题栏示意图

（2）根据步骤 2 对轴的视图表达分析，绘制轴的视图表达草图。如图 2-1-3 所示。

（3）测量尺寸。根据草图中的尺寸标注要求，分别测量轴的各部分尺寸并在草图上进行标注。轴的径向尺寸的基准为轴线，轴向尺寸的基准一般选择重要的定位面或端面。

轴测量零件尺寸步骤如下：

①直线尺寸的测量。直线尺寸可直接用金属直尺、游标卡尺或外径千分尺量取，也可用外卡钳测量，如图 2-1-4 所示。

②回转体直径的测量。这类尺寸可用内、外卡钳测量，但测绘中常用游标卡尺测量。对精密零件的内外径则用千分尺或指示表测量，如图 2-1-5 所示。

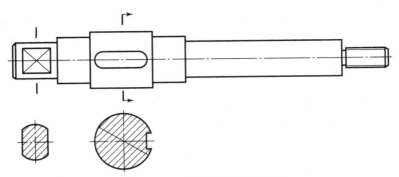

图 2 - 1 - 3 轴的视图表达草图

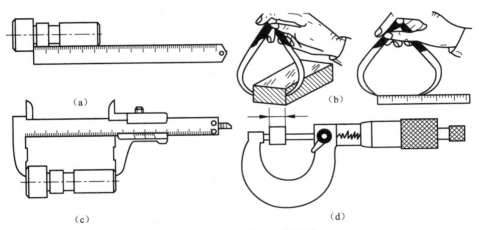

图 2 - 1 - 4 直线尺寸的测量

（a）用金属直尺测量长度；（b）用外卡钳和金属直尺测量宽度；

（c）用游标卡尺测量长度；（d）用外径千分尺测量厚度

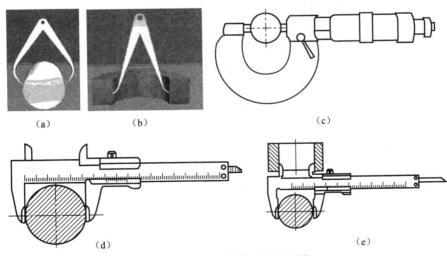

图 2 - 1 - 5 回转体直径的测量

（a）外卡钳测外径；（b）内卡钳测内径；（c）外径千分尺测外径；

（d）游标卡尺测外径；（e）游标卡尺测内外径

③键槽尺寸的测量。键槽尺寸主要包括槽宽 b、深度 t 和长度 L，从外观即可判断与之配合的键的类型（本例为普通 A 型平键），根据测量出的 b、t、L 值，结合轴径的公称尺寸，查阅 GB 1095—2003，取标准值。

④螺距的测量。

方法①：用螺纹样板测量。测量时从螺纹样板中找出与被测螺纹牙型吻合的样板，从样板上读取牙型和螺距数值。如图 2 - 1 - 6 所示。

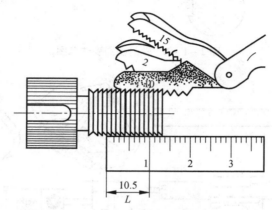

图 2 - 1 - 6　螺纹样板测量螺距

方法②：用金属直尺测量。用金属直尺测量几个螺距，先取其平均值。如图 2 - 1 - 7 中，金属直尺测得螺距为 $P = L/6 = 10.5/6 = 1.75$ mm。然后，根据测得的螺纹大径和螺距查表，将测量结果与标准值核对，从而确定所测螺纹的标准规格。采用压痕法时，要多测量几个螺距，然后取标准值。

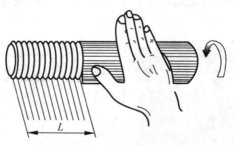

图 2 - 1 - 7　压痕法测量螺距

⑤内外圆角和圆弧半径的测量。利用半径样板可以测量内、外圆角半径。测量时，要从半径样板中找出与被测零件相吻合的样板，从样板即可读出圆角半径的大小，如图 2 - 1 - 8所示。

（4）标注尺寸。

①画出尺寸界线和尺寸线。

②将测得的尺寸与被测项目相对应，按尺寸标注有关规定进行标注，力求做到正确、完整。

③主要尺寸从基准出发直接注出，先标注各形体之间的定位尺寸，再标注出各形体的定型尺寸。

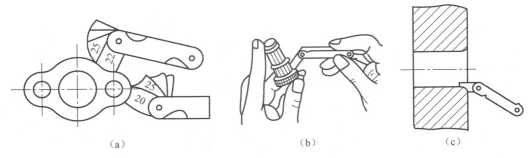

图 2 - 1 - 8 圆角和圆弧半径的测量

（a）用半径样板测量圆弧半径；（b）用凸样板测量加工圆角；

（c）用凹样板测量孔口圆角

④所标注的尺寸要便于测量；标注尺寸要便于看图。

轴完整的尺寸标注如图 2 - 1 - 9 所示。

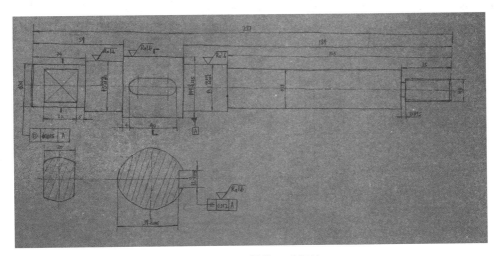

图 2 - 1 - 9 轴的尺寸标注

（5）确定技术要求。

①确定尺寸公差及配合代号。本例中轴承配合的尺寸为 $\phi35k6$ 。键槽的极限偏差可查阅 GB 1095—2003，得公称尺寸为 12 mm 的键槽宽公差 N9 对应的权限偏差为（$^{0}_{-0.043}$） mm。因为轴颈权限偏差为 $\phi44h7$ （$^{0}_{-0.025}$），键槽深度为 $5^{+0.2}_{0}$，所以查表得出 39 的偏差为 $39^{0}_{-0.225}$。

②确定表面粗糙度。本例中和轴承配合的轴颈表面粗糙度取 $Ra = 1.6$ μm，和齿轮配合的轴颈表面粗糙度取 $Ra = 3.2$ μm，其余表面取 $Ra = 12.5$ μm。

③确定材料和热处理方法。（请参阅有关材料和热处理的有关资料）经上述步骤所得轴的零件草图如图 2 - 1 - 10 所示。

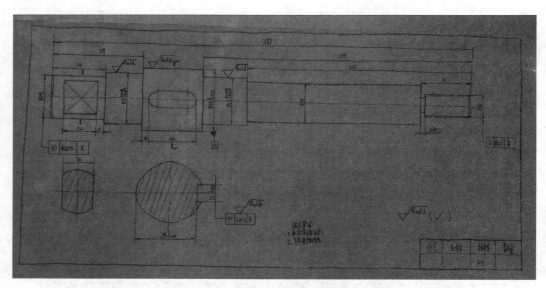

图 2 – 1 – 10　轴的零件草图

任务评价

请将任务评价结果填入表 2 – 1 – 1 中。

表 2 – 1 – 1　自评/互评表（七）

任务小组				任务组长		
小组成员				班级		
任务名称				实施时间		
评价类别	评价内容	评价标准	配分	个人自评	小组评价	教师评价
学习准备	资料准备	参与资料收集、整理、自主学习	5			
	计划制订	能初步制订计划	5			
	小组分工	分工合理，协调有序	5			
学习过程	操作技术	见任务评分标准	40			
	问题探究	能实践中发现问题，并用理论知识解释实践中的问题	10			
	文明生产	服从管理，遵守 5S 标准	5			

评价类别	评价内容	评价标准	配分	个人自评	小组评价	教师评价
学习拓展	知识迁移	能实现前后知识的迁移	5			
	应变能力	能举一反三，提出改进建议或方案	5			
	创新程度	有创新建议提出	5			
学习态度	主动程度	主动性强	5			
	合作意识	能与同伴团结协作	5			
	严谨细致	认真仔细，不出差错	5			
总　　　计			100			
教师总评 （成绩、不足及注意事项）						
综合评定等级						

拓展知识

轴零件直径、锥度及几何公差的测量

一、使用外径千分尺测量轴零件的直径

（一）外径千分尺的结构与读数

外径千分尺的结构与读数请参见模块一测量工具基础。

（二）外径千分尺的使用

1. 校准零位

使用千分尺时先要检查其零位是否校准。校准零位时，先松开锁紧装置，清除油污，特别是测砧与测微螺杆间接触面要清洗干净。然后检查微分筒的端面是否与固定套管上的零标尺标记重合，若不重合应先旋转旋钮，直至螺杆要接近测砧时，旋转测力装置，当螺杆刚好与测砧接触时会听到"咔咔"声，此时停止转动。若两零标尺标记仍不重合（两零标尺标记重合的标志是：微分筒的端面与固定刻度的零标尺标记重合，且可动刻度的零标尺标记与固定刻度的水平横线重合），可将固定套管上的小螺钉松动，用专用扳手调节套管的位置，使两零标尺标记对齐，再把小螺钉拧紧。不同厂家生产的千分尺的调零方法不一样，此方法仅是其中一种。

检查千分尺零位是否校准时，要使螺杆和测砧接触，二者接触后，偶尔会发生向后旋转测力装置两者不分离的情形。此时，可用左手手心用力顶住尺架上测砧的左侧，右手手心顶住测力装置，再用手指沿逆时针方向旋转旋钮，可使螺杆和测砧分开。

2. 注意事项

（1）千分尺是一种精密的量具，使用时应小心谨慎，动作轻缓，不要使其受到打击和

碰撞。千分尺内的螺纹非常精密，使用时要注意以下事项：

①旋钮和测力装置在转动时都不能过分用力。

②当转动旋钮使测微螺杆靠近待测物时，一定要改旋测力装置，不能转动旋钮使螺杆压在待测物上。

③在测微螺杆与测砧已将待测物卡住或旋紧锁紧装置的情况下，绝不能强行转动旋钮。

（2）有些千分尺为了防止手温使尺架膨胀而引起的微小误差，在尺架上装有隔热装置。实验时应手握隔热装置，而尽量少接触尺架的金属部分。

（3）使用千分尺测同一长度时，一般应反复测量几次，取其平均值作为测量结果。

（4）千分尺用毕后，应用纱布擦干净，在测砧与螺杆之间留出一点空隙，放入盒中。如长期不用可抹上黄油或机油，放置在干燥的地方。注意不要使其接触腐蚀性的气体。

二、使用游标万能角度尺测量轴类零件的锥度

（一）游标万能角度尺的结构与读数

万能角度尺的结构与读数请参见模块一"测量工具基础"。

（二）游标万能角度尺的组合使用

1. 校准零位

游标万能角度尺的零位是指，当直角尺与直尺均装上，而直角尺的底边及基尺与直尺无间隙接触时，

图2-1-11　万能角度尺的零位

主尺与游标尺的"零"标尺标记对准，如图2-1-11所示。

调整好零位后，通过改变基尺、直角尺、直尺的相互位置可测试0～320°范围内的任意角。应用游标万能角度尺测量工件时，要根据所测角度适当组合量尺。

2. 组合使用方法

（1）测量时，根据零件被测部位的情况，先调整好直角尺或直尺的位置，并用卡块上的螺钉将其紧固。

（2）调整基尺测量面与其他有关测量面之间的夹角。此时，要先松开锁紧装置上的螺母，移动主尺做粗调整，然后转动扇形板背面的旋钮做细微的调整，直到两个测量面与被测表面密切贴合为止。

（3）拧紧锁紧装置上的螺母，把直角尺取下来进行读数。

3. 组合方法

（1）测量0°～50°之间的角度。把直角尺和直尺全部装上，将产品的被测部位放在基尺和直尺的测量面之间进行测量。如图2-1-12所示。

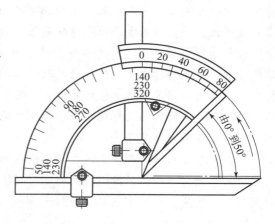

图2-1-12　0°～80°角的测量

（2）测量 50°～140°之间的角度。可把直角尺卸掉，把直尺装上，使其与扇形板连在一起。将工件的被测部位放在基尺和直尺的测量面之间进行测量，如图 2－1－13（a）所示，也可不拆下直角尺，只把直尺和卡块卸掉，再把直角尺往下移（直角尺短边与长边的交线不能与基尺的尖棱对齐或位于其下）。把工件的被测往下移部位放在基尺和直角尺长边的测量面之间进行测量，如图 2－1－13（b）所示。

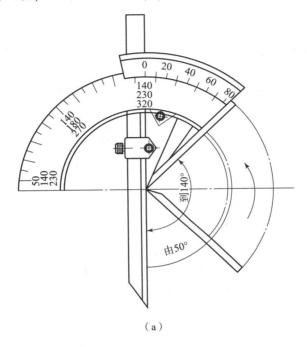

（a）

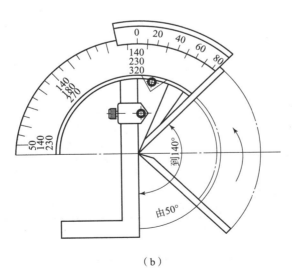

（b）

图 2－1－13　80°～140°角的测量

（3）测量 140°～230°之间的角度。把直尺和卡块都卸掉，只装直角尺。但要把直角尺推上去，直到直角尺短边与长边的交线和基尺的尖棱对齐为止。把工件的被测部位放在基尺和直角尺短边的测量面之间进行测量。如图2-1-14所示。

（4）测量230°~320°之间的角度。把直角度尺、直尺和卡块都卸掉，只留下扇形板和主尺（带基尺）。把产品的被测部位放在基尺和扇形板测量面之间进行测量。如图2-1-15所示。

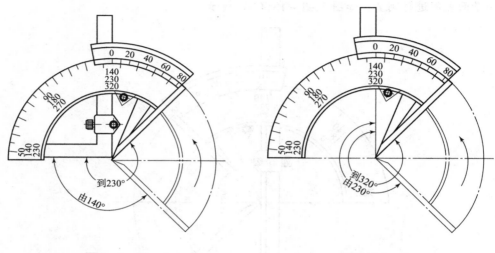

图2-1-14   图2-1-15

三、使用指示表测量轴类零件的各类几何位公差及偏心距

1. 轴类零件圆度、圆柱度及跳动的测量方法

工件平整度或平行度的测量方法见图2-1-16。首先，将工件放在平台上，使测头与工件表面接触，调整指针使其摆动2~3转，然后把刻度盘零位对准指针，随之慢慢地移动表座或工件，若指针顺时针摆动，说明工件偏高，逆时针摆动，说明工件偏低。

进行轴测时，以指针摆动的最大数字为读数（最高点），测量孔时，以指针摆动的最小数字（最低点）为读数。

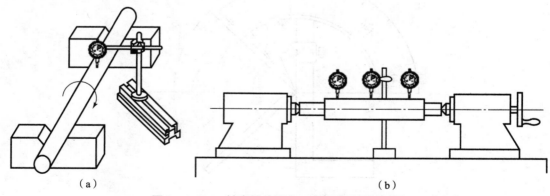

（a）   （b）

图2-1-16   轴类零件圆度、圆柱度及跳动测量

（a）工件放在V形块上；（b）工件放在专用检验架上

2. 孔的轴心线与底平面的平行度检验方法

杠杆百分表体积较小，适合于零件上孔的轴心线与底平面的平行度的检查，如图2-1-

17 所示。将工件底平面放在平台上，使测头与 A 端孔表面接触，左右慢慢移动表座，找出工件孔径最底点，调整指针至零位，将表座慢慢向 B 端推进。也可以将工件转换方向，再使测头与 B 端孔表面接触。A、B 两端指针最底点和最高点在全程上读数的最大差值，就是全部长度上的平行度误差。

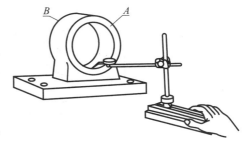

图 2 - 1 - 17　孔的轴心线与底平面的平行度检验

3. 键槽直线度的检验方法

用杠杆指示表检验键槽直线度的操作方法如图 2 - 1 - 18 所示。首先，在键槽上插入检验块，将工件放在 V 形块上，然后，将指示表的测头触及检验块表面进行调整，使检验块表面与轴心线平行。调整好平行度后，将测头接触 A 端平面，调整指针至零位，将表座慢慢地向 B 端移动，在全程上检验。指示表在全程上读数的最大代数差值，就是水平面内的直线度误差。

4. 在两顶尖上测量偏心距的方法

检验工件的偏心度时，如果偏心距较小，可按图 2 - 1 - 19 所示方法进行测量。首先，把被测轴装在两顶尖之间，使指示表的测头接触在偏心部位上（最高点），然后用手转动轴，指示表上指示出的最大数字和最小数字（最低点）之差的 1/2 即为偏心距的实际尺寸。偏心套的偏心距也可用上述方法来测量，但必须将偏心套装在心轴上进行测量。

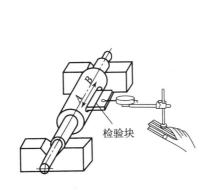

图 2 - 1 - 18　键槽直线度测量

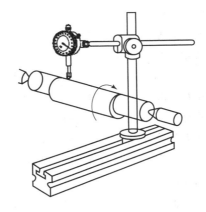

图 2 - 1 - 19　在两顶尖上测量偏心距

5. 偏心距的间接测量方法

偏心距较大的工件因受到指示表测量范围的限制，所以不能使用上述方法测量。此时，可采用图 2 - 1 - 20 所示的间接测量偏心距的方法。测量时，把 V 形块放在平板上，并把工件放在 V 形块中，转动偏心轴，用指示表测量出偏心轴的最高点，找出最高点后，工件固定不动。再将指示表水平移动，测出偏心轴外圆到基准外圆之间的距离 a，然后用下式计算出偏心距 e：

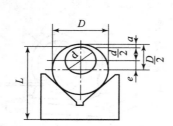

图 2 - 1 - 20　偏心距的间接测量

$$\frac{D}{2} = e + \frac{d}{2} + a$$

$$e = \frac{D}{2} - \frac{d}{2} - a$$

式中　e——偏心距（mm）；

　　　D——基准轴外径（mm）；

　　　d——偏心轴直径（mm）；

　　　a——基准轴外圆到偏心轴外圆之间最小距离（mm）。

　　用上述方法测量时，必须用指示表测量出基准轴直径和偏心轴直径的正确实际尺寸，否则计算时会产生误差。

　　6. 指示表使用注意事项

　　在使用指示表的过程中，要严格防止水、油和灰尘渗入表内，测杆上也不要加油，以免粘有灰尘的油污进入表内，影响表的灵活性。

　　指示表不使用时，应使测杆处于自由状态，以免使表内的弹簧失效。如内径指示表上的指示表，不使用时，应拆下来保存。

　　7. 杠杆指示表使用注意事项

　　（1）指示表应固定在可靠的表架上，测量前必须检查指示表是否夹牢，并多次提拉指示表测杆使测头与工件接触，观察其重复指示值是否相同。

　　（2）测量时，不准用工件撞击测头，以免影响测量精度或撞坏指示表。为保持一定的起始测量力，测头与工件接触时，测杆应有 0.3 ~ 0.5 mm 的压缩量。

　　（3）测杆上不要加油，以免油污进入表内，影响指示表的灵敏度。

　　（4）指示表测杆与被测工件表面必须垂直，否则会产生误差。

　　（5）杠杆指示表的测杆轴线与被测工件表面的夹角愈小，误差就愈小。如果由于测量需要，α 角无法调小时（当 $\alpha > 15°$），其测量结果应进行修正。如图 2 - 1 - 21 所示夹角。

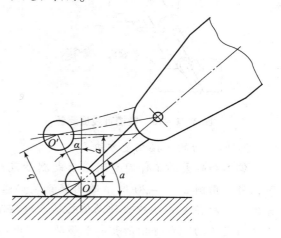

图 2 - 1 - 21　测杆轴线与被测工件表面的夹角

（6）使用修正计算公式。当平面上升距离为 a 时，杠杆指示表摆动的距离为 b，即是杠杆指示表的读数为 b，因为 $b>a$，所以指示读数增大。具体修正计算式如下：$a=b\cos a$

【例】　用杠杆百分表测量工件时，测杆轴线与工件表面夹角 α 为 $30°$，测量读数为 0.048 mm，求正确测量值。

解：
$$a=b\cos\alpha=0.048\times\cos30°=0.048\times0.866=0.0416（mm）$$

任务二　AutoCAD 环境下零件图的绘制

任务描述

AutoCAD 三维图或平面图绘制好以后，在调用布局文件，打印图纸时，因 AutoCAD 自带的模板不符合所需的图纸格式，所以绘制好的图形无法出图。而使用其他方法出图的图纸边框和绘制的图形又很难达到图纸规定的要求。

（1）是否可以定制固定格式的 AutoCAD 图纸模板？哪些模板可以定制？

（2）AutoCAD 图纸模板（以 A3 模板格式为例）定制的具体步骤是什么？

（3）定制图纸模板过程中需要注意哪些问题？

（4）A3 模板与其他格式模板是否可以转换，转换的具体方法是什么？

根据任务一绘制的轴零件草图。在 AutoCAD 2017 的工作环境下绘制轴的零件图。

知识链接

AutoCAD 2017 为用户提供了很多自带的样板文件以满足不同行业的使用需要，但是用户有时还需要根据国家标准的规定和企业的特点创建适合自身的样板文件。

一、制作样板文件的注意事项

创建样板文件时，应注意以下问题。

（1）严格遵守国家标准的有关规定设置图幅，绘制图框线和标题栏。

（2）使用标准线型。

（3）将图形界限（Limits）设置适当，以便能够包含最大操作区。

（4）按标准的图纸尺寸打印图形。

二、制作样板文件的操作步骤

制作样板文件的操作步骤具体如下：

（1）设置图形的精度和单位。

（2）设置图形边界。

（3）设置图层。

（4）绘制图框线和标题栏。

（5）设置文字样式。

任务实施

一、设置 A3 模板

1. 设置单位

在使用 AutoCAD 绘图时，一般需要根据物体的实际尺寸绘制图纸。此时就需要对图形文件进行单位设置。执行"格式"→"单位"命令或在命令行中执行"unit"命令，弹出"图形单位"对话框，如图 2 - 1 - 22 所示。在"图形单位"对话框中对长度单位、角度单位的类型、精度及方向等进行设置。

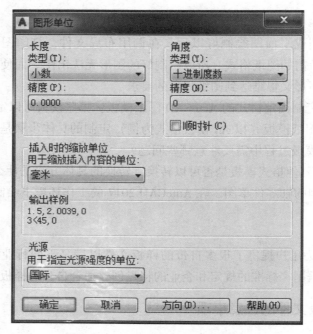

图 2 - 1 - 22   "图形单位"对话框

2. 设置图幅

工程人员在绘制图形时，首先要设置图纸的大小。国家标准对工程图纸的尺寸做了精确的定义，如 A0（841 mm ×1 189 mm）、A3（297 mm ×420 mm）等。

操作方式：

菜单命令："格式"→"图纸界限"

命令行：limits

执行"格式"→"图纸界限"菜单命令，即执行"limits"命令。命令行提示如下：

```
命令:_limits
重新设置模型空间界限:
指定左下角点或[开(ON)/关(OFF)]<0.0000,0.0000>:(在屏幕上指定一点)指
定右上角点<420.0000,297.0000>:@420,297
```

```
命令:_limits
重新设置模型空间界限:
指定左下角点或[开(ON)/关(OFF)]<0.0000,0.0000>:on(打开图纸界限)
```

3. 设置字体

设置文字样式是进行文字注释和尺寸标注的首要任务。在 AutoCAD 中，设计人员可以根据实际的需要对字体进行设置，主要包括对字体和字号的设置。对于汉字的字体应采用国家公布推行的简化字，对于其他的符号和数字等应遵循机械制图的要求。另外，不同的图纸类型所采用的字号是不一样的。例如，A0、A1、A2 图纸所采用的字体字高多为 5 mm，而 A3、A4 图纸所采用的字体字高多为 2.5 mm，即默认的高度，当然，针对具体的问题，设计人员要灵活掌控，可适当调整字体高度，以使文字和图形和谐统一。文字样式的设置方法如下。

执行"格式"→"字体"菜单命令或在命令行中执行 style 命令，弹出"文字样式"对话框，按图 2 - 1 - 23 所示进行设置。

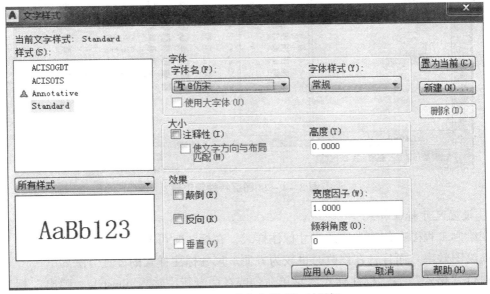

图 2 - 1 - 23　"文字样式"对话框

4. 设置图层

为了便于区分和管理，一张复杂的工程图通常需要建立多个图层，并且将特性相同或相似的对象绘制在同一个图层中。在机械制图中，图形中主要包括粗实线、细实线、点画线、虚线、文字和尺寸标注等元素，国家标准对它们所采用的线型和线宽作了相应的规定。而且，对于不同图层上的图线，应该在颜色上也要加以区分，如表 2 - 1 - 2 所示。

图层的设置方法为：执行"格式"→"图层"菜单命令或在命令行中执行 layer 命令，弹出"图层特性管理器"对话框（图 2 - 1 - 24），在这里按表 2 - 1 - 2 要求对图层特性进行设置。

表2-1-2 图形元素的设置

图形元素	线型	线宽	颜色（参考）	用途
粗实线	Continuous	d	白色/黑色	可见轮廓线
细实线	Continuous	$d/2$	浅蓝色	螺纹、过渡线等
点画线	Center	$d/2$	红色	中心线、轴线等
虚线	Dashed	$d/2$	黄色	不可见轮廓线
文字	Continuous	$d/2$	白色/黑色	注释、标题栏等
尺寸标注	Continuous	$d/2$	绿色	尺寸标注
剖面线	Continuous	$d/2$	紫色	剖面线

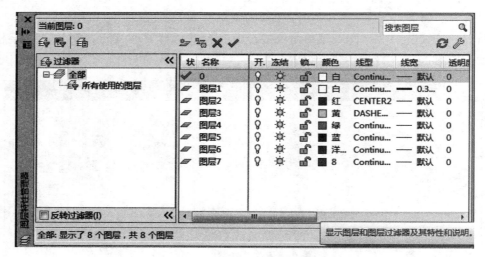

图2-1-24 图层特性管理器

5. 设置尺寸标注样式

在绘制工程图中创建常用的尺寸标注样式，在标注时可避免尺寸变量的反复设置，从而提高绘图效率。而且，在修改时也较为方便。尺寸标注样式的设置方法如下。

执行"格式"→"标注样式"菜单命令或在命令行中输入 dimstyle，弹出"标注样式管理器"对话框，进行标注样式设置。

（1）建立和修改"圆和圆弧"标注样式的操作步骤如下：

①建立"圆和圆弧"标注样式。执行"格式"→"标注样式"菜单命令，弹出"标注样式"对话框，在"标注样式"对话框中单击"新建"按钮，弹出"创建新标注样式"对话框，在"新样式名"下面的文本框中输入"圆和圆弧"，然后单击"继续"按钮，弹出"新建标注样式：圆和圆弧"对话框，在这里对"圆和圆弧"标注样式进行修改。

②修改"圆和圆弧"标注样式。打开"符号和箭头"选项卡，对符号和箭头的相关参数进行设置。这里只将"箭头大小"的值修改为"3"。打开"文字"选项卡，对文字的相关参数进行设置。注意在"文字对齐"栏中，选中"水平"前面的单选按钮。打开"换算单位"选项卡，并选中"显示换算单位"前面的复选按钮，在"前缀"后面的文本

框中输入"%%c"，然后取消选中"换算单位"前面的复选按钮，如图 2 - 1 - 25 所示。

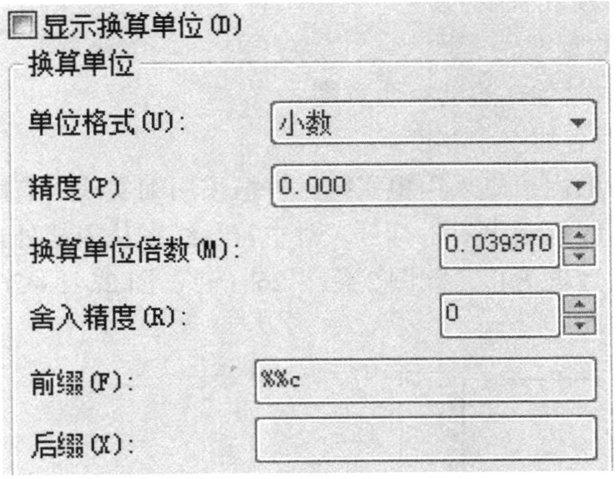

图 2 - 1 - 25　"显示换算单位"设置

（2）建立和修改"直线"标注样式的操作步骤如下：

①建立"直线"标注样式。执行"格式"→"标注样式"菜单命令，弹出"标注样式"对话框，在"标注样式"对话框中点击"新建"按钮，弹出"创建新标注样式"对话框，在"新样式名"下面的文本框中输入"直线"。注意"基础样式"，默认为上一个标注样式，这里要将其选择为"ISO - 25"。然后点击"继续"按钮，弹出"新建标注样式"：直线对话框，在这里对"直线"标注样式进行修改。

②修改"直线"标注样式。工程人员绘制的图纸和实际的事物经常存在一定的比例，如图纸比例为 1：4。此时如果直接标注，图形尺寸就会与事物尺寸存在差异。因此要对"新建标注样式"：直线对话框中的"主单位"选项卡中的"比例因子"做适当的调整。打开"主单位"选项卡，在"比例因子"后面的文本框中输入相应的值 x（小数）。例如，图纸比例为 1：4，那么相应的 x 值为 0.25。"新建标注样式"：直线对话框中的其他选项，比例为学生可以根据实际情况自行调整。

6. 绘制图框和标题栏

在机械制图中，常用的图幅有 A0、A1、A2、A3 和 A4 等，每个图幅有横式和立式之分，对于具体的图纸还有留装订边和不留装订边之分。下面详细介绍图框和标题栏的绘制。

（1）绘制图框。通过"矩形"命令（rectang）绘制 A3 横版的图框。标准图框的尺寸及对应的幅面见表 2 - 1 - 3。

表 2 - 1 - 3　图框尺寸

幅面代号	A0	A1	A2	A3	A4
$B \times L$	841 × 1 189	594 × 841	420 × 594	297 × 420	210 × 297
a	25				
e	20			10	
c	10			5	

表2-1-3中的各项参数的含义如下：

①B、L：图纸的宽度和长度。

②a：装订边所留的宽度。

③c：留有装订边时其他3边的空余宽度。

④e：不留装订边时各边空余宽度。

绘制图框时，图框的内边应采用粗实线，外框采用细实线。有时为方便绘图，可以在图纸的各边中点用粗实线绘制出对中符号。对中符号线多从图框外边深入图框内边5 mm，或者到标题栏或明细栏边框为止，如图2-1-26（a）、图2-1-26（b）所示。

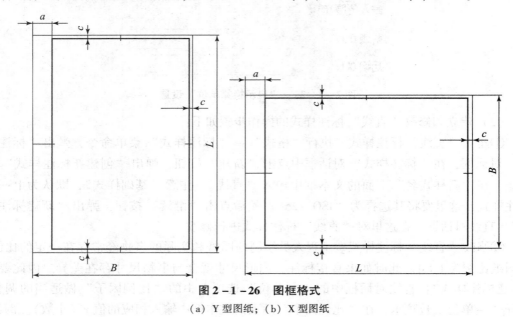

图2-1-26 图框格式

（a）Y型图纸；（b）X型图纸

（2）按尺寸绘制标题栏，并标注文字。为反映图形的基本信息，每张图纸都应配置标题栏。国家标准对标题栏的内容、样式、尺寸等信息作了详细的规定，如图2-1-27所示。

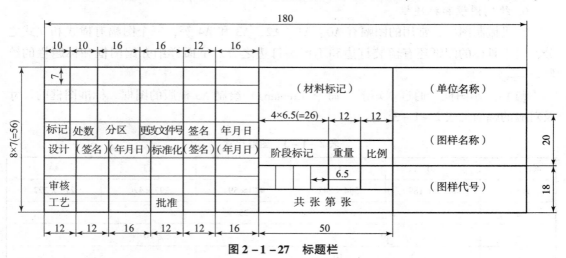

图2-1-27 标题栏

①绘制标题栏线框。打开标注图形样板文件 tuxingyangban. dwt。在图形区域采用"直线"（line）"偏移"（offset）和"复制"（copy）命令绘制如图2-1-27所示的标题栏线框，标题栏线框分别采用表2-1-2所示的线型。

②标注文字。标题栏的标注文字主要分为两种，一种是固定的文字（不是位于圆括号中的文字部分），一种是可变的文字（位于圆括号中的文字内容会随图形而发生变化）。现以"批准"为例加以说明。

将"文字"图层置为当前层，在"标注"工具栏中的"文字样式"下拉列表框中选择"机械"样式，如图2-1-28所示。

图2-1-28　文字样式的选择

执行"绘图"→"文字"→"单行文字"菜单命令，或在命令行中执行 dtext 命令，弹出"文字样式"对话框，单击"格式"按钮，选择"正中"样式，输入单位名称"批准"，然后单击"确定"按钮。

③定义标题栏块。设计人员在绘图的过程中，经常使用标题栏。因此，有必要将标题栏制作成块以方便每次的使用。在制作标题栏时，要注意将标题栏中可变的部分，如单位名称、图样名称等文字定义成属性，然后连同其他部分做成块以提高绘图效率。对于固定的部分可以采用步骤2中的填写方法进行填写，这里主要阐述需要定义为属性部分的文字的创建，如表2-1-4所示。

表2-1-4　标题栏属性（部分）

属性标记	属性提示	默认值
材料标记	请输入材料标记	无
单位名称	请输入单位名称	无
图样名称	请输入图样名称	无
图样代号	请输入图样代号	无
重量	请输入重量	无
比例	请输入比例	无

④建立块。下面以设置"单位名称"为例说明属性的创建过程。执行"绘图"→"块"→"定义属性"菜单命令，或在命令行中执行 attdef 命令，弹出"属性定义"对话框，按图2-1-29所示进行设置。然后，在屏幕的标题框中选择合适的位置填入，反复执行相同的命令完成其他进行属性定义。

7. 模板的保存与使用

在制作完模板以后，需要将制作的模板进行保存。

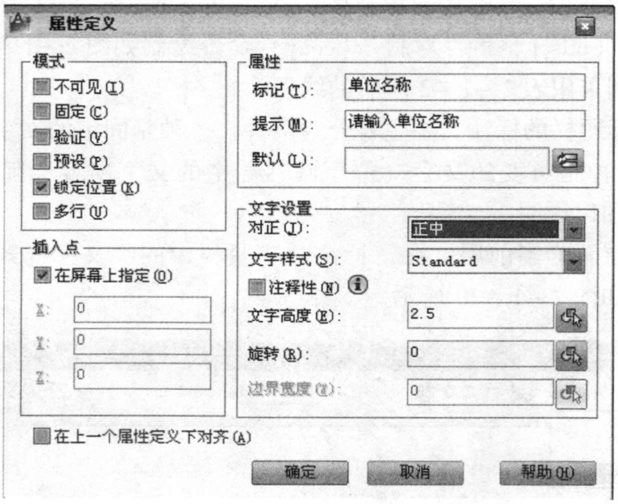

图 2 - 1 - 29　"属性定义"对话框

（1）模板的保存。

操作方式：

菜单命令："文件"→"另存为"

命令行：saveas

　　执行"文件"→"另存为"菜单命令，弹出"图形另存为"对话框，如图 2 - 1 - 30 所示。在该对话框中进行相应的设置。

图 2 - 1 - 30　"图形另存为"对话框

　　在"图形另存为"对话框中的"文件类型"下拉列表框中选择"文件类型"为

"AutoCAD图样样本（＊.dwt）"，并在"文件名"后面的文本框中输入相应的名称，如图2－1－31所示。然后单击"保存"按钮，弹出"样本选项"对话框，在该对话框中输入相应的说明，如图2－1－32所示。设置完成后单击"确定"按钮，完成设置。

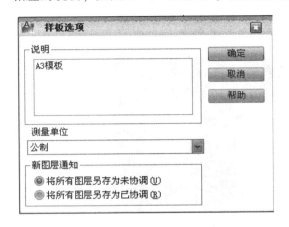 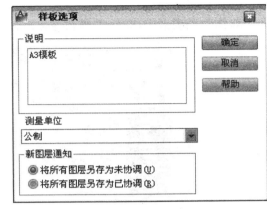

图2－1－31 文件名及文件类型设置　　　　图2－1－32 "样本选项"对话框

（2）模板的使用。设计人员在绘制图纸时，可以调用一个已经设置好的模板，这样可以提高绘图的效率。

操作方式：

菜单命令："文件"→"新建"

命令行：new

执行"文件"→"新建"菜单命令，弹出"选择样板"对话框，在"名称"列表框中选择相应的样板，如图2－1－33所示。

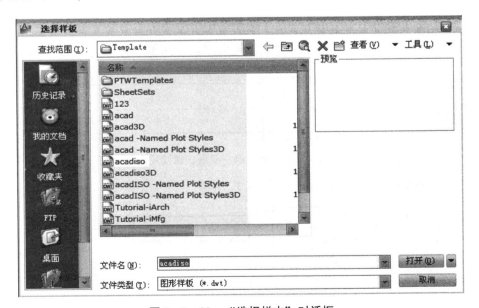

图2－1－33 "选择样本"对话框

二、绘制轴的零件图

在 AutoCAD2017 的工作环境下绘制轴的零件图。操作步骤如下。

（1）创建新图形。执行"文件"→"新建"菜单命令，弹出"选择样板"对话框，在"名称"列表框中选择 A3 模板并导出，如图 2-1-34 所示。

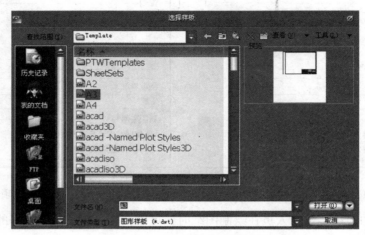

图 2-1-34　导出"A3"模板

（2）绘制主视图，结果如图 2-1-35 所示。

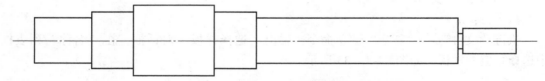

图 2-1-35　轴的主视图轮廓

（3）绘制键槽、平面、螺纹及倒角，结果如图 2-1-36 所示。

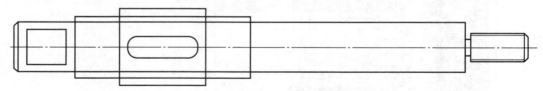

图 2-1-36　绘制键槽、平面、螺纹及倒角

（4）绘制移出断面图，结果如图 2-1-37 所示。

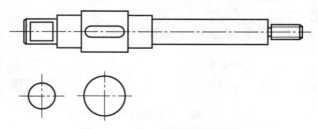

图 2-1-37　绘制移出断面图

（5）标注断面位置并填充剖面线，结果如图 2 - 1 - 38 所示。

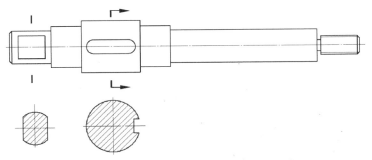

图 2 - 1 - 38 标注断面位置并填充剖面线

（6）标注尺寸及技术要求，结果如图 2 - 1 - 39 所示。

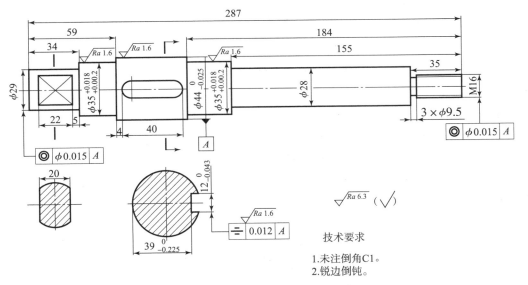

技术要求

1.未注倒角C1。
2.锐边倒钝。

图 2 - 1 - 39 标注尺寸及技术要求

（7）填写标题栏，结果如图 2 - 1 - 40 所示。

标记	处数	更改文件号	签名	日期		45			单位名称
									轴
设计	admin	标准化			图样标记		重量	比例	
审核								1 : 1	A3
工艺		日期	2018/5/31		共　页		第　页		

图 2 - 1 - 40 填写标题栏

轴零件的最终零件图如图 2 - 1 - 41 所示。

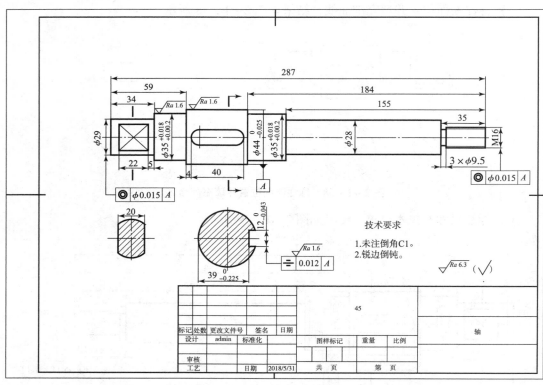

图 2 – 1 – 41　轴的最终零件图

任务评价

请将评价结果填入表 2 – 1 – 5 中。

表 2 – 1 – 5　自评/互评表（八）

任务小组				任务组长	
小组成员				班级	
任务名称				实施时间	
评价类别	评价内容	评价标准	配分	个人自评	小组评价	教师评价
学习准备	资料准备	参与资料收集、整理、自主学习	5			
	计划制订	能初步制订计划	5			
	小组分工	分工合理，协调有序	5			
学习过程	操作技术	见任务评分标准	40			
	问题探究	能实践中发现问题，并用理论知识解释实践中的问题	10			
	文明生产	服从管理，遵守 5S 标准	5			

评价类别	评价内容	评价标准	配分	个人自评	小组评价	教师评价
学习拓展	知识迁移	能实现前后知识的迁移	5			
	应变能力	能举一反三，提出改进建议或方案	5			
	创新程度	有创新建议提出	5			
学习态度	主动程度	主动性强	5			
	合作意识	能与同伴团结协作	5			
	严谨细致	认真仔细，不出差错	5			
总　　　计			100			
教师总评 （成绩、不足及注意事项）						
综合评定等级						

拓展知识

一、将 A3 模板拉伸成 A4 图样模板的操作步骤

（1）执行"文件"→"新建"菜单命令，弹出"选择样板"对话框，在"名称"列表框选择 A3 模板（见图 2－1－34），导出模板。

（2）单击"修改"工具栏中的"拉伸"按钮，将 A3 图纸的 X 方向和 Y 方向分别拉短至所需要的尺寸。

（3）执行"文件"→"另存为"菜单命令，在弹出的"图形另存为"对话框中，在输入"文件名"为"A4"，选择"文件类型"为"AutoCAD 图形样板文件（＊.dwt）"，然后单击"保存"按钮。

二、粗糙度块的创建和使用

（1）绘制粗糙度符号（去除材料加工），如图 2－1－42 所示。

（2）定义属性。执行"绘图"→"块"→"定义属性"菜单命令，在弹出中的"定义属性"对话框中，将图 2－1－43 中的 Ra 定义成属性。

（3）创建块。

①创建内部块（只能在本文档中使用）。执行"绘图"→"块"→"创建块"命令，或者单击 按钮来创建内部块。在"创建块"对话框输入"名称"为 Ra，指定块的端点作为插入时的基点，如图 2－1－44 所示，选择整个块作为对象。

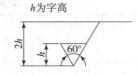

图 2 – 1 – 42　粗糙度符号　　　　图 2 – 1 – 43　将 *Ra* 定义成属性　　　　图 2 – 1 – 44　基点

②创建外部块（能应用在其他 CAD 图形文件中）。在命令行中输入"wblock"，弹出"写块"对话框，如图 2 – 1 – 45 所示。

图 2 – 1 – 45　"写块"对话框

进行拾取基点，选择对象，选择保存的路径操作后，单击"确定"按钮，系统弹出"编辑属性"对话框，如图 2 – 1 – 46 所示，单击"确定"按钮后完成外部块的创建。

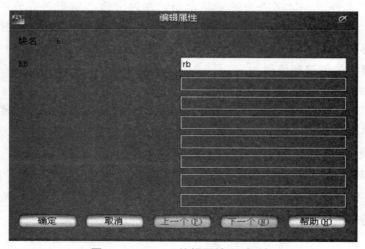

图 2 – 1 – 46　"编辑属性"对话框

课题二　盘类零件的测绘

任务一　盘类零件的测量与草绘

任务描述

轮盘类零件的基本形状为扁平状，轴向尺寸小而径向尺寸较大，圆盘，方盘，腰圆形盘都可以归结为轮盘类零件。

（1）轮盘类零件的表达方案分析是什么？主要采用哪些视图才能完整地表达出零件的结构？

（2）轮盘类零件的尺寸基准如何选用？

（3）在草绘时，要注意哪些问题？（测绘的步骤）

（4）轮盘类零件的尺寸标注有哪些特点？

知识链接

一、轮盘类零件的作用与结构

轮盘类零件的主体部分多由处于同一轴线的不同直径的若干回转体组成，这类零件的基本形状是扁平的盘状，且常具有轴孔，其中，往往有一个端面是与其他零件连接时的重要接触面。轮盘类零件与轴套类零件相反，一般轴向尺寸较小，而径向尺寸较大。直径较大的部分称为盘，是轮盘零件的主体，上面有若干个均布的安装孔（光孔或阶梯孔）。另一端直径稍小的圆柱体有圆柱坑，形成凸缘，可起轴向定位作用。为了更好地与其他零件连接，轮盘类零件上常常设计有光孔、螺孔、止口、凸台等结构。

二、轮盘类零件的视图表达

（1）轮盘类零件常在车床上加工，根据轮盘类零件的结构特点，选择主视图时，应以形状特征和加工位置原则为主。一般将其轴线水平放置。对不以车床加工为主的零件，可按其形状特征和工作位置确定。轮盘类零件一般需要两个视图，以投影为非圆的视图作为主视图，且常采用轴向剖视图来表达内部结构及相对位置；另一个视图往往选择左视图或右视图。

（2）对于没有表达清楚的部位，如加强筋、越程槽，可选择视图、局部视图、局部剖、移出断面图或局部放大图来表达外形。例如，轮辐可用移出断面图或重合断面图表示。

（3）根据轮盘类零件的结构特点，各个视图具有对称平面时，可采用半剖视图，无对称平面时，可采用全剖视图。

（4）轮盘类零件多为铸造或锻造毛坯，零件上常有铸（锻）造圆角和过渡线，应注意圆角和过渡线的表达方法。

三、轮盘类零件的尺寸标注

（1）轮盘类零件常以主要回转轴线作为径向基准，以切削加工的大端面或结合面作为轴向基准。

（2）轮盘类零件的定形尺寸比较明显，容易标注，但应注意圆周均布孔的定位圆是一个典型的定位尺寸，不能标错。零件上各圆柱体的直径及较大的孔径，其尺寸多注在非圆的视图上。

（3）盘上小孔的定位圆直径尺寸标注在投影为圆的视图上较为清晰。

（4）某些细小结构的尺寸，多集中在断面图或局部放大图上标注。

（5）标注有圆弧过渡部分的尺寸时，应用细实线将轮廓线延长，从其交点处引出尺寸界线。

四、轮盘类零件的技术要求和材料

轮盘类零件的技术要求与轴套类零件的技术要求大致相同。

（1）凡有配合要求的内外圆表面，都应标注尺寸公差，一般轴孔的公差带取 IT7，外圆取 IT8。

（2）有配合要求的孔和轴的表面之间，以及孔的轴线与定位端面之间，应标注相应的几何公差要求。与其他零件相接触的表面，尤其是与运动零件相接触的表面，应有平行度或垂直度要求，有时还有同轴度或轴向圆跳动要求。

（3）凡有配合要求的表面应标注表面粗糙度要求，一般取 Ra 值为 $1.6 \sim 6.3\ \mu m$。对于人手经常接触，并要求美观或精度较高的表面可取 $Ra0.8\ \mu m$。此时甚至要求抛光、研磨或镀层。

（4）轮盘类零件的取材方法、热处理及其他技术要求。轮盘类零件常用的毛坯有铸件和锻件，铸件以灰铸铁居多，一般为 HT100 ~ HT200；也有采用有色金属材料的，常用的有铝合金。对于铸造毛坯，一般应进行时效热处理，以消除内应力，并要求铸件不得有气孔、缩孔、裂纹等缺陷；对于锻件，则应进行正火或退火热处理，并不得有锻造缺陷。

任务实施

一、轮盘类零件测绘步骤

下面以泵盖为例介绍轮盘类零件的测绘步骤，图 2 - 2 - 1 所示为泵盖三维图。

1. 了解并分析泵盖的性能及结构

泵盖为齿轮油泵的端盖，其形状特征是上下为 2 个半圆柱，中间有 2 个圆柱凸台，凸台内有 2 个盲孔，用以支承主动轴和从动轴，泵盖四周有 6 个螺纹孔、2 个销孔，并有铸造圆角、倒角等工艺结构。

2. 绘制泵盖零件草图

泵盖属于轮盘类零件，一般按加工位置，即将主要轴线以水平方向放置来选择主视图。一般选择两个基本视图，主视图常采用剖视来表达内部结构，另外根据其结构特征再选用一个左视图（或右视图）来表达轮盘零件的外形和安装孔的分布情况。有肋板、轮辐结构的泵可采用断面图来表达其断面形状，细小结构可采用局部放大图表达。本例中的泵盖的视图表达如图 2－2－2 所示。

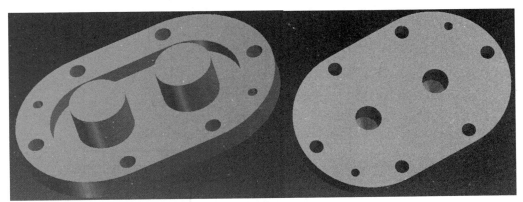

图 2－2－1　泵盖三维图

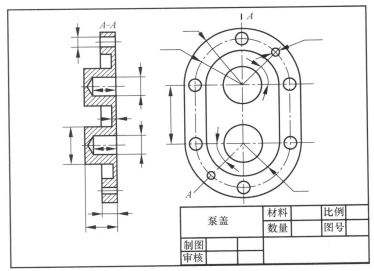

泵盖		材料		比例	
		数量		图号	
制图					
审核					

图 2－2－2　泵盖的视图表达及尺寸要求

3. 测量尺寸

根据零件草图中的尺寸标注要求，分别测量泵盖零件的各部分尺寸并在草图上标注。轮盘类零件在标注尺寸时，通常以重要的端面或定位端面（配合或接触表面）作为轴向尺寸主要基准。以中轴线作为径向尺寸主要基准。本例中，以泵盖的安装端面为基准标注出各轴向尺寸。如图 2－2－3 所示。

4. 确定技术要求

（1）尺寸公差的选择。两个直径为 $\Phi15$ 的孔是支承孔，分别与主动轴和从动轴有间隙配合，孔径尺寸公差等级一般为 IT7～IT9，也可参考附表（见附表 B－16）选择。为便于加工，通常孔采用基孔制，因此两孔的公差带代号取 H8。为保证齿轮的正常啮合，两孔中心距公差带代号取 js8，销孔公差带代号取 H7。

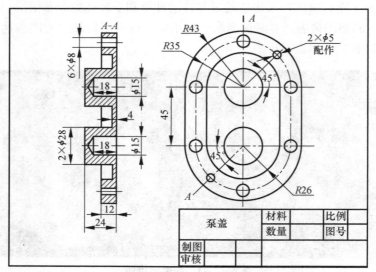

图 2 - 2 - 3　标注尺寸

（2）几何公差的选择。轮盘零件与其他零件接触的表面应有平面度、平行度、垂直度要求，外圆柱面与内孔表面应有同轴度要求，公差等级一般为 IT7 ~ IT9。本例不提几何公差要求。

（3）表面粗糙度的选择。一般情况下，轮盘类零件有相对运动配合的表面粗糙度为 $Ra0.8 ~ 1.6~\mu m$，有相对静止配合的表面粗糙度为 $Ra3.2 ~ 6.3~\mu m$，非配合表面粗糙度为 $Ra6.3 ~ 12.5~\mu m$。非配合表面如果是铸造面，如电机、水泵、减速器的端盖外表面等，一般不需要标注参数值。本例中泵盖的两内孔表面粗糙度取 $Ra1.6~\mu m$，安装面取 $Ra3.2~\mu m$，螺纹孔取 $Ra12.5~\mu m$。

（4）材料与热处理的选择。轮盘零件可用类比法或检测法确定零件的材料和热处理方法。盘盖类零件坯料多为铸件，材料为 HT150 ~ HT200，一般不需要进行热处理。但重要的、受力较大的锻造件，如一些轮类零件，常用正火、调质、渗碳和表面淬火等热处理方法。

本例中泵盖采用铸件 HT150，不需要进行热处理。经上述步骤测绘的泵盖零件草图如图 2 - 2 - 4 所示。

二、轮盘类测量方法说明

（1）轮盘类零件配合孔或轴的尺寸可用游标卡尺或千分尺测量，再查表选用符合国家标准推荐的公称尺寸系列。

（2）一般性的尺寸，如轮盘零件的厚度、铸造结构尺寸等可直接度量并圆整。

（3）与标准件配合的尺寸，如螺纹、键槽、销孔等测出尺寸后还要查表确定标准尺寸。工艺结构尺寸，如退刀槽和越程槽、油封槽、倒角和倒圆等要按照通用方法标注。

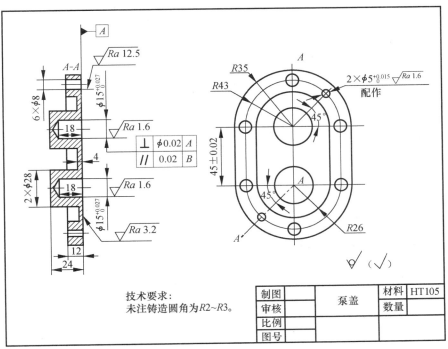

图 2-2-4 泵盖零件草图

任务评价

请将任务评价结果填入表 2-2-1 中。

表 2-2-1 自评/互评表（九）

任务小组			任务组长			
小组成员			班级			
任务名称			实施时间			
评价类别	评价内容	评价标准	配分	个人自评	小组评价	教师评价
学习准备	资料准备	参与资料收集、整理、自主学习	5			
	计划制订	能初步制订计划	5			
	小组分工	分工合理，协调有序	5			
学习过程	操作技术	见任务评分标准	40			
	问题探究	能实践中发现问题，并用理论知识解释实践中的问题	10			
	文明生产	服从管理，遵守 5S 标准	5			

评价类别	评价内容	评价标准	配分	个人自评	小组评价	教师评价
学习拓展	知识迁移	能实现前后知识的迁移	5			
	应变能力	能举一反三，提出改进建议或方案	5			
	创新程度	有创新建议提出	5			
学习态度	主动程度	主动性强	5			
	合作意识	能与同伴团结协作	5			
	严谨细致	认真仔细，不出差错	5			
总　　计			100			
教师总评 （成绩、不足及注意事项）						
综合评定等级						

拓展知识

螺纹的测量

　　螺纹作为一种标准件在机件联接和传动中具有重要地位，在维修中加工螺纹也较为常见。螺纹的精度对其联接和传动具有直接影响，因此，掌握螺纹检测的方法十分必要。

一、用螺纹环（塞）规及卡板测量

　　对于一般标准螺纹，均采用螺纹环规或塞规来测量，如图 2-2-5（a）所示。在测量外螺纹时，如果螺纹"通端"环规正好旋进，而"止端"环规旋不进，则说明所加工的螺纹符合要求，反之为不合格。测量内螺纹时，采用螺纹塞规，以相同的方法进行测量。

　　在使用螺纹环规或塞规时，应注意不能用力过大或用扳手硬旋，在测量一些特殊螺纹时，需自制螺纹环（塞）规，但应保证其精度。对于直径较大的螺纹工件，可采用螺纹牙型卡板来进行测量、检查，如图 2-2-5（b）所示。

二、用螺纹千分尺测量

　　螺纹千分尺用以测量螺纹中径，其结构和使用方法大体与外径千分尺相同，如图 2-2-6所示。螺纹千分尺有两个和螺纹牙型角相同的测头，一个呈圆锥体，一个呈凹槽。并且，螺纹千分尺有一系列的测量测头可供不同的牙型角和螺距选用。

　　测量时，螺纹千分尺的两个测头正好卡在螺纹的牙型面上，所得的读数即为该螺纹中径的实际尺寸。

三、用游标齿厚卡尺测量

　　游标齿厚卡尺用以测量梯形螺纹中径牙厚和蜗杆分度圆齿厚，主要游标齿厚卡尺由互相垂直的齿高尺和齿厚尺组成，如图 2-2-7所示。

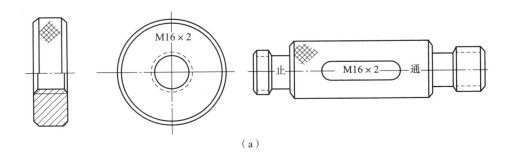

（a）

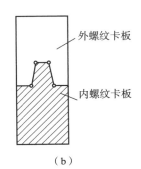

（b）

图 2－2－5

（a）螺纹环（塞）规；（b）螺纹牙型卡板

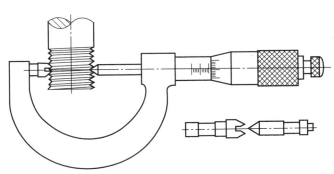

图 2－2－6　螺纹千分尺测量

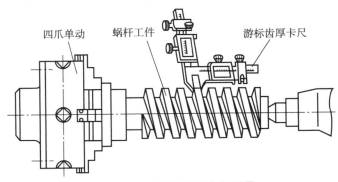

图 2－2－7　游标尺厚卡尺测量

测量时，将齿高尺读数调整至齿顶高（梯形螺纹等于 $0.25 \times$ 螺距 P，蜗杆等于模数），随后使齿厚尺和蜗杆轴线大致相交成一螺纹升角 ϕ，并做少量摆动。此时所测量的最小尺寸即为蜗杆分度圆法向齿厚 s_n。

蜗杆（或梯形螺纹）法向齿厚，可预先用下面的公式计算出来：

$$s_n = \frac{1}{2} P_x \times \cos\gamma$$

式中　　s_n——蜗杆（或梯形螺纹）法向齿厚；

　　　　P_x——蜗杆轴向齿距；

　　　　γ——蜗杆导程角

【例1】　如何用游标齿厚卡尺对模数 $m=6$、蜗杆头数 $z_1=2$、蜗杆齿顶图直径 $d_{a1}=80$ mm 的蜗杆进行测量？

解： 在测量时应先算出：

蜗杆轴向齿距：

$$P_x = m \times \pi = 6 \times 3.142 = 18.852 \ （mm）$$

蜗杆导程：

$$p_z = P_x \times z_1 = 18.825 \times 2 = 37.704 \ （mm）$$

蜗杆分度圆直径：

$$d_1 = d_{a1} - 2 \times m = 80 - 2 \times 6 = 68.00 \ （mm）$$

蜗杆导程角：

$$\gamma = \arctan \frac{P_z}{d_1 \times \pi} = \arctan \frac{37.704}{68 \times \pi} = \arctan 0.1765 = 10°1'$$

蜗杆法向齿厚：

$$s_n = \frac{1}{2} P_x \times \cos\gamma = \frac{1}{2} \times 18.825 \times \cos10°1' = 9.28 \ （mm）$$

游标齿厚卡尺应在与蜗杆轴线成 $10°1'$ 的交角位置上进行测量，如果测得的蜗杆分度圆处法向齿厚实际尺寸为 9.28 mm（因齿厚公差的存在，允许存在偏差），则说明蜗杆齿形正确。

四、三针测量法

用量针测量螺纹中径的方法称为三针量法。测量时，在螺纹凹槽内放置具有同样直径 D 的三根量针，如图 2-2-8 所示，然后用适当的量具（如千分尺等）来测量尺寸 M 的大小，以验证所加工的螺纹中径是否正确。

螺纹中径的计算公式如下：

$$d_2 = M - D\left(1 + \frac{1}{\sin\frac{\alpha}{2}}\right) + \frac{1}{2} P \times \cot\frac{\alpha}{2}$$

式中　　F——千分尺测量的数值（mm）；

　　　　D——量针直径（mm）；

　　　　$\dfrac{\alpha}{2}$——牙型半角；

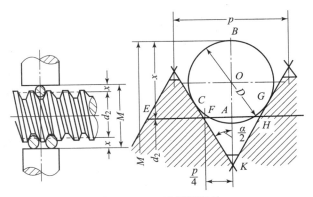

图 2 - 2 - 8　三针测量法

P——工件螺距或蜗杆分度圆齿距（mm）。

量针直径 D 的计算公式如下：

$$D = \frac{1}{2} \frac{P}{\cos \frac{\alpha}{2}}$$

如果已知螺纹牙型角，也可用表 2 - 2 - 2 中的简化公式计算。

表 2 - 2 - 2

螺纹牙型角 α	简化公式
29°	$D = 0.516P$
30°	$D = 0.518P$
40°	$D = 0.533P$
55°	$D = 0.564P$
60°	$D = 0.577P$

【例2】　对 M24×1.5 的螺纹进行三针测量，已知 $M = 24.325$ mm，求需用的量针直径 D 及螺纹中径 d_2。

解：将 $\alpha = 60°$ 代入 $D = 0.577P$ 中，得

$$D = 0.577 \times 1.5 = 0.865\ 5 \text{ （mm）}$$

$$d_2 = 24.325 - 0.8655(1 + 1/0.5) + 1.5 \times 1.732/0.5 = 23.0275 \text{ （mm）}$$

经测量的螺纹中径与理论值（$d_2 = 23.026$ mm）相差 $\Delta = 23.0275 - 23.026 = 0.0015$ （mm），可见其差值非常小。

实际上，螺纹的中径尺寸一般都可从螺纹标准中查得或从零件图上直接注明。因此，只需将上面计算螺纹中径的公式进行移项变换，便可得出计算千分尺应测得的读数 M 的公式：

$$M = d_2 + D\left(1 + \frac{1}{\sin \frac{\alpha}{2}}\right) - \frac{1}{2}P \times \cot \frac{\alpha}{2}$$

如果已知牙型角，也可以用下面表 2 - 2 - 3 中的简化公式计算。

表 2 - 2 - 3

螺纹牙型角 α	简化公式
29°	$M = d_2 + 4.994D - 1.933P$
30°	$M = d_2 + 4.864D - 1.886P$
40°	$M = d_2 + 3.924D - 1.374P$
55°	$M = d_2 + 3.166D - 0.960P$
60°	$M = d_2 + 3D - 0.866P$

【例3】 用三针量法测量 M24 × 1.5 的螺纹，已知 $D = 0.866$ mm，$d_2 = 23.026$ mm，求千分尺应测得的读数值。

解：将 $\alpha = 60°$ 代入 $M = d_2 + 3D - 0.866P$ 中，得

$$M = d_2 + 3D - 0.866P = 23.026 + 3 \times 0.866 - 0.866 \times 1.5 = 24.325 \ （mm）$$

五、双针测量法

双针测量法的用途比三针测量法广泛。例如，对于螺纹圈数很少的螺纹以及螺距大的螺纹（螺距大于 6.5 mm），都不便用三针量法测量，而用双针量法测量则简便可行，如图 2 - 2 - 9 所示。

普通螺纹、牙型角 $\alpha = 60°$ 的螺纹中径的计算公式为

$$d_2 = M' - 3D - \frac{P^2}{8(M' - D)} + 0.866P$$

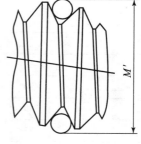

式中　M'——双针量法的测量尺寸（mm）；

　　　d_2——螺纹中径（mm）；

　　　D——量针直径（mm）；

　　　P——工件螺距或蜗杆分度圆齿距（mm）。

由上述公式可知，公式右端第一项与第三项中都含有 M' 值，而 M' 值需要在测量之前就计算出来。因此，直接应

图 2 - 2 - 9　双针测量法

用上述公式不便计算理论 M' 值，需对上式化简才能求出，以便在加工时准确控制 M' 尺寸，保证螺纹中径 d_2 尺寸的合格。

双针量法测量螺纹中径中 M' 值的计算过程如下：

将上式变形为

$$d_2 = (M' - D) - 2D - \frac{P^2}{8(M' - D)} + 0.866P$$

设 $M' - D = x$，则上式变为

$$d_2 = x - 2D - \frac{P^2}{8x} + 0.866P$$

将上式两边同乘 $8x$，得

$$8x \times d_2 = 8x^2 - 16x \times D - P^2 + 0.866 \times 8x \times P$$

整理后变为

$$x^2 + (0.866P - 2D - d_2)x - \frac{P^2}{8} = 0$$

求解出 x 为

$$x_1 = \frac{1}{2}\left\{ -(0.866P - 2D - d_2) + \sqrt{(0.866P - 2D - d_2)^2 + \frac{1}{2}P^2} \right\}$$

$$x_2 = \frac{1}{2}\left\{ -(0.866P - 2D - d_2) - (0.866P - 2D - d_2)^2 + \frac{1}{2}P^2 \right\}$$

舍去 x_2，保留 x_1 得

$$x = \frac{1}{2}\left\{ -(0.866P - 2D - d_2) + \sqrt{(0.866P - 2D - d_2)^2 + \frac{1}{2}P^2} \right\}$$

将上式代入 $M' - D = x$，进一步求解 M' 得

$$M' = \frac{1}{2}\left\{ -(0.866P - 2D - d_2) + \sqrt{(0.866P - 2D - d_2)^2 + \frac{1}{2}P^2} \right\} + D$$

上式即为用双针法测量普通螺纹中径的理论值 M' 的计算公式。

【例4】　用双针量法测量 M12 - 6h 的螺纹。已知 $D = 1.008$ mm，$d_2 = 10.863$ mm，求用双针量法测量时测得的读数 。

解：由 M12 的粗牙螺纹牙型角 $\alpha = 60°$，螺距 $P = 1.75$ mm，得

$$M' = \frac{1}{2}\left\{ -(0.866P - 2D - d_2) + \sqrt{(0.866P - 2D - d_2)^2 + \frac{1}{2}P^2} \right\} + D$$

$$= \frac{1}{2}\left\{ -(0.866 \times 1.75 - 2 \times 1.008 - 10.863) + \sqrt{(0.866 \times 1.75 - 2 \times 1.008 - 10.863)^2 + \frac{1}{2} \times 1.75^2} \right\} + 1.008$$

$$= 12.405\,3(\text{mm})$$

由于螺纹中径本身存在公差，所以测出来的值允许存在偏差。

任务二　AutoCAD 环境下零件图的绘制

任务描述

使用 AutoCAD 2017，根据任务一绘制的泵盖零件草图绘制零件工作图。学生应掌握绘图环境的设置，了解基本的输入操作，能够正确地设置绘图环境，打开和保存图形。

（1）尺寸标注中有尺寸公差，如何正确地标注尺寸公差？

（2）如何建立新的标注样式，以便后面的标注？

（3）如何正确地填写标题栏？

知识链接

尺寸公差是指在切削加工中零件尺寸允许的变动量。在基本尺寸相同的情况下，尺寸公差越小，则尺寸精度越高。

用 AutoCAD 绘制图形时，可通过执行"格式"→"标注样式"菜单命令，或在命令行中执行 dimstyle 命令，弹出"标注样式管理器"对话框。在该对话框中单击"新建"按钮，新建一个标注样式（参见课题一）。然后单击"继续"按钮，在弹出的"新建标注样式"对话框中打开"公差"选项卡，如图 2 - 2 - 10 所示。在"公差"选项卡中对"公差格式"进行设置。在"方式"下拉列表中选择公差的格式，在"精度"下拉列表中选择

相应的精度，在"上/下偏差"后面的文本框中进行偏差的设置。

图 2－2－10　"新建标注样式"：机械对话框

任务实施

泵盖零件图绘制的操作步骤如下。

（1）创建新图形。可直接选取 A4 样板文件建立新图形。

（2）绘制左视图，结果如图 2－2－11 所示。

（3）绘制主视图，结果如图 2－2－12 所示。

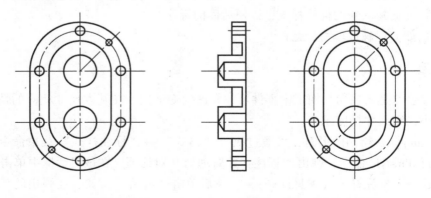

图 2－2－11　绘制左视图　　　　图 2－2－12　绘制主视图

（4）填充剖面线，结果如图 2 - 2 - 13 所示。

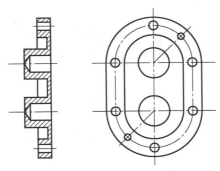

图 2 - 2 - 13　填充剖面线

（5）参照图 2 - 2 - 4，绘制剖切符号"A"，标注剖视图名称"A - A"，如图 2 - 2 - 14 所示。

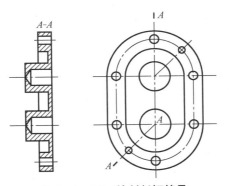

图 2 - 2 - 14　绘制剖切符号

（6）参照图 2 - 2 - 4，标注尺寸和填写技术要求，如图 2 - 2 - 15 所示。

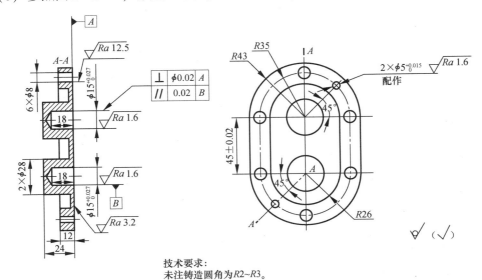

技术要求:
未注铸造圆角为R2~R3。

图 2 - 2 - 15　标注尺寸和填写技术要求

（7）填写标题栏。单击"绘图"工具栏上的"多行文字"按钮 **A**，在合适的位置把标题栏中的文字内容填写完整，如图 2 – 2 – 16 所示。

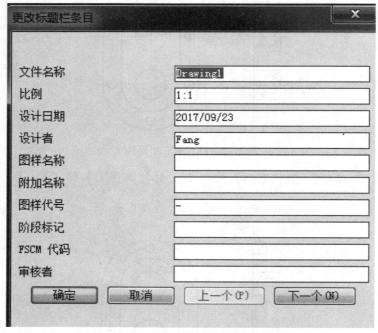

图 2 – 2 – 16　填写标题栏

任务评价

请将任务评价结果填入表 2 – 2 – 4 中。

表 2 – 2 – 4　自评/互评表（十）

任务小组				任务组长			
小组成员				班级			
任务名称				实施时间			
评价类别	评价内容	评价标准		配分	个人自评	小组评价	教师评价
学习准备	资料准备	参与资料收集、整理、自主学习		5			
	计划制订	能初步制订计划		5			
	小组分工	分工合理，协调有序		5			
学习过程	操作技术	见任务评分标准		40			
	问题探究	能实践中发现问题，并用理论知识解释实践中的问题		10			
	文明生产	服从管理，遵守 5S 标准		5			

续表

评价类别	评价内容	评价标准	配分	个人自评	小组评价	教师评价
学习拓展	知识迁移	能实现前后知识的迁移	5			
	应变能力	能举一反三，提出改进建议或方案	5			
	创新程度	有创新建议提出	5			
学习态度	主动程度	主动性强	5			
	合作意识	能与同伴团结协作	5			
	严谨细致	认真仔细，不出差错	5			
总　　　计			100			
教师总评 （成绩、不足及注意事项）						
综合评定等级						

拓展知识

在 AutoCAD 2017 版本中添加"经典绘图空间"

很多使用 AutoCAD 高版本的老用户已习惯了低版本软件的经典绘图空间，而随着软件的更新升级和优化，CAD2017、2016、2015 版本已经取消了经典绘图空间，这使得使用新版本的老用户和初学者可能不适应界面的变化。因此，这里示范一个移植经典绘图空间到高版本的做法，以供新老用户自定义添加高版本软件的经典绘图空间。

然后事先下载好 CUIX 文件，在高版本 CAD 软件中添加经典绘图空间需放置在 CAD 安装路径中即可。下面介绍将 2014 版本的 CUI 文件移植到 15、16、17 版本的操作方法。（此方法适用于 15 以上版本）

（1）打开 AutoCAD2017，其打开界面如图 2 - 2 - 17（不具有经典空间）

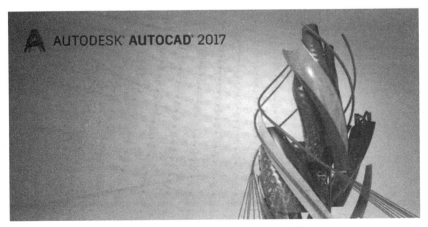

图 2 - 2 - 17　Autodesk CAD 打开界面

（2）在状态栏中执行"切换工作空间"→"自定义"命令，如图2－2－18所示。

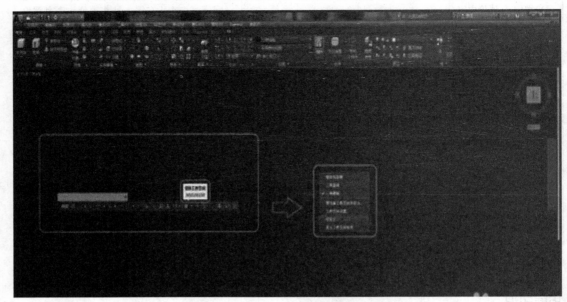

图2－2－18　工作空间切换示意

（3）弹出"自定义用户界面"对话框如图2－2－19所示。

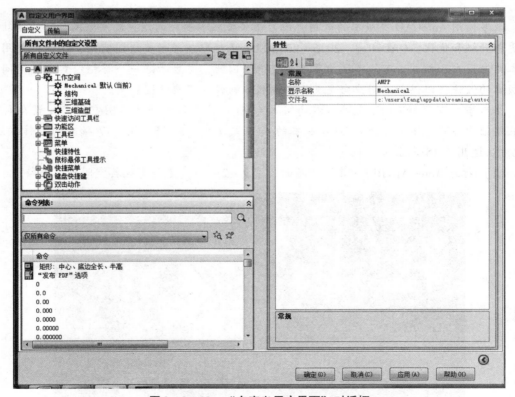

图2－2－19　"自定义用户界面"对话框

（4）在"自定义用户界面"对话框中打开"传输"选项卡，在"新文件中的自定义设置"栏下面的下拉列表框中选择"打开"，如图 2 − 2 − 20 所示。

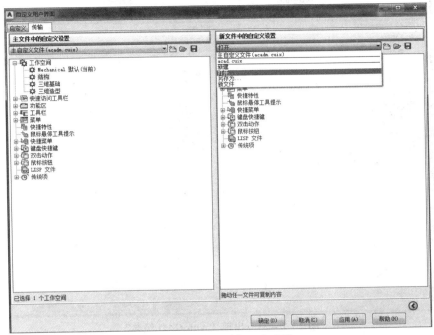

图 2 − 2 − 20 选择"打开"

（5）找到之前下载好的 CUI 文件，单击"打开"按钮，如图 2 − 2 − 21 所示。

图 2 − 2 − 21 打开 CUI 文件

（6）确定之后右侧的"工作空间"下面出现"AutoCAD 经典"，如图 2 - 2 - 22 所示。

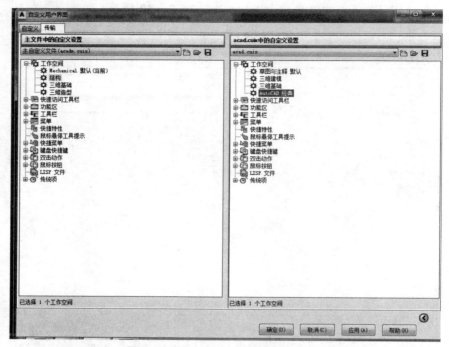

图 2 - 2 - 22　出现"AutoCAD 经典"

（7）选中右侧"工作空间"下面的"AutoCAD 经典"，按住鼠标左键移动到"左侧工作空间"位置并单击确定，如图 2 - 2 - 23 所示。

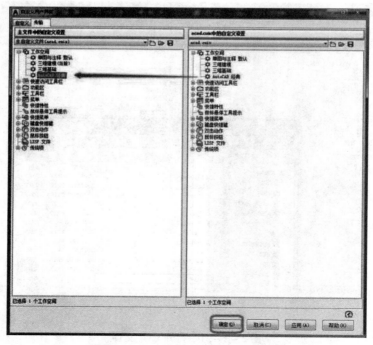

图 2 - 2 - 23　选择"AutoCAD 经典"

（8）单击"切换工作空间" 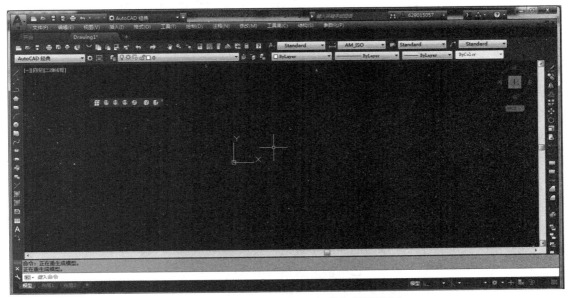 按钮，在展开的列表中找到"AutoCAD 经典"，单击，得到"AutoCAD 经典"绘图界面，如图 2 - 2 - 24 所示。

图 2 - 2 - 24 "AutoCAD 经典"绘图界面

课题三　圆柱齿轮与蜗杆的测绘

任务一　圆柱齿轮与蜗杆的测量与草绘

任务描述

齿轮是广泛用于机器或部件中的一种传动零件，它不仅可以用来传递动力，而且可以用来改变转速和旋转方向。根据两轴的相对位置，齿轮可分为以下三类：

（1）圆柱齿轮——用于两平行轴之间的传动；

（2）圆锥齿轮——用于两相交轴之间的传动；

（3）蜗轮蜗杆——用于两垂直交叉轴之间的传动。

本课题中主要研究渐开线圆柱齿轮。

（1）测绘直齿圆柱齿轮草图的一般步骤是什么？

（2）直齿圆柱齿轮上常见工艺结构的表达方法和尺寸标注方法有哪些？

（3）如何正确地测量渐开线直齿圆柱齿轮和蜗杆各部分的结构？

知识链接

一、渐开线直齿圆柱齿轮的作用与结构

渐开线直齿圆柱齿轮是机器中经常遇到的标准零件之一，主要用于两平行轴之间的传动。在机器中，常见的齿轮根据其结构形状可分为盘类齿轮、套类齿轮、轴类齿轮、扇形齿轮、齿条等，其中，盘类齿轮应用最广。直齿圆柱齿轮是盘类齿轮中常用的一种。圆柱齿轮分为轮体和齿圈两部分，外形是圆柱形，由轮齿、齿盘、幅板（或辐条）和轮毂等组成。

二、渐开线直齿圆柱齿轮的视图选择

渐开线直齿圆柱齿轮一般采用两个视图，或者用一个视图和一个局部视图来表示。

三、渐开线直齿圆柱齿轮的尺寸标注

齿轮测绘是指先用量具对齿轮实物的几何要素进行测量，例如，测量齿顶圆直径 d_a、齿高 h、齿数 z、公法线长度 w_k 等，再经过计算推算出原设计的基本参数，如模数 m、齿数 z、齿形角 α、齿顶高系数 h_a^* 和顶隙系数 c^* 等，并据此计算出制造时所需要的尺寸，如分度圆直径 d、齿顶圆直径 d_a 及齿根圆直径 d_f 等，然后根据齿轮设计参数进行精度设计，最终绘制成一张齿轮工作图。在对齿轮零件进行尺寸标注时，需测绘零件的全部尺寸，并根据尺寸标注的原则和要求，标注全部的必需尺寸。渐开线直齿圆柱齿轮具有径向尺寸和轴向尺寸。径向尺寸的基准为轴线，轴向尺寸的基准一般选择重要的定位面或端

面。基准的选择是否合理，将直接影响测量精确程度。齿轮中的重要尺寸一定要直接标注出来，标准结构（如压力角、模数、键槽等）的尺寸应根据相应的标准查表，按规定标注。

渐开线直齿圆柱齿轮的表达及尺寸标注实例如图2-3-1所示。

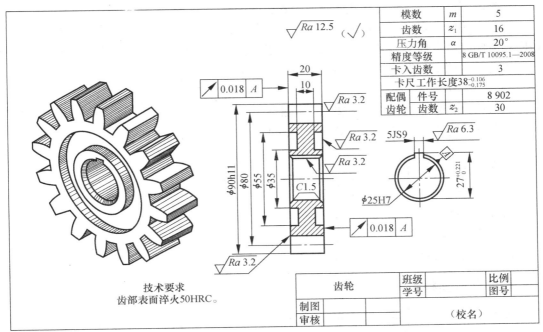

模数	m	5	
齿数	z_1	16	
压力角	α	20°	
精度等级		8 GB/T 10095.1—2008	
卡入齿数		3	
卡尺工作长度		$38^{-0.106}_{-0.175}$	
配偶	件号	8 902	
齿轮	齿数	z_2	30

技术要求
齿部表面淬火50HRC。

图2-3-1　渐开线直齿圆柱齿轮的表达及尺寸标注

四、渐开线直齿圆柱齿轮的材料和技术要求

1. 渐开线直齿圆柱齿轮的毛坯

渐开线直齿圆柱齿轮的毛坯形式主要有棒料、锻件和铸件。棒料用于小尺寸、结构简单，对强度要求低的齿轮；当齿轮要求强度高、耐磨和耐冲击时，多用锻件；直径大于400～600 mm的齿轮，常用铸造毛坯。为了减少机械加工量，对大尺寸、低精度的齿轮，可以直接铸出轮齿；对于小尺寸、形状复杂的齿轮，可用精密铸造、压力铸造、精密锻造、粉末冶金、热轧和冷挤压等新工艺制造出具有轮齿的齿坯，以提高劳动生产率、节约原材料。

2. 渐开线直齿圆柱齿轮的材料

机床齿轮按工作条件可分为以下3类。

（1）轻载齿轮。轻载齿轮的转动速度一般较小，大多采用45钢制造，经正火或调质处理。

（2）中载齿轮。中载齿轮一般采用45钢制造，经正火或调质处理后，再进行高频表面淬火强化，以提高齿轮的承载能力及耐磨性。对大尺寸齿轮，则需用40Cr等合金调质钢制造。一般，机床主传动系统及进给系统中的齿轮，大部分属于这一类。

（3）重载齿轮。对于某些工作载荷较大，特别是运转速度高又承受较大冲击载荷的齿轮大多用20Cr、20CrMnTi等渗碳钢制造，经渗碳、淬火处理后使用，如变速箱中一些重要的传动齿轮。

    3. 渐开线直齿圆柱齿轮技术要求

    （1）齿轮精度的确定。在齿轮测绘中，齿轮的基本参数确定后，还应该确定齿轮的精度等级，并在工作图上标注齿轮精度、尺寸公差、几何公差及表面粗糙度要求，使之成为一张完整的零件图，只有这样才能制造出合格的齿轮。

    根据齿轮传动要求，齿轮精度包括 4 个方面的要求，即运动精度、平稳性精度、接触精度和齿侧间隙合理性。国家标准通过制定齿轮偏差项目的检验规范，对这些精度要求作出了规定。本例中，齿轮的检验项目同为 8 级精度。

    （2）确定齿坯公差。

    ①齿轮内孔是加工、测量和装配的基准，其公差等级为 IT7，其尺寸代号为 $\phi25H7$。

    ②齿顶圆因不作为齿厚的测量基准，为非配合尺寸，因此公差等级取 IT11，其尺寸代号为 $\phi90h11$。

    ③基准端面的圆跳动公差为 0.018 mm。

    （3）齿轮主要工作表面的粗糙度。

    ①齿面粗糙度 $Ra \leqslant 5$ μm；

    ②基准端面粗糙度 $Ra \leqslant 5$ μm；

    ③齿顶圆表面粗糙度 $Ra \leqslant 5$ μm。

五、直齿圆柱齿轮测量原理

    渐开线直齿圆柱齿轮的基本参数包括：齿数 z、模数 m、齿顶高系数 h_a^*、顶隙系数 c^*、压力角 α 和变位系数 x 等。这些基本参数与齿轮的各部分尺寸密切相关。可通过游标卡尺测得齿轮各部分的尺寸，并计算得出渐开线直齿圆柱齿轮的基本参数。

    （1）确定齿轮齿数 z。待测齿轮的齿数 z 可直接数得。

    （2）确定齿轮模数 m 和压力角 α。

    1. 测量公法线长度 w_k

    齿轮的公法线长度是指用公法线千分尺（或游标卡尺）的两个测砧分别与齿轮上两齿廓相切所测得的跨距。具体表现为在基圆柱切平面（公法线平面）上跨 k 个齿（对外齿轮）或跨 k 个齿槽（对内齿轮）之后所测得的一个齿的右齿面和另一个齿的左齿面的两个平行平面之间的距离。

    渐开线齿轮的公法线长度测量方法为，先跨齿轮的 k 个齿，测得齿廓间公法线长度为 w_k，再跨 $k+1$ 个齿，测得齿廓间公法线长度为 w_{k+1}。为减少测量误差，应分别在齿轮 1 周的 3 个均分部位上测量 w_k 与 w_{k+1} 值，并取其算术平均值。

    2. 计算 p_b、s_b、m 及 α

    若卡尺跨 k 个齿，则其公法线长度为

$$w_k = (k-1)p_b + s_b$$

    若卡尺跨 $k+1$ 个齿，则其公法线长度为

$$w_{k+1} = kp_b + s_b$$

所以

$$p_{b} = w_{k+1} - w_{n}$$

又因为

$$p_{b} = p\cos\alpha = \pi m\cos\alpha$$

所以有

$$m = p_{b} / \pi\cos\alpha$$

式中，p_{b} 为齿轮基圆齿距，它由测量得到的公法线长度 w_{k} 和 w_{k+1} 计算得来；α 可能是 20°，也可能是 15°（不常用），将这两个值代入上式计算出两个模数；取其模数最接近表 2 - 3 - 1 所列标准值的一组 m 和 α 即为所求的模数和压力角。

表 2 - 3 - 1　模数

第Ⅰ系列	0.1,	0.12,	0.15,	0.2,	0.25,	0.3,	0.4,	0.5,	0.6,	0.8,
	0.2,	1.	1.25,	1.5,	2.	2.5,	3.	4.	5.	6.
	8.	10.	12.	16.	20.	25.	32.	40		

3. 确定齿轮的齿顶高系数 h_{a}^{*} 和顶隙系数 c^{*}

（1）测量齿顶圆直径 d_{a} 和齿根圆直径 d_{f}，其测量方法如下。

①当齿数为偶数时，可用游标卡尺的测量爪卡对称齿的齿顶及齿根直接测得，如图 2 - 3 - 2（a）所示。

②当齿数为奇数时，用上述方法不能直接测量得到齿顶圆直径 d_{a} 和齿根圆直径 d_{f}，因此只能用间接测量法求得 d_{a} 和 d_{f}。使用间接测量法时，先测量出定位轴孔直径 $D_{孔}$、孔壁到齿根的径向距离 $h_{根}$、另一侧孔壁到齿顶的径向距离 $h_{顶}$，如图 2 - 3 - 2（b）所示。则 d_{a} 和 d_{f} 可用下式求出：

$$d_{a} = D_{孔} + 2h_{顶}；\quad d_{f} = D_{孔} + 2h_{根}$$

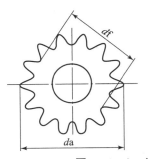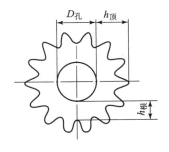

图 2 - 3 - 2　齿轮齿顶圆齿根圆测量法
（a）偶数齿测量方法；（b）奇数齿测量方法

（2）确定分度圆直径 d 和基圆直径 d_{b}，其计算公式如下：

$$d = mz；\quad d_{b} = d\cos\alpha$$

（3）确定齿顶高 h_{a} 和齿根高 h_{f}，其计算公式如下：

$$h_{a} = (d_{a} - d)/2；\quad h_{f} = (d - d_{f})/2$$

因为 $h_{f} = m(h_{a}^{*} + c^{*} - x) = (mz - d_{f})/2$，则

$$h_{a}^{*} + c^{*} = x + (mz - d_{f})/2m$$

式中，非变位的齿轮仅 h_a^* 和 c^* 未知，由于标准齿制的 h_a^* 和 c^* 均为已知标准值，所以分别将正常齿制的 $h_a^* = 1$，$c^* = 0.25$ 和短齿制的 $h_a^* = 0.8$，$c^* = 0.3$ 两组标准值代入上式，符合上式的一组 h_a^* 和 c^* 即为所求的值。

（4）确定变位系数 x。首先确定分度圆齿厚 s。

由 $s_b = s \cdot r_b/r - 2r_b(inv\alpha_b - inv\alpha) = s\cos\alpha + 2r_b inv\alpha$ 可得

$$s = s_b/\cos\alpha - 2r \cdot inv\alpha \quad （式中，s_b 已测出，2r = mz）$$

变位后，分度圆齿厚 $s = m(\pi/2 + 2x \cdot \tan\alpha)$，故

$$x = (s/m - \pi/2)/2\tan\alpha$$

任务实施

渐开线直齿圆柱齿轮测绘的操作步骤具体如下。

1. 了解、分析渐开线直齿圆柱齿轮的功能和结构

直齿圆柱齿轮是盘类齿轮中常用的一种齿轮。圆柱齿轮分为轮体和齿圈两部分，外形是圆柱形，由轮齿、齿盘、幅板（或辐条）、轮毂等组成。

2. 确定草图视图方案

通过对齿轮进行的结构分析和工艺分析，确定该齿轮用一个基本视图和局部放大图表示。基本视图的轴线水平放置，齿轮内圈上的键槽用移出断面图表示键槽的深度。

3. 绘制渐开线直齿圆柱齿轮零件草图

（1）徒手绘制图框和标题栏如图 2–3–3 所示。

（2）根据前面对齿轮的结构分析和工艺分析，绘制渐开线直齿圆柱齿轮的视图表达草图，如图 2–3–4 所示。

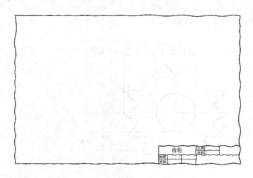
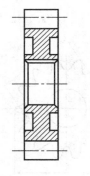

图 2–3–3　图框和标题栏示意　　**图 2–3–4　渐开线直齿圆柱齿轮视图表达草图**

（3）测量尺寸。根据草图中的尺寸标注要求，分别测量齿轮的各部分尺寸并在草图上进行标注。齿轮径向尺寸的基准为轴线，轴向尺寸的基准一般选择重要的定位面或端面。

测量齿轮零件尺寸的步骤如下。

①几何参数的测量。

a. 确定齿数 z。完整齿轮只需数一数共有多少个齿即可。

b. 测量齿顶圆直径 d_a 和齿根圆直径 d_f。对于偶数齿齿轮，可用游标卡尺直接测量，得到 d_a 和 d_f。而对于奇数齿齿轮，由于齿顶对齿槽，所以无法直接测量。带孔齿轮可先

测出孔径 $D_孔$ 及孔壁到齿顶的径向距离 $h_顶$，并由 $d_a = D_孔 + 2h_顶$ 计算出齿顶圆直径 d_a；再测出孔壁到齿槽底的径向距离 $h_顶$，由 $d_f = D_孔 + 2h_根$ 计算出齿根圆直径 d_f。

c. 齿高 h 的测量。齿高 h 可采用游标卡尺直接测量，也可采用间接法测量。采用间接法测量时，可测出齿顶圆直径 d_a 和齿根圆直径 d_f，由 $h = (d_a - d_f)/2$ 计算出齿高；或测出内孔壁到齿顶的距离 $h_顶$ 和内孔壁到齿根的距离 $h_根$，由 $h = h_顶 - h_根$ 计算出齿高 h。

d. 中心距 a 的测量。中心距可通过测量箱体上两孔的内壁距离间接测得。

e. 公法线长度 w_k 的测量。公法线长度 w_k 可用游标卡尺或公法线千分尺测量，如图 2 - 3 - 5所示。

f. 基圆齿距 p_b 的测量。由图 2 - 3 - 5 可知，公法线长度每增加一个跨距，即增加一个基圆齿距，因此基圆齿距 p_b 可通过公法线长度 w_k 和 w_{k+1} 间接测得，即 $p_b = w_{k+1} - w_k$。

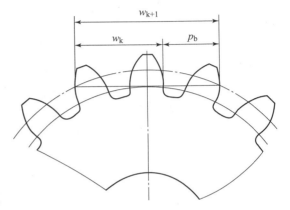

图 2 - 3 - 5　公法线长度的测量

②基本参数的确定。齿轮基本参数包括模数 m、齿数 z、压力角 α、齿顶高系数 h_a^*、顶隙系数 $c*$ 等。这些基本参数的确定方法如下。

a. 压力角 α。标准直齿圆柱齿轮的压力角不需要测量，根据 GB/T 1356—2001 的规定，我国采用的标准压力角 α 为 20°。压力角 α 的确定与标准制度有关，可通过了解齿轮生产国家的有关标准，认定该齿轮的标准制度。例如，中国、日本、法国等国生产的齿轮可判断为模数制，压力角 $\alpha = 20°$，齿顶高系数 $h_a^* = 1.0$ 或 $h_a^* = 0.8$；美、英等国生产的齿轮，可能为径节制，压力角 $\alpha = 14.5°$ 或 $\alpha = 20°$，齿顶高系数 $h_a^* = 1.0$ 或 $h_a^* = 0.875$。

b. 确定模数 z。齿轮模数可由齿顶圆直径 d_a 或齿根圆直径 d_f 计算确定，其计算公式为 $m = d_a/(z+2)$ 或 $m = d_f/(z-2.5)$，然后将计算所得值和标准模数值进行比较。当计算值和标准值相符或接近时，取标准值；若计算值与标准值相差较大，可考虑变位齿轮。另外，齿轮模数的计算方法还有：

用测定的齿高计算模数：

$$m = h/2.25$$

用测定的中心距计算模数：

$$m = 2a/(z_1 + z_2)$$

c. 确定齿顶高系数 h_a^* 和顶隙系数 $c*$。齿顶高系数 h_a^* 可由测得的齿顶圆直径 d_a 按公式 $h_a = d_a/2m - z/2$ 计算确定。顶隙系数 $c*$ 可由测定的齿根圆直径 d_f 或齿高 h 按 $c* = z/2 - d_f/2m - h_a^*$ 或 $c* = h/m - 2h_a^*$ 计算确定。计算所得值应与标准值接近，否则，应考虑变位齿轮。

d. 计算加工所需参数。在确定齿数、模数、压力角之后，可按下式计算齿顶圆直径 d_a、分度圆直径 d 和齿根圆直径 d_f

$$d = mz; \quad d_a = m(z + 2h_a^*); \quad d_{f} = m(z - 2h_a^* - 2c*)$$

将计算所得 d 与相啮合齿轮两轴的中心距校对，其值应符合下式：

$$a = \frac{d_1 + d_2}{2} = \frac{m(z_1 + z_2)}{2}$$

（4）标注尺寸。

①画出尺寸界线和尺寸线。

②将测得的尺寸与被测项目相对应，按尺寸标注有关规定进行标注，力求做到正确、完整。

③主要尺寸从基准出发直接注出，先标注各形体之间的定位尺寸，再标注各形体的定形尺寸。

④标注时应注意所标注的尺寸要便于测量；标注的尺寸要便于看图。

齿轮完整的尺寸标注如图2-3-6所示。

（5）确定技术要求。在齿轮零件图中，除具有一般零件图的内容外，齿顶圆直径、分度圆直径及有关齿轮的基本尺寸也要直接注出。齿根圆直径一般在加工时由刀具尺寸决定，图上可不标注，其他各项主要参数在图纸右上角列表说明。

渐开线直齿圆柱齿轮的零件图如图2-3-6所示。

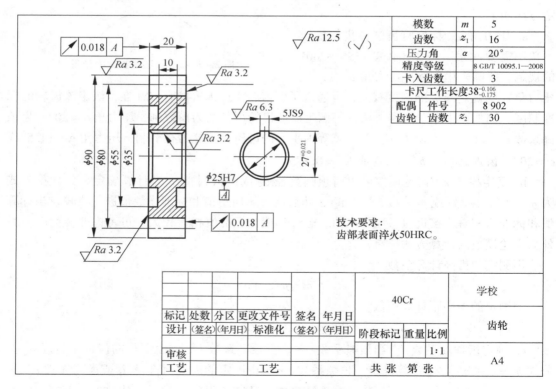

图2-3-6　渐开线直齿圆柱齿轮的零件图

任务评价

请将任务评价结果填入表 2 - 3 - 2 中。

表 2 - 3 - 2 自评/互评表（十一）

任务小组				任务组长		
小组成员				班级		
任务名称				实施时间		
评价类别	评价内容	评价标准	配分	个人自评	小组评价	教师评价
学习准备	资料准备	参与资料收集、整理、自主学习	5			
	计划制订	能初步制订计划	5			
	小组分工	分工合理，协调有序	5			
学习过程	操作技术	见任务评分标准	40			
	问题探究	能实践中发现问题，并用理论知识解释实践中的问题	10			
	文明生产	服从管理，遵守 5S 标准	5			
学习拓展	知识迁移	能实现前后知识的迁移	5			
	应变能力	能举一反三，提出改进建议或方案	5			
	创新程度	有创新建议提出	5			
学习态度	主动程度	主动性强	5			
	合作意识	能与同伴团结协作	5			
	严谨细致	认真仔细，不出差错	5			
总 计			100			
教师总评（成绩、不足及注意事项）						
综合评定等级						

拓展知识

普通圆柱蜗杆的测绘

一、几何参数的测量

（1）确定蜗杆头数 z_1（齿数）。蜗杆头数 z_1 可通过目测确定。

（2）测量蜗杆齿顶圆直径 d_{a1} 和齿根圆直径 d：蜗杆齿顶圆直径 d_{a1} 和齿根圆直径 d_{f1} 可

用高精度游标卡尺或千分尺直接测量。

（3）测量蜗杆齿高 h_1。蜗杆齿高 h_1 可按下述方法测量。

①用高精度游标卡尺的深度尺或其他深度测量工具直接测量，如图 2-3-7 所示。

②用游标卡尺测出蜗杆的齿顶圆直径 d_{a1} 和蜗杆齿根圆直径 d_{f1}，并按下式计算：

$$h_1 = \frac{d_{a1} - d_{f1}}{2}$$

（4）测量蜗杆轴向齿距 p_x。蜗杆轴向齿距 p_x 可用直尺或游标卡尺在蜗杆的齿顶圆柱上沿轴向直接测量，如图 2-3-8 所示。为精确起见，应多跨几个轴向齿距测量，然后将所测得的数除以跨齿数即得蜗杆的轴向齿距。

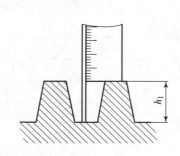

图 2-3-7　蜗杆齿高 h_1 的测量

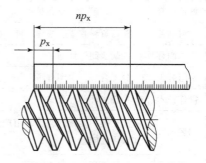

图 2-3-8　蜗杆轴向齿距的测量

（5）测量蜗杆压力角 α。蜗杆压力角 α 可用角度尺或齿形样板在蜗杆的轴向剖面和法向剖面内测得，将两个剖面的数值都记录下来，作为确定参数时的参考。也可用不同压力角的蜗轮滚刀插入齿部做比较来判断。

（6）测量蜗杆副中心距 a'。蜗杆副中心距的测量对蜗杆传动啮合参数的确定以及对校核所定参数的正确性都十分重要。因此，应仔细测量蜗杆副中心距 a，力求精确。需要注意的是：只有当根据测绘的几何参数所计算出来的中心距 a 与实测的中心距 a' 相一致时，才能保证蜗杆传动的正确啮合。

测量中心距时，可利用设备原有的蜗杆和蜗轮轴，对其清洗重新装配后进行测量。测量时，首先要测量这些轴的自身尺寸（D'_1，D'_2）与几何公差，以便作为修正测量结果的参考。

蜗杆副中心常用的测量方法有：

①用高精度游标卡尺或千分尺测出两轴外侧间的距离 L′，如图 2-3-9 所示，并按下式计算中心距 a'：

$$a' = L' - \frac{D'_1 + D'_2}{2}$$

②用内径千分尺测出两轴内侧间的距离 M′，如图 2-3-10 所示，并按下式计算中心距 a'：

$$a' = M' + \frac{D'_1 + D'_2}{2}$$

③当中心距较小，用上述方法测量有困难时，可用量块测量两轴内侧间的距离 K′，如

图 2 - 3 - 11 所示，并按下式计算中心距 a'：

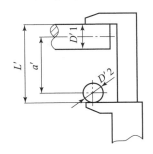

图 2 - 3 - 9　测蜗杆蜗轮轴外侧间的距离 L'

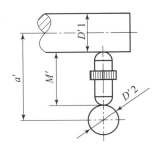

图 2 - 3 - 10　测蜗杆蜗轮轴内侧间的距离 M'

$$a' = K' + \frac{D'_1 + D'_2}{2}$$

④先在划线平台上测出 L_1' 及 L_2'，再分别测出蜗杆、蜗轮轴径 D_1，D_2，如图 2 - 3 - 12 所示，并按下式计算中心距 a'：

$$a' = L'_1 - L'_2 - \frac{D'_1}{2} + \frac{D'_2}{2}$$

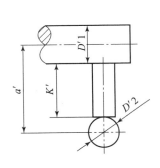

图 2 - 3 - 11　用量块测量两轴内侧间的距离

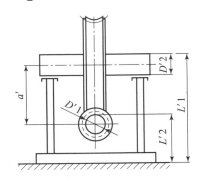

图 2 - 3 - 12　在平台上测蜗轮蜗杆轴线间的距离

二、基本参数的确定

（1）判别蜗杆齿面齿形。普通圆柱蜗杆根据齿面齿廓曲线的不同分为阿基米德蜗杆（ZA）、法向直廓蜗杆（ZN）、渐开线蜗杆（ZI）和锥面包络蜗杆（ZK）等四种蜗杆。测量时，以直廓样板进行试配。

①当蜗杆轴向齿形是直线齿廓时，该蜗杆为阿基米德蜗杆。

②当蜗杆法向齿形是直线齿廓时，该蜗杆为法向直廓蜗杆传动。

③当蜗杆在某一基圆柱的切平面上的剖切齿形是直线齿廓时，该蜗杆为渐开线蜗杆传动。

④当以直廓样板进行试配的过程中，未出现上述三种情况，蜗杆轴向或法向齿廓也不呈中凹，此时就应考虑该蜗杆是否属于锥面包络蜗杆。

在缺乏条件的情况下对蜗杆进行测绘，要准确判断蜗杆齿形十分困难，因此对要求保证传动精度的蜗杆副的更换，建议采用成对更换的方法。

（2）确定蜗杆模数 m。蜗杆模数 m 的确定方法分为以下四种。

①根据测得的蜗杆轴向齿距 $p_x{}'$ 查表 2 − 3 −3 确定。

表 2 −3 −3　蜗杆轴向齿距 p_x 与模数 m 对照表　　　　mm

p_x	m	p_x	m
3. 142	1	15. 870	5. 053
3. 175	1. 011	15. 950	5. 080
3. 325	1. 058	17. 460	5. 559
3. 627	1. 155	18. 850	6
3. 990	1. 270	19. 050	6. 064
4. 433	1. 411	19. 950	6. 350
4. 712	1. 500	20. 640	6. 569
4. 763	1. 516	21. 990	7
4. 987	1. 588	22. 220	7. 074
5. 700	1. 814	22. 800	7. 257
6. 283	2	23. 810	7. 580
6. 350	2. 021	25. 130	8
6. 650	2. 116	25. 400	8. 085
7. 254	2. 309	26. 500	8. 467
7. 854	2. 500	26. 990	8. 590
7. 938	2. 527	28. 270	9
7. 980	2. 540	28. 580	9. 095
8. 856	2. 822	29. 020	9. 236
9. 425	3	30. 160	9. 061
9. 525	3. 032	31. 420	10
9. 975	3. 175	31. 750	10. 106
11	3. 500	31. 920	10. 159
11. 110	3. 537	33. 340	10. 612
11. 400	3. 625	34. 930	11. 117
12. 570	4	35. 470	11. 289
12. 700	4. 043	36. 510	11. 622
13. 300	4. 233	37. 700	12
14. 140	4. 500	38. 100	12. 127
14. 290	4. 548	39. 900	12. 700
15. 710	5	41. 270	13. 138

②根据计算公式 $h_1 = 2.2\,m$ 确定，则

$$m = h_1/2.2$$

用游标卡尺的深度尺或其他测量工具直接量得 h_1，如图 2-3-7 所示则 m 即可按上式算出。

③根据计算公式 $d_{a2} = m_t(z_2 + 2)$ 确定，则

$$m = m_t = \frac{d_{a2}}{z_2 + 2}$$

④先用金属直尺测得蜗杆的轴向齿距 p_x，如图 2-3-8 所示再根据计算公式 $p_x = m_a\pi$ 确定，则

$$m = \frac{p_x}{\pi}$$

用上述四种方法求出的 m，均应按标准模数系列选取与其相近的标准模数。

如果计算结果与标准模数不相符，那么与蜗杆啮合的蜗轮可能是变位蜗轮，需要进一步确定变位系数 x_2。

（3）压力角 α。国家标准对普通圆柱蜗杆的压力角规定为：阿基米德蜗杆轴向压力角取标准值 $\alpha_x = 20°$，法向直廓蜗杆、渐开线蜗杆、锥面包络蜗杆的法向压力角取标准值 $\alpha_n = 20°$。

（4）蜗杆分度圆直径 d_1。为使蜗轮滚刀标准化，蜗杆直径 d_1 值必须标准化，测绘时应注意这一点。具体系列请参看有关手册。

（5）齿顶高系数 h_a^*、顶隙系数 c^*。在测得齿高 h'_1 和模数 m'_e 后，一般可先试取齿顶高系数 $h_a^* = 1$，顶隙系数 $c^* = 0.2$，按公式 $h_1 = 2h_a^* m + c^* m$ 核算所得数值。如果 $h_1 \neq h'_1$，说明齿顶高系数 h_a^* 和顶隙系数 c^* 取值不正确，应当重新确定。

我国规定 $h_a^* = 1$，导程角 $\gamma > 30°$ 时，为满足高速重载传动的需要，可采用短齿制，取 $h_{a1}^* = 0.8$。对渐开线蜗杆、蜗轮可分别取为 $h_{a1}^* = 1$，$h_{a2}^* = 2\cos\gamma - 1$。

为保证蜗轮滚刀的寿命，c^* 值可能大于 0.2，某些特殊传动要求 c^* 值小于 0.2，因此国家标准规定 $c^* = 0.2$，但还可在 $0.15 \sim 0.35$ 之间取值。重新选取 h_a^* 和 c^* 后，再用 h_1 的计算公式核算，直至测得的值 h'_1 与计算值 h_1 相符。此时，即可最后确定 h_a^* 和 c^*。

任务二　AutoCAD 环境下零件图的绘制

任务描述

根据任务一绘制的齿轮零件草图在 AutoCAD 的工作环境下绘制零件图，熟悉 AutoCAD 经典的工作环境，掌握绘图环境的设置，了解基本的输入操作，掌握零件图的绘制。

知识链接

1. 模板的调用

2. 常用绘图命令、修改命令、尺寸标注命令的使用

3. 外部块的应用

任务实施

齿轮零件图绘制的操作步骤如下。

1. 创建新图形

执行"文件"→"新建"菜单命令，弹出"选择样板"对话框，选择 A4 模板并导出，如图 2 - 3 - 13 所示。

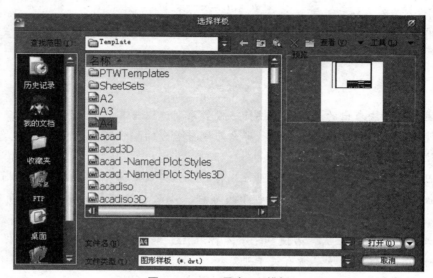

图 2 - 3 - 13　导出 A4 模板

2. 绘制主视图

（1）将"中心线"图层设为当前图层。在菜单栏中执行"格式"→"线型"命令，设置线型为"细点画线"，然后执行"直线"命令，结果如图 2 - 3 - 14 所示。

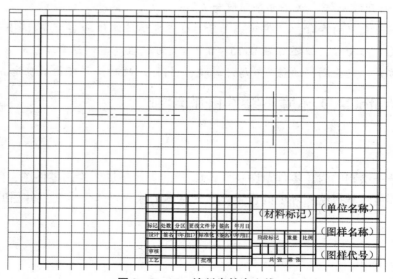

图 2 - 3 - 14　绘制齿轮中心线

（2）将"粗实线"图层设为当前图层。在菜单栏中执行"格式"→"线型"命令，设置线型为"粗实线"，然后执行"直线"命令。先在中心线上任意选择一点作为端点，然后将光标垂直上移 45 mm 后单击鼠标右键确认，光标水平向右移动 20 mm 确认，垂直向下移动 90 mm 确认，水平向左移动 20 mm 确认，最后将光标垂直上移至左击图示端点，如图 2－3－15（a）所示。

（3）单击"修改"工具栏中的按钮，执行"偏移"命令。利用"偏移"命令，将中心线分别上下偏移 40 mm，结果如图 2－3－15（b）所示；将上下轮廓线分别向下上偏移 11.25 mm、17.5 mm、27.5 mm，左右轮廓线向内偏移 5 mm，结果如图 2－3－15（c）所示。执行"修剪"命令，参照图 2－3－6 对图 2－3－15（e）所示图形进行修剪，结果如图 2－3－15（d）所示。

再次执行"偏移"命令，将中心线分别上下偏移 12.5 mm，向上偏移 14.5 mm。执行"修改"→"特性匹配"菜单命令，将这三条线修改成粗实线，并执行"修剪"命令，参照图 2－3－6 对图进行修剪，结果如图 2－3－15（e）所示。

在"修改"工具栏中单击 按钮，执行"倒角"命令。在命令行中输入距离 d，指定第一个倒角距离为 1.5 第二个倒角距离也为 1.5，并按 Enter 键完成倒角设置。然后，将光标移到目标直线，选择第一条直线。将光标移到第二条直线，选择第二条直线。注意绘制完倒角后要将缺失的轮廓线补齐。执行"直线"命令，绘出倒角之后的轮廓线，如图 2－3－15（f）所示。

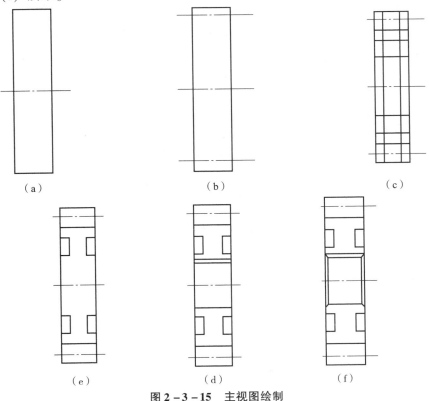

（a）　　　　　　　（b）　　　　　　　（c）

（e）　　　　　　　（d）　　　　　　　（f）

图 2－3－15　主视图绘制

3. 绘制局部视图

（1）将当前图层设为图层1，执行"绘图"→"圆"→"圆心、半径命令"（或单击"绘图"工具栏中的 ⊘ 按钮，或在命令行中执行 circle 命令，）参照图2-3-16画两个直径为25 mm、28 mm的同心圆，如图2-3-16（a）所示。

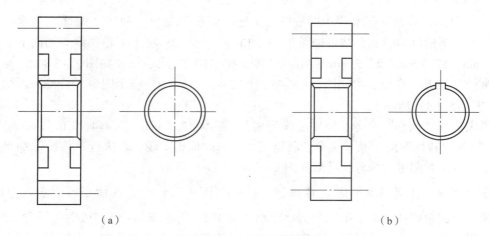

（a） （b）

图2-3-16 局部视图绘制

（2）利用对象捕捉及对象捕捉追踪工具快速作图，对象捕捉及对象捕捉追踪工具，如图2-3-17所示。单击"绘图"工具栏中的 ╱ 按钮，执行"直线"命令。在主视图上找到需要捕捉追踪的位置后画线。执行"偏移"命令，将局部视图的竖直中心线向左右各偏移2.5 mm，然后执行"直线""修剪"及"删除"命令，得到齿轮内圈的局部视图，如图2-3-16（b）所示。

图2-3-17 对象捕捉及对象捕捉追踪

4. 填充剖面线

将"剖面线"图层设为当前图层。执行"绘图"→"图案填充"菜单命令或单击"绘图"工具栏中的 ▨ 按钮，弹出"图案填充和渐变色"对话框，如图2-3-18（a）所示。单击图案后面的 ▭ ANGLE ▭ 按钮，弹出"填充图案选项板"对话框，如图2-3-18（b）所示。

在"填充图案选项板"对话框中的"ANSI"选项卡中选择"ANSI31"图案，如图2-3-18（c）所示。

单击"确定"按钮后，"图案填充"选项卡中的"图案"选项变为"ANSI31"，如图2-3-18（d）所示。

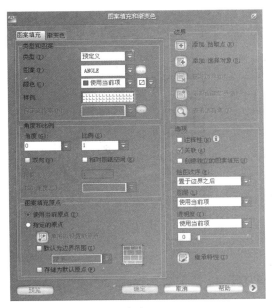

（a）

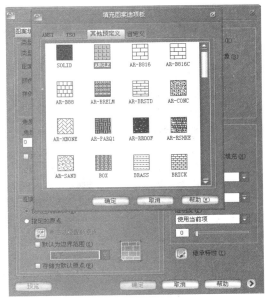

（b）

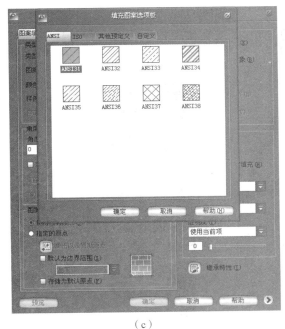

（c）

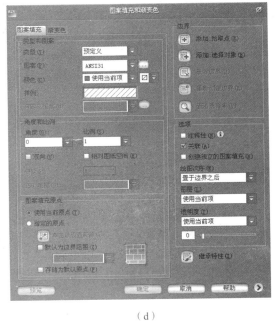

（d）

图 2 - 3 - 18 "图案填充和渐变色" 对话框

　　完成上述设置后，在主视图边界中，选择添加拾取点，在需要填充剖面线的位置选择区域。选中后的区域如图2－3－19（a）所示。选定全部区域后，按鼠标左键确认后返回"图案填充和渐变色"对话框，单击"确认"按钮后即可填充剖面线，结果如图2－3－19（b）所示。

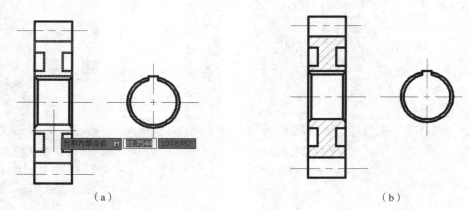

（a）　　　　　　　　　　　　　（b）

图 2－3－19　填充剖面线

5. 标注尺寸

（1）标注一般线性尺寸。将当前层设为图层4，图层名称设为"绿色"。在"标注"工具栏中单击 按钮，如图2－3－20（a）所示，或在菜单栏中执行"标注"→"线性"命令，如图2－3－20（b）所示。

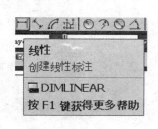

（a）　　　　　　　　　　　　　（b）

图 2－3－20　"线性"命令

（2）直径符号或偏差的标注方法见课题二的相关内容。结果如图 2 - 3 - 21 所示。

（3）修改标注样式。在菜单栏中执行"格式"→"标注样式"图 2 - 3 - 22 所示。

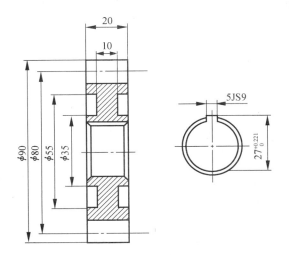

图 2 - 3 - 21　线性尺寸标注　　　　　图 2 - 3 - 22　"标注样式"命令

弹出"标注样式管理器"对话框，如图 2 - 3 - 23 （a）所示。选中需要修改的标注（本例中为"ISO - 25"），单击"修改"按钮后弹出"修改标注样式：ISO - 25"对话框，如图 2 - 3 - 23 （b）所示。

在"修改标注样式：ISO - 25"对话框中打开"文字"选项卡，在"文字对齐"栏中选择"ISO 标准"。如图 2 - 3 - 24 所示。

打开"主单位"选项卡，在"线性标注"栏中选择"单位格式"为"小数"，"精度"为"0"，如图 2 - 3 - 25 所示。

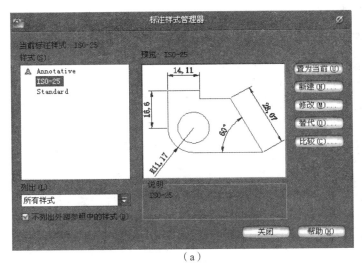

（a）

图 2 - 3 - 23　修改当前标注样式

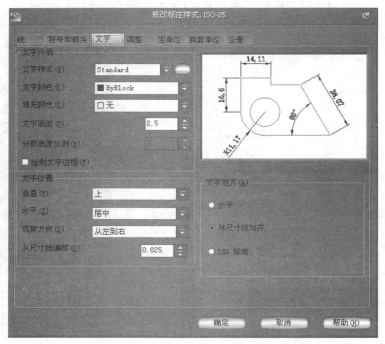

（b）

图 2 - 3 - 23　修改当前标注样式（续）

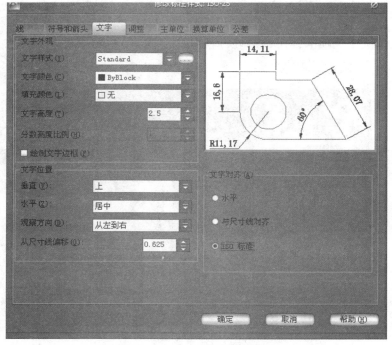

图 2 - 3 - 24　"文字"选项卡

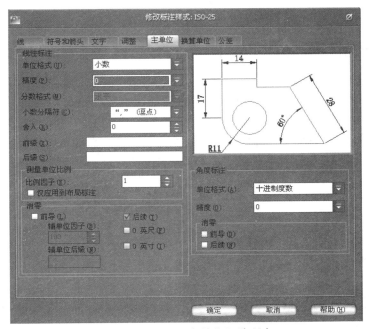

图 2 - 3 - 25　"主单位"选项卡

（4）在"标注"工具栏中单击 ⊘ 按钮，进行圆的直径标注，如图 2 - 3 - 26（a）-
（d）所示。

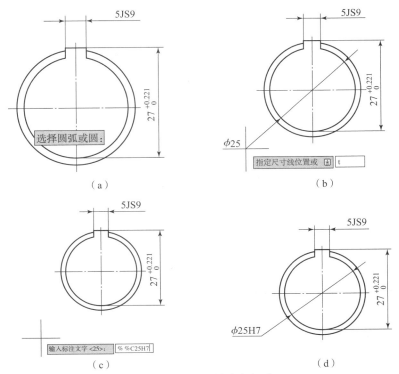

（a）

（b）

（c）

（d）

图 2 - 3 - 26　圆的直径标注

6. 标注几何公差及基准

（1）标注几何公差。在菜单栏中执行"标注"→"多重引线"命令或在"标注"工具栏中单击 ●多重引线(E) 按钮，绘制几何公差框格前的指引线。然后执行"标注"→"公差"菜单命令或在"标注"工具栏中单击 公差(T)... 按钮，弹出"形位公差"对话框。在"几何公差"对话框中的符号栏中选择圆跳动的符号，在"公差1"栏中填写公差0.018，在"基准1"栏中填写A，如图2-3-27（a）所示。单击"确定"后在绘图区出现几何公差框格，将公差框格放在指引线端点后即可完成标注。如图2-3-27（b）所示。

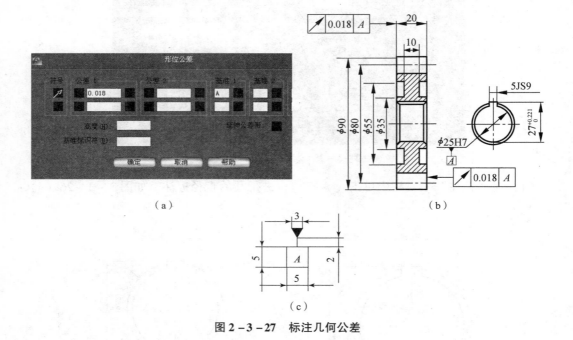

（a）

（b）

（c）

图2-3-27 标注几何公差

（2）绘制基准符号。按照图示尺寸绘制基准符号，如图2-3-27（c）所示。

7. 标注粗糙度

在菜单栏中执行"绘图"→"块"→"插入块"命令，或在"绘图"工具栏中单击 按钮，弹出插入对话框，如图2-3-28（a）所示。

选择已经创建好的内部块或外部块。插入基点、比例，数值、方向等可在屏幕上指定。粗糙度标注完整后如图2-3-28（b）所示。

8. 填写标题栏及参数表

标题栏及参数表格式如图2-3-29，图2-3-30所示。

9. 填写技术要求

在菜单栏中执行"绘图"→"多行文字"命令或在"绘图"工具栏中单击 **A** 按钮，在弹出的"文字"对话框中书写技术要求，如图2-3-31所示。

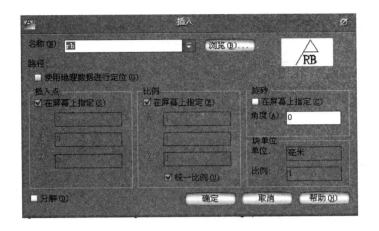

（a）

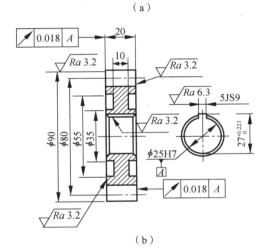

（b）

图 2 - 3 - 28 "插入"对话框

						40Cr			（单位名称）
标记	处数	分区	更改文件号	签名	年月日				齿轮
设计	(签名)	(年月日)	标准化	(签名)	(年月日)	阶段标记	重量	比例	
审核									A3
工艺			工艺			共 1 张　第 1 张			

图 2 - 3 - 29 填写标题栏

模数	m	5
齿数	z_1	16
齿形角	a	20°
精度等级		8-FH
卡入齿数		3
卡尺工作长度38$_{-0.175}^{-0.106}$		
配偶齿轮	件号	8902
	齿数 z_2	30

图2-3-30 填写参数表

技术要求：
齿部表面淬火50HRC

图2-3-31 书写技术要求

齿轮零件图的最终结果如图2-3-6所示。

任务评价

请将任务评价结果填入表2-3-4。

表2-3-4 自评/互评表（十二）

任务小组				任务组长		
小组成员				班级		
任务名称				实施时间		
评价类别	评价内容	评价标准	配分	个人自评	小组评价	教师评价
学习准备	资料准备	参与资料收集、整理、自主学习	5			
	计划制订	能初步制订计划	5			
	小组分工	分工合理，协调有序	5			
学习过程	操作技术	见任务评分标准	40			
	问题探究	能实践中发现问题，并用理论知识解释实践中的问题	10			
	文明生产	服从管理，遵守5S标准	5			
学习拓展	知识迁移	能实现前后知识的迁移	5			
	应变能力	能举一反三，提出改进建议或方案	5			
	创新程度	有创新建议提出	5			
学习态度	主动程度	主动性强	5			
	合作意识	能与同伴团结协作	5			
	严谨细致	认真仔细，不出差错	5			

总　　计	100			
教师总评 （成绩、不足及注意事项）				
综合评定等级				

课题四　支架零件的测绘

任务一　支架零件的测量与草绘

任务描述

支架类零件包括拨叉、摇臂、连杆等，其功能主要是操纵、连接、传递运动或支承。例如，拨叉主要用在机床、内燃机等机器的操纵机构上，起操纵、调速的作用。典型支架类零件如图2-4-1所示。

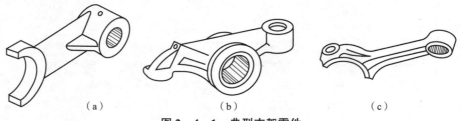

（a）　　　　　　　　　　（b）　　　　　　　　　　（c）

图2-4-1　典型支架零件

（1）支架类零件的结构特点是什么？如何正确测量支架类零件各部分结构？

（2）叉架类零件的测绘要点是什么？

（3）平面度公差的常用测量方法有哪些？如何测量？

知识链接

一、支架类零件的功能和结构特点

支架类零件是机器中较为常用的典型零件之一，其主要功能为支承和连接。支架类零件形式多样，结构较为复杂且不规则，甚至难以平稳放置，需经多道工序加工而成。此类零件一般由三部分组成，即支承部分、工作部分和连接部分。

1. 支承部分

支承部分是支承和安装支架零件自身的部分，一般为平面或孔等，其基本形体为一圆柱体，中间带孔（花键孔或光孔）。支承部分主要安装在轴上，或沿着轴向滑动（孔为花键孔时），或固定在轴（操纵杆）上（当孔为光孔时），由操纵杆支配其运动。

2. 工作部分

工作部分为支承或带动其他零件运动的部分，一般为孔、平面、各种槽面或圆弧面等对其他零件施加作用的部分。其结构形状根据被作用部位的结构而定。例如，拨叉对三联齿轮施加作用，其作用部位为环形沟，此时，工作部分的结构形状应为与齿轮的环形沟相对应的扇形环。

3. 连接部分

连接部分为连接零件自身的工作部分和支承部分的那一部分，其结构主要是连接板，

有时还设有加强肋。其截面形状有矩形、椭圆形、工字形、丁形、十字形等多种形式。连接板的形状视支承部分和工作部分的相对位置而异，有对称、倾斜、弯曲等形状。

支架类零件细部结构也较多，如肋、板、杆、圆孔、螺孔、油槽、油孔、凸台、凹口、凸缘、铸（锻）造圆角等。

二、支架类零件的视图选择

支架类零件一般无统一的加工位置，工作位置也不尽相同，并且结构比较复杂，形状奇特、不规则，有些零件甚至无法自然平稳放置，因此零件的视图表达差异较大。

（1）在选择主视图时，将零件按自然位置或工作位置放置，从最能反映零件工作部分和支承部分结构形状和相互位置关系的方向投射，并将此投射方向作为主视方向，画出主视图。

（2）除主视图外，还需用其他视图表达安装板、肋板等结构的宽度及其相对位置。根据零件的结构特点，可再选用 1 或 2 个基本视图，或不再选用其他基本视图。

（3）为表达内部结构，常采用局部剖视图、半剖视图或全剖视图等表达方式。

（4）连接部分常采用断面图来表达。

（5）零件的倾斜部分和局部结构，常采用斜视图、斜剖视图、局部视图、局部剖视图等进行补充表达。

三、支架类零件的尺寸标注

（1）支架类零件的长度方向、宽度方向、高度方向的主要尺寸基准一般为孔的中心线、支承孔的轴线、对称平面、支承平面或较大的加工平面。

（2）支架类零件尺寸较多，定位尺寸也较多，且常采用角度定位。因此在标注尺寸时，定位尺寸除了要求标注完整外，还要注意尺寸的精度。定位尺寸一般要标出孔中心线（轴线）之间的距离、孔中心线到平面间的距离或平面到平面的距离。一般情况下，内、外结构形状要保持一致。

（3）支架类零件的定形尺寸一般按照形体分析法进行标注。

（4）支架类零件的毛坯多为铸、锻件，这类零件的圆弧连接较多，零件上的铸（锻）造圆角、斜度、过渡尺寸一般应按铸（锻）件标准取值和标注。

（5）有目的地将尺寸分散标注在各视图、剖视图、断面图上，以防止某一个视图上的尺寸标注过度集中。相关联零件的有关结构尺寸注法应尽量相同，以便读图和减少差错。

四、支架类零件的材料和技术要求

1. 支架类零件的材料

支架类零件的材料多为铸件或锻件。

2. 支架类零件的技术要求

（1）一般用途的支架类零件，其尺寸公差、表面粗糙度、几何公差无特殊要求。但有时对角度或某部分的长度尺寸有一定的要求，因此应对其标注出公差。

（2）支架类零件支承部分的平面、孔或轴应给定尺寸公差、形状公差及表面粗糙度一般情况下，孔的尺寸公差等级取 IT7，轴取 IT6，孔和轴的表面粗糙度取 Ra。1.6～6.3

μm，孔和轴可给定圆度或圆柱度公差。支承平面的表面粗糙度一般取 $Ra6.3$ μm，并可给定平面度公差。

平面度公差用以限制平面的形状误差。其公差带是距离为公差大小的两平行平面之间的区域。按照有关规定，理想形状的位置应符合最小条件。常见的平面度误差测量方法包括用指示表测量、用水平仪测量及用自准仪和反射镜测量。

对于用各种不同的方法测得的平面度测值，应进行数据处理，然后按一定的评定准则处理结果。平面度误差的评定方法包括以下3种。

①最小区域法。由两平行平面包容实际被测要素时，实现至少4点或3点接触，且具有下列形式之一者，即为最小包容区域，其平面度误差值最小。最小包容区域的判别方法包括以下3种形式。

a. 两平行平面包容被测表面时，被测表面上有3个最低点（或3个最高点）及1个最高点（或1个最低点）分别与两平行包容面接触，并且最高点（或最低点）能投影到3个最低点（或3个最高点）之间，则这两个平行平面符合平面度最小包容区原则，如图2－4－2（a）所示。

b. 被测表面上有2个最高点和2个最低点分别与两平行包容面相接触，并且2个最高点投影于2个低点连线的两侧，则这两个平行平面符合平面度最小包容区原则，如图2－4－2（b）所示。

c. 被测表面的同一截面内有2个最高点及1个低点（或相反）分别和两平行包容面相接触，则这两平行平面符合平面度最小包容区原则，如图2－4－2（c）所示。

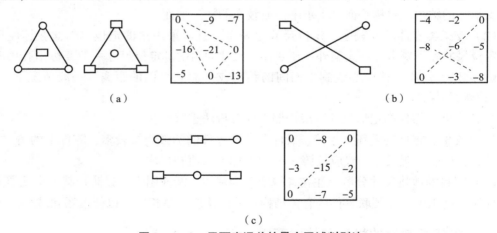

图2－4－2　平面度误差的最小区域判别法

②三角形法。以通过被测表面上相距最远且不在一条直线上的3个点建立一个基准平面，各测点对此平面的偏差中最大值与最小值的绝对值之和即为平面度误差。实测时，可在被测表面上找到3个等高点，并且将通过这3个点的平面设为基准平面。然后，在被测表面上按布点测量，与三角形基准平面相距最远的最高和最低点间的距离即为平面度误差值。

③对角线法。通过被测表面的一条对角线做另一条对角线的平行平面，该平面即为基准平面。偏离此平面的最大值和最小值的绝对值之和即为平面度误差。

对角线法的检测工具有平板、带指示表的测量架等。检测时，将被测零件放在平板上，将带指示表的测量架放在平板上，并使指示表的测头垂直指向被测零件表面，压表并调整度盘，使指针指在零位。按图 2-4-3 所示将被测平板沿纵横方向均布画好网格，网格的四周距离边缘 10 mm，其画线的交点即为测量的 9 个点。然后同时记录各点的读数值。取得全部被测点的测量值后，按对角线法求出平面度误差值。

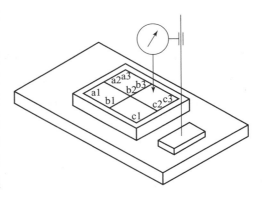

图 2-4-3　对角线法测量平面度误差

平面度误差的测量方法如下。

①用直尺测定平面度，如图 2-4-4 所示。首先以不包括自重的方法将测量物支撑；然后将直尺放在整个表面（纵、横、对角线方向），用塞尺（数值与平面度相符）测定。要求在所有的地方塞尺应不能通过。

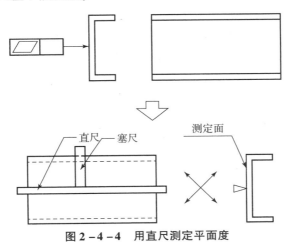

图 2-4-4　用直尺测定平面度

②用指示表测定平面度，如图 2-4-5 所示。将杠杆指示表置于测定面，在 A 点调零，一直确认到 B 点，则

$$测定值 = 最大值 - 最小值$$

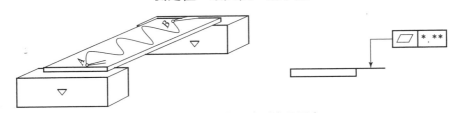

图 2-4-5　用指示表测定平面度

（3）定位平面应给定表面粗糙度值和几何公差。表面粗糙度一般取 $Ra6.3$ μm，几何公差包括对支承平面的垂直度公差或平行度公差，对支承孔或轴的轴线的轴向圆跳动公差或垂直度公差等。

（4）支架类零件工作部分的结构形状比较多样，常见的有孔、圆柱、圆弧、平面等，有些甚至是曲面或奇特形状结构。这类零件的支承孔应按配合要求标注尺寸，工作部分也应按配合要求标注尺寸。为了保证工作部分正常动作，一般情况下，对工作部分的结构尺寸、位置尺寸应给定适当的公差，如孔径公差、孔到基准平面或基准孔的距离尺寸公差、孔或平面与基准面或基准孔之间的夹角公差等。另外，还应给定必要的几何公差及其表面粗糙度值，如圆度、圆柱度、平面度、平行度、垂直度、倾斜度等。

（5）支架类零件常用毛坯为铸件或锻件。铸件一般应进行时效处理，锻件应进行正火或退火热处理。毛坯不应有砂眼、缩孔等缺陷，应按规定标注出铸（锻）造圆角和斜度。另外，应根据使用要求提出必需的最终热处理方法、所要达到的硬度及其他要求。

（6）其他技术要求，如毛坯面涂漆、无损探伤检验等。

五、支架类零件的测绘要点

（1）了解支架类零件的功能、结构、工作原理。了解零件在部件或机器中的安装位置，与相关零件及周围零件之间的相对位置。

（2）支架类零件的支承部分和工作部分的结构尺寸和相对位置决定零件的工作性能，应认真测绘，尽可能达到零件的原始设计形状和尺寸。

（3）对于已标准化的支架类零件，如滚动轴承座等，测绘时应与标准对照，尽量取标准化的结构尺寸。

（4）对于连接部分，在不影响强度、刚度和使用性能的前提下，可进行合理修整。

任务实施

下面以支架为例介绍支架类零件的测绘步骤。

（1）徒手绘制图框和标题栏。如图2-4-6所示。

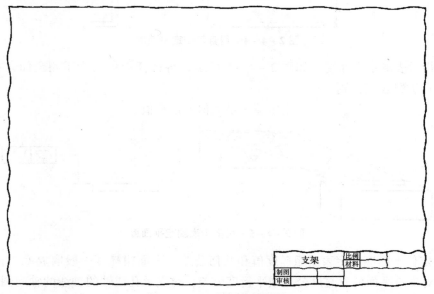

图2-4-6　图框和标题栏

（2）根据前面对支架类零件的结构分析和工艺分析，绘制支架零件的视图表达草图。在图纸上选定各视图的位置，画出主、左视图的对称中心线和作图基准线。布置视图时，要注意在各视图间留有标注尺寸的位置，如图 2 - 4 - 7 所示。

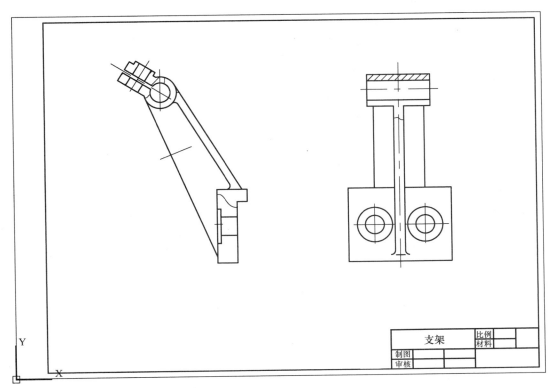

图 2 - 4 - 7　绘出作图中心线和基准线

根据工作位置和形状特征原则选择主视图。主视图和左视图均采用局部剖视图反映工作部分和支承部分的内部结构，同时，主视图用旋转剖表达凸台内部的孔，并用局部视图表达凸台外形，移出断面图表达十字形连接板的断面结构，如图 2 - 4 - 8 所示。

（3）标注尺寸及技术要求。

选定尺寸基准，画出全部尺寸界线、尺寸线和箭头。主要结构各个方向的相互位置尺寸直接注出，单个结构的定形尺寸在其特征视图上集中注出，如图 2 - 4 - 9 所示。可用游标卡尺或内、外卡钳测量各部分尺寸，但要从主要尺寸基准开始测量并圆整。

标注技术要求。凡是与其他表面相配合的部位，均需标注表面粗糙度。未注铸造圆角为 $R2$，铸件不允许有砂眼、缩孔、裂纹等铸造缺陷。

检查并校核草图，最后画出零件工作图，如图 2 - 4 - 9 所示。

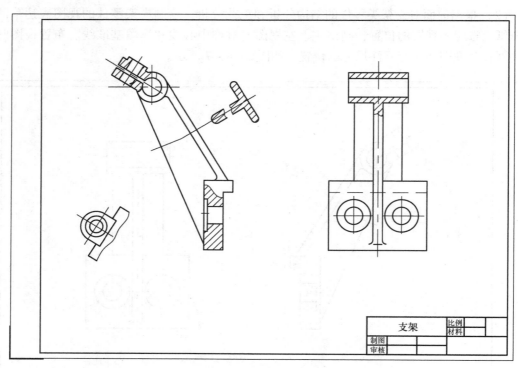

图 2 - 4 - 8　支架的视图表达

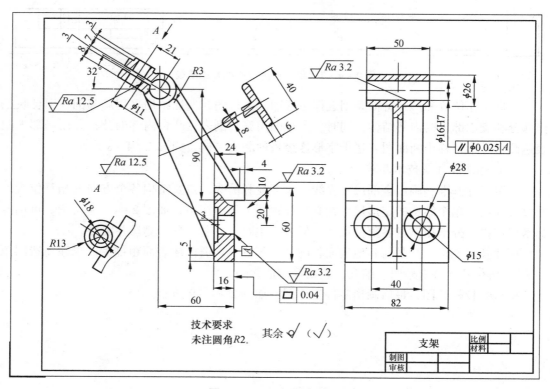

技术要求
未注圆角R2。　　其余 ✓（✓）

图 2 - 4 - 9　支架零件图

任务评价

请将任务评价结果填入表 2 - 4 - 1 中。

表 2 - 4 - 1　自评/互评表（十三）

任务小组			任务组长		
小组成员			班级		
任务名称			实施时间		
评价类别	评价内容	评价标准	配分	个人自评	小组评价	教师评价
学习准备	资料准备	参与资料收集、整理、自主学习	5			
	计划制订	能初步制订计划	5			
	小组分工	分工合理，协调有序	5			
学习过程	操作技术	见任务评分标准	40			
	问题探究	能实践中发现问题，并用理论知识解释实践中的问题	10			
	文明生产	服从管理，遵守5S标准	5			
学习拓展	知识迁移	能实现前后知识的迁移	5			
	应变能力	能举一反三，提出改进建议或方案	5			
	创新程度	有创新建议提出	5			
学习态度	主动程度	主动性强	5			
	合作意识	能与同伴团结协作	5			
	严谨细致	认真仔细，不出差错	5			
总　　　计			100			
教师总评 （成绩、不足及注意事项）						
综合评定等级						

任务二　AutoCAD 环境下零件图的绘制

任务描述

根据任务一的草图在 AutoCAD 经典环境下绘制支架零件的零件图。

知识链接

一、零件图中的技术标注

零件中的技术要求一般包括表面粗糙度、尺寸公差与配合、几何公差、对零件的材料、热处理和表面修饰的说明以及关于特殊加工表面修饰的说明等内容。国标中对前3项所涉及的所有代号和含义作了详细的规定，标注时应按照有关规定进行标注，其余各项则可在零件图中适当的位置通过"文字"（text 或 mtext）命令进行标注，此处不再叙述。

二、表面粗糙度符号

经过加工后的机器零件，其表面状态比较复杂。若将其截面放大，则可发现零件的表面总是凹凸不平，且由一些微小间距和微小峰谷组成，因此，将这种零件加工表面上具有的微小间距和微小峰谷组成的微观几何形状特征称为表面粗糙度。零件的表面粗糙度是由切削过程中刀具和零件表面的摩擦、切屑分裂时工件表面金属的塑性变形以及加工系统的高频振动或锻压、冲压、铸造等系统本身的粗糙度影响造成。零件表面粗糙度对零件的使用性能和使用寿命影响很大。因此，在保证零件的尺寸、形状和位置精度的同时，不能忽视表面粗糙度的影响，特别是转速高、密封性能要求好的零部件要格外重视。

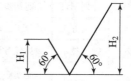

图 2 - 4 - 10　粗糙度符号

零件的每一个表面都应该有粗糙度要求，并且应在图样上用代（符）号标注出来。表面粗糙度的基本符号如图 2 - 4 - 10 所示。

当文字的高度为 h 时，表面粗糙度符号中 H_1、H_2 的具体尺寸可设置为 $H_2 = 2H_1 = 2.8h$。

表 2 - 4 - 2　粗糙度符号及其含义

符号	意义及说明
√	基本符号，表示表面可用任何方法获得。当不加注粗糙度参数值或有关说明（如表面处理、局部热处理状况等）时，仅适用于简化代号标注
√	基本符号加一短划线，表示表面是用去除材料的方法获得，如车、铣、钻、磨、剪切、抛光、腐蚀、电火花加工、气割等
√	基本符号加一小圆，表示表面是用不去除材料的方法获得，如铸、锻、中压成形、热轧、粉末冶金等或者用于保持原供应状况的表面（包括保持上道工序的状况）
√ √ √	在上述三个符号的长边上均可加一横线，用于标注有关参数和说明
√ √ √	在上述三个符号上均可加一小圆，表示所有表面具有相同的表面粗糙度要求

任务实施

支架绘制的操作步骤具体如下。

1. 创建新图形

首先创建新图形，可直接选取 A3 样板文件建立新图形。

2. 绘制主视图

（1）将"中心线"图层设为当前图层，执行"直线"命令，在"中心线"图层中绘制一条长度约为 100 mm 的水平中心线和长度约为 165 mm 的垂直中心线。

（2）将水平中心线向上偏移 55 mm，将垂直中心线分别向左、向右偏移 100 mm。

（3）绘制支架底板。将"粗实线"图层设为当前图层，执行"直线"命令，结果如图 2 - 4 - 11 所示。

（4）绘制孔结构并利用夹点功能将中心线缩短至合适的长度，结果如图 2 - 4 - 12 所示。

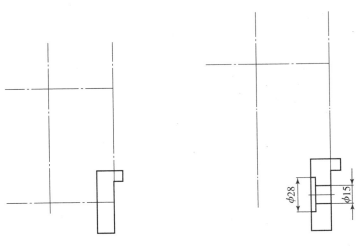

图 2 - 4 - 11　绘制底板　　　　图 2 - 4 - 12　绘制孔

（5）执行"圆"命令，绘制直径为 26 mm 和 16 mm 的同心圆，结果如图 2 - 4 - 13 所示。

（6）将水平中心线分别向上、向下偏移 1.5 mm，垂直中心线向左偏移 21 mm。

（7）绘制耳板，结果如图 2 - 4 - 14 所示。

（8）修剪和删除多余的线，利用夹点功能将中心线缩短至合适的长度。

（9）执行"旋转"命令，将耳板和圆顺时针旋转 32°。

（10）执行"直线"命令，绘制直线与圆相切，结果如图 2 - 4 - 15 所示。

（11）执行"偏移"命令，将直线偏移并倒角，修剪多余线条。

（12）执行"样条曲线"命令，绘制波浪线，并添加中心线，结果如图 2 - 4 - 16 所示。

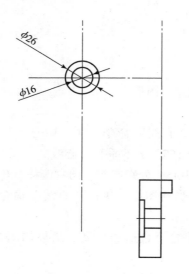

图 2 – 4 – 13 绘制圆

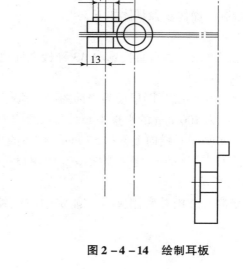

图 2 – 4 – 14 绘制耳板

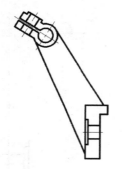

图 2 – 4 – 15 绘制切线

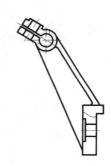

图 2 – 4 – 16 绘制波浪线

3. 绘制左视图

（1）执行"直线"命令，根据视图
的投影关系，绘制出左视图轮廓，结果如
图2 – 4 – 17所示。

（2）执行"圆角"命令，绘制半径
为2 mm倒圆并修剪多余线条。

（3）将"中心线"图层设为当前图
层，执行"直线"命令，绘制圆孔的中
心线，结果如图2 – 4 – 18 所示。

（4）执行"圆"命令，绘制直径为
28 mm 和 15 mm 的同心圆。

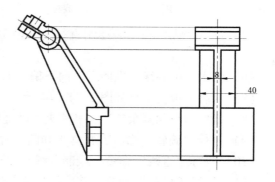

图 2 – 4 – 17 绘制左视图轮廓

（5）将"虚线"图层设为当前图层，执行"直线"命令，绘制虚线，结果如图
2 – 4 – 19所示。

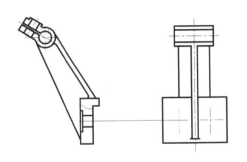

图 2 - 4 - 18 绘制圆孔中心线

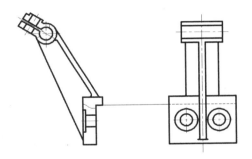

图 2 - 4 - 19 绘制虚线

（6）执行"样条曲线"命令，绘制波浪线，结果如图 2 - 4 - 20 所示。

4. 绘制向视图

（1）执行"直线"命令，根据视图的投影关系，绘制出向视图轮廓，结果如图 2 - 4 - 21 所示。

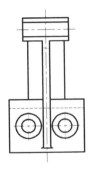

图 2 - 4 - 20 绘制波浪线

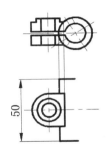

图 2 - 4 - 21 绘制向视图轮廓

（2）执行"样条曲线"命令，绘制波浪线，结果如图 2 - 4 - 22 所示。

（3）执行"旋转"命令，将耳板和圆顺时针旋转32°，结果如图 2 - 4 - 22 所示。

5. 绘制断面图

（1）将"中心线"图层设为当前图层，执行"直线"命令，利用"对象捕捉"中的"捕捉到垂足"命令绘制两条垂直于肋板轮廓的直线，结果如图 2 - 4 - 23 所示。

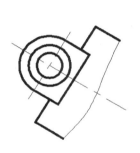

图 2 - 4 - 22 绘制波浪线并旋转

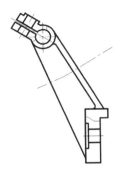

图 2 - 4 - 23 绘制垂线

（2）执行"直线"命令，根据视图的尺寸，绘制出移出断面图轮廓。

（3）执行"圆角"命令，绘制半径为 2 mm 的倒圆，结果如图 2 − 4 − 24 所示。

（4）执行"样条曲线"命令，绘制波浪线，并修剪多余线条，结果如图 2 − 4 − 25 所示。

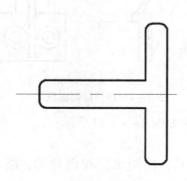

图 2 − 4 − 24　绘制倒圆

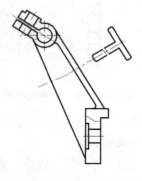

图 2 − 4 − 25　绘制波浪线

（5）执行"修改" → "三维操作" → "对齐"命令，把绘制的断面图放到合适的位置，结果如图 2 − 4 − 26 所示。

6. 填充剖面线

将"剖面线"图层设为当前图层。执行"图案填充"命令进行填充，如图 2 − 4 − 26 所示。

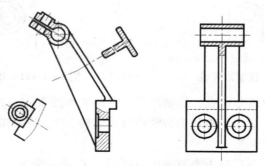

图 2 − 4 − 26　合理放置断面图

7. 标注尺寸和技术要求

尺寸和技术要求标注如图 2 − 4 − 9 所示。

在标注表面粗糙度时，可通过将其定义为外部块的方式实现快速标注。将表面粗糙度定义为外部块的步骤如下。

①绘制粗糙度符号。按照图 2 − 4 − 27 所示画出粗糙度符号。

②定义属性。执行"绘图" → "块" → "定义属性"命令，如图 2 − 4 − 28 所示。在弹出的"属性定义"对话框中输入"标记"为"ra"如图 2 − 4 − 29 所示，然后，在屏幕上指定 RA 的位置，如图 2 − 4 − 30 所示。

图 2 − 4 − 27　绘制
粗糙符号

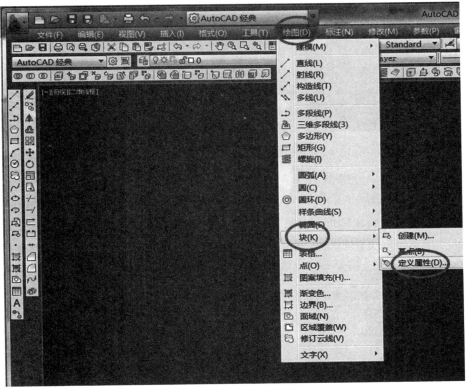

图 2 – 4 – 28 执行"定义属性"命令

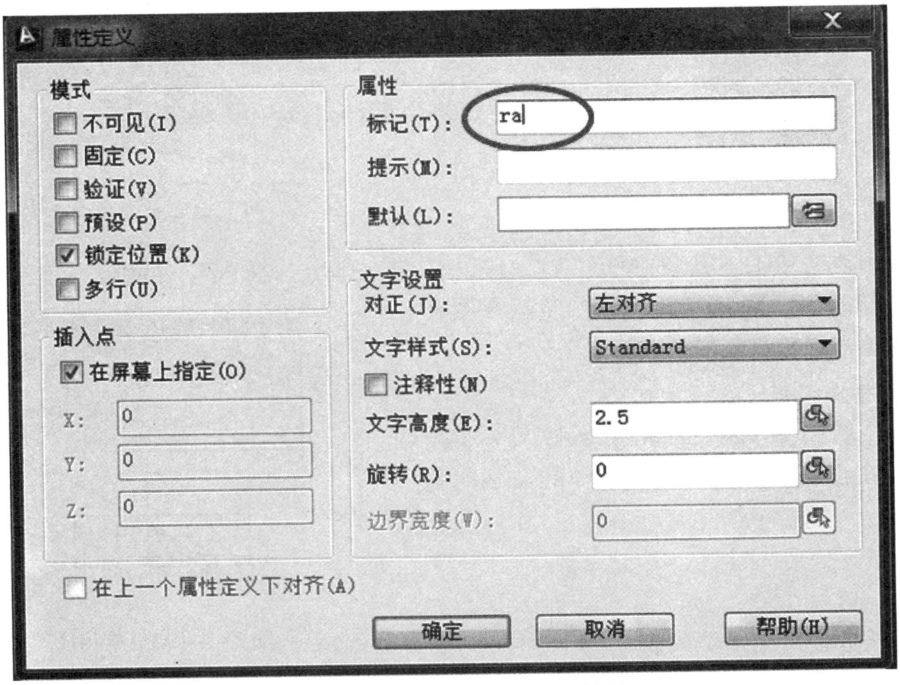

图 2 – 4 – 29 "定义属性"对话框

图 2 - 4 - 30　指定 RA 位置

③创建块。在命令行中输入 W，弹出"字块"对话框，如图 2 - 4 - 31 所示。单击"拾取点"前面的按钮后，单击图 2 - 4 - 31 中的粗糙度最下方的点。然后单击"选择对象"前面的按钮后，将粗糙度图全选中。最后，单击"文件名和路径"后面的 ▭▭ 按钮，在弹出的"浏览图形文件"对话框中输入"文件名"为"粗糙度"，并把文件保存到所需的位置，如图 2 - 4 - 32 所示。

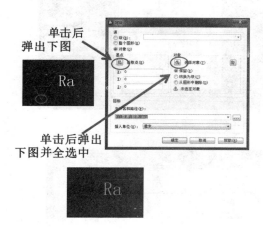

图 2 - 4 - 31　"写块"对话框

图 2 - 4 - 32　保存块

④应用块。单击工具条中的"插入块"按钮，弹出"插入"对话框，单击"浏览"按钮，选择前面。所保存的块，参照示意图在相应位置单击并输入粗糙度值。

8. 填写标题栏

单击"绘图"工具栏中的"多行文字"按钮 **A**，在合适的位置将标题栏中的文字内容填写完整。

任务评价

请将任务评价结果填入表 2 - 4 - 3 中。

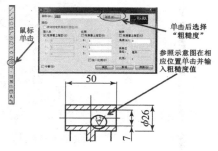

图 2 - 4 - 33　应用块

表 2 – 4 – 3　自评/互评表（十四）

任务小组				任务组长		
小组成员				班级		
任务名称				实施时间		
评价类别	评价内容	评价标准		配分	个人自评	小组评价	教师评价
学习准备	资料准备	参与资料收集、整理、自主学习		5			
	计划制订	能初步制订计划		5			
	小组分工	分工合理，协调有序		5			
学习过程	操作技术	见任务评分标准		40			
	问题探究	能实践中发现问题，并用理论知识解释实践中的问题		10			
	文明生产	服从管理，遵守 5S 标准		5			
学习拓展	知识迁移	能实现前后知识的迁移		5			
	应变能力	能举一反三，提出改进建议或方案		5			
	创新程度	有创新建议提出		5			
学习态度	主动程度	主动性强		5			
	合作意识	能与同伴团结协作		5			
	严谨细致	认真仔细，不出差错		5			
总　　　计				100			
教师总评 （成绩、不足及注意事项）							
综合评定等级							

课题五　箱体零件的测绘

任务一　箱体零件的测量与草绘

任务描述

箱体类零件一般是机器的主体，主要起容纳、承托、定位、密封及保护其他零件的作用。箱体零件的结构形状复杂，一般存在形状各异的空腔，且常带有带安装孔的底板、顶板及其他连接板，上面有凹坑或凸台结构；支撑孔处常有加厚凸台或加强肋板。零件毛坯大多是铸件，且具有铸造圆角、起模斜度等铸造工艺结构，且具有较多的表面过渡线。

（1）测绘箱体类零件草图的一般步骤是什么？

（2）箱体类零件上有哪些常见工艺结构？

（3）平行度误差的常用测量方法有哪些？如何测量？

（4）垂直度误差的评定方法有哪些？如何测量？

知识链接

一、箱体类零件的作用与结构

箱体类零件一般是机械设备或部件的主体部分，主要功能是容纳、支承组成机器或部件的各种传动件、操纵杆、控制件等有关零件，并使各零件之间保持正确的相对位置和运动轨迹，是设置油路通道、容纳油液的容器，是保护机器零件的壳体，同时还有定位、密封等作用，因此是机器或部件的基础件，如各种机床床头箱的箱体、减速器箱体、箱盖、油泵泵体、机床的主轴箱、动力箱、机座、车（铣）床尾部的尾架体等。

箱体类零件通常都有一个由薄壁所围成的较大的空腔和与其相连接以供安装用的底板，在箱壁上有多个向内或向外延伸的供安装轴承用的圆筒或半圆筒，且在其上、下常有肋板加固。另外，箱体类零件还有许多细小结构，如轴承孔、凸台、凹坑、起模斜度、铸造圆角、肋板、螺孔、销孔、沟槽等结构。根据需要，有时在箱壁上设有油标安装孔、放油螺塞孔等，有的还要设置能安装操纵机构、润滑系统的凸台、孔等有关结构，因此结构形状复杂，在各种零件中是最为复杂的一类。箱体类零件一般多为铸件（少数采用锻件或焊接件）。

二、箱体类零件的视图选择

箱体类零件多数经过较多工序制造而成（如车、铣、刨、钻、镗、磨等工序），各工序的加工位置不尽相同，因而主视图主要按形状特征和工作位置确定。

（1）箱体类零件一般都较为复杂，常需要3个以上的视图。对于内部结构形状，常采用各种剖视图表示。

（2）箱体类零件一般按照工作位置放置，并以最能反映各部分形状和相对位置的一面作为主视图。其他视图的选择应围绕主视图进行。

（3）采用单独的局部视图、局部剖视图、斜视图、断面图、局部放大图等进行补充表达。

（4）箱体类零件投影关系复杂，常会出现截交线和相贯线。同时，由于其为铸件毛坯，也经常会遇到过渡线。

三、箱体类零件的尺寸标注

箱体类零件的体积较大，结构较复杂，且非加工面较多，所以常采用金属直尺、钢卷尺、内（外）卡钳、游标卡尺、游标深度卡尺、游标高度卡尺、内（外）径千分尺、游标万能角度尺、圆角规等量具，并借助检验平板、方箱、直角尺、千斤顶、检验心轴等辅助量具进行测量。

箱体类零件结构复杂，尺寸较多，要充分运用形体分析法进行尺寸标注。在标注尺寸时，除了要贯彻尺寸标注的原则和要求外，还应注意以下尺寸的标注。

（1）尺寸基准。箱体类零件的长度、宽度、高度方向的主要基准一般为孔的中心线、轴线、对称平面和较大的加工平面。

（2）轴孔的定位尺寸。箱体类零件的定位尺寸较多，各孔中心线间的距离一定要直接标注出来。定形尺寸仍用形体分析法标注，且应尽量注在特征视图上。

（3）重要轴孔对基准的定位尺寸。

（4）与其他零件有装配关系的尺寸。

箱体类零件的表达及尺寸标注实例如图 2 – 5 – 1 所示。

四、箱体类零件的材料和技术要求

1. 箱体类零件的材料

箱体类零件的毛坯一般采用铸件，常用材料为 HT200。只有单件生产或制造某些重型机床时，为了降低成本和缩短毛坯制造周期，可采用锻件和钢板焊接结构。铸铁箱体毛坯在单件小批生产时，一般采用木模手工造型；大批量生产时，通常采用金属模机械造型。为了节省机械加工时间、节约材料，$\phi130 \sim \phi50$ 的孔一般应铸出。

铸件常采用时效热处理，锻件和焊接件常采用退火或正火热处理。

2. 箱体类零件技术要求

重要的箱体孔和表面，其表面粗糙度参数值较小，目的是保证安装在孔内的轴承和轴的回转精度。另外，重要的箱体孔和表面应标记尺寸公差和几何公差的要求。

（1）公差配合和表面粗糙度。轴承和轴承孔的配合，对一般轴承孔取 JS7、K7（基轴制配合的孔，其粗糙度一般取 $Ra1.6\ \mu m$、$Ra0.8\ \mu m$。对机床主轴孔要求精度更高，其配合应取更高一级的 JS6、K6，粗糙度 Ra 的上限值为 $0.8\ \mu m$、$0.4\ \mu m$。

（2）几何公差。对安装同一轴的两孔，应提出同轴度要求；主轴孔对安装基面及两相关孔，都应提出平行度要求；重要的箱体孔、重要的中心距和重要的表面，应标注尺寸公差和几何公差要求。

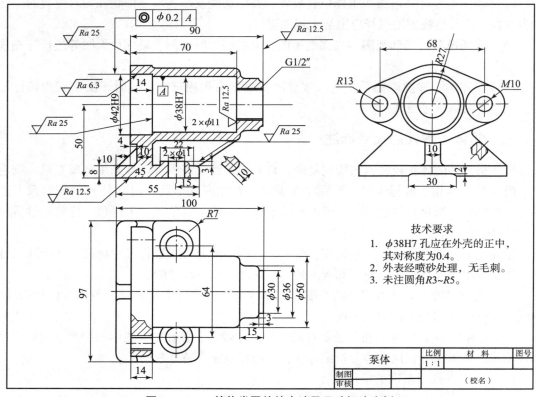

图 2 – 5 – 1　箱体类零件的表达及尺寸标注实例

（3）确定其他技术要求。根据需要提出一定条件的技术要求，常见的有如下几点：铸件不得有裂纹、缩孔等缺陷；未注铸造圆角、起模斜度值等；热处理要求，如人工时效、退火等；表面处理要求，如清理及涂漆等；检验方法及要求，如无损检验方法、接触表面涂色检验、接触面积要求等。

3. 箱体类零件测绘的注意事项

（1）润滑油孔、油标位置、油槽通路、放油口等要表达清楚。

（2）由于要考虑有润滑油的箱体类零件的漏油问题，所以测绘时要特别注意螺孔是否为通孔。

（3）由于铸件受内部应力或外力的影响，经常会产生变形，所以测绘时应尽可能对与此铸件有关的零件尺寸也进行测量，以便运用装配尺寸链及传动链尺寸校对箱体尺寸。

五、平行度误差

给定方向的平行度误差是指包容实际要素并平行于基准要素，且距离为最小的两平行平面之间的距离 f。任意方向的平行度误差是指包容实际轴线并平行于基准轴线，且直径为最小的圆柱面的直径 ϕf。

1. 测量面对面的平行度误差

公差要求是测量面相对于基准平面的平行度误差。基准平面用平板体现，如图 2 – 5 – 2 所示。

测量时，双手推拉表架在平板上缓慢地做前后滑动，使指示表在被测平面内滑过，找到指示表读数的最大值和最小值。

则被测平面对基准平面的平行度误差可按公式计算为

$$f = |M_a - M_b|$$

2. 测量线对面的平行度误差

公差要求是测量孔的轴线相对于基准平面的平行度误差。需要用心轴模拟被测要素，将心轴装于孔内，形成稳定接触，基准平面用精密平板体现，如图 2-5-3 所示。

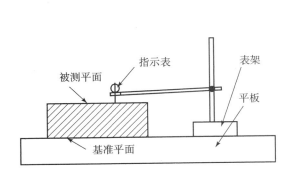

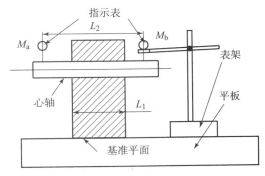

图 2-5-2　面对面平行度误差测量示意图　　　图 2-5-3　线对面平行度误差测量示意图

测量时，双手推拉表架在平板上缓慢地做前后滑动，当指示表从心轴上素线滑过，找到指示表指针转动的往复点（极限点）后，停止滑动，进行读数。

在被测心轴上确定两个测点 a、b，设两个测点距离为 12 mm，指示表在两个测点的读数分别为 M_a、M_b，若被测要素长度为 11 mm，那么，被测孔对基准平面的平行度误差可按比例折算得到。计算公式为

$$f = \frac{L_1}{L_2} |M_a - M_b|$$

3. 测量线对线的平行度误差

公差要求是测量孔的轴线相对于基准孔的轴线的平行度误差。需要用心轴模拟被测要素和基准要素，将两根心轴装于基准孔和被测孔内，形成稳定接触，如图 2-5-4 所示。

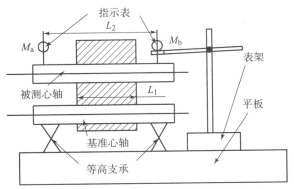

图 2-5-4　线对线平行度误差测量示意图

测量前，要先找正基准要素，使基准心轴上素线与平板工作面平行。可用一对等高支承基准心轴，也可用一个固定支承和一个可调支承基准心轴，双手推拉表架在平板上缓慢地做前后滑动，调整可调支承，当指示表在基准心轴上素线左右两端的读数相同时，就认为找正好了。

线对线平行度误差测量方法与计算公式与线对面平行度误差的测量方法与计算公式相同。

六、垂直度误差

垂直度误差是限制实际要素对基准在垂直方向上变动量的一项指标。其可用平板和带指示表的表架、自准直仪和三坐标测量机等测量。测量方法主要有打表法、间隙法和水平仪光学仪器法。

1. 测量面对面的垂直度误差

（1）将被测零件放置在平板上，用直角尺测量被测表面。如图 2-5-5 所示。

（2）间隙小时看光隙估读误差值，间隙大时可用塞规片测量误差值。

2. 测量线对线的垂直度误差

（1）基准轴线和被测轴线由心轴模拟，测量时，将零件放置在等高 V 形支承上，如图 2-5-6 所示。

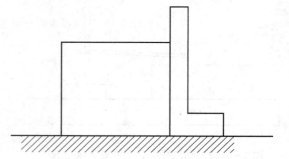

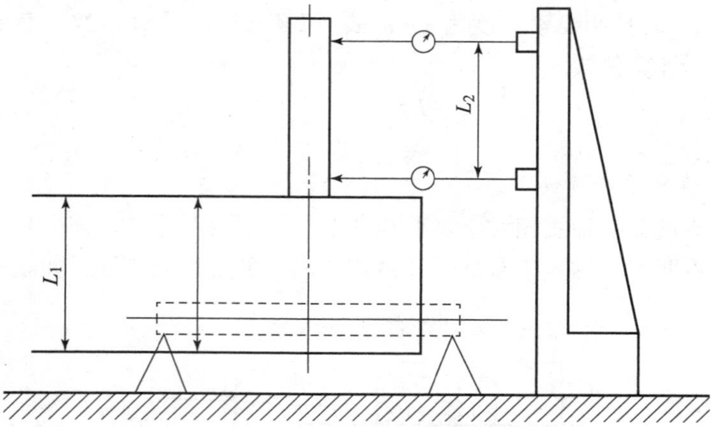

图 2-5-5　面对面垂直度测量示意图

图 2-5-6　线对线垂直度误差测量示意图

（2）在测量距离为 L_2 的两个位置上测得读数值分别为 M_1 和 M_2。

（3）计算垂直度误差，其计算公式为

$$f = \frac{L_1}{L_2} \mid M_1 - M_2 \mid$$

3. 测量面与线的垂直度误差

（1）在平台上，用磁铁支撑测量物，如图 2-5-7 所示。

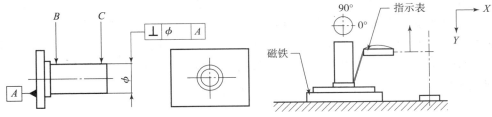

图2-5-7 面与线的垂直度误差测量示意图

（2）将指示表接触于测量物上，在 B 点调零，一直确认到 C 点。

（3）将指示表接触于测量物上，将其在指示范围内所有地方上下移动。并在 0° 与 90° 两处进行测定。

（4）将各读数的最大差值按以下公式计算，所得值即为垂直度误差（在 0° 的读数最大差值为 X；在 90° 的读数最大差值为 Y）：

$$垂直度误差 = \sqrt{x^2 + y^2}$$

4. 测量线与面的垂直度误差

（1）在 2 个基准孔内插入适合的塞规，并在平台上用磁铁将塞规与平台成直角支撑。

（2）用指示表（或高度规）测定测量面的所有地方，则读数的最大差值即为垂直度误差。

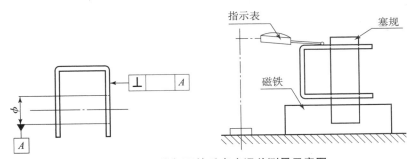

图2-5-8 线与面的垂直度误差测量示意图

任务实施

箱体类零件测绘的操作步骤具体如下。

1. 了解并分析箱体的功能和结构

图2-5-9所示零件为一送料机构的减速箱箱体，动力由箱体外部的单槽 V 带轮输入，在箱体内，经蜗杆蜗轮传动、直角圆锥齿轮传动，输出到箱体外部的直齿圆柱齿轮，输出转速为 50～70 r/min。

箱体中空部分容纳蜗杆轴、蜗轮、锥齿轮及传动轴、锥齿轮轴，底部存放润滑油。箱体的重要部位是支承传动轴的轴承孔系，上面的 2

图2-5-9 减速箱体三维图

个同轴孔用于支承蜗杆轴，下面的2个同轴孔用于支承安装蜗轮、锥齿轮的传动轴，另一单孔用于支承锥齿轮轴。锥齿轮轴孔内装有轴承套，其他支承孔均直接与圆锥滚子轴承外圈配合。在所有的支承孔壁处均铸有凸缘，用于安装轴承和加工螺孔。箱体底部有底板，底板四角有凸台和安装孔；箱体顶部四角有凸台和螺孔，用于安装箱盖；箱体侧面下部有两个螺孔，上面的游标螺孔用于安装油标，下面的放油螺塞螺孔用于安装放油螺塞。

2. 确定草图视图方案

根据上述对箱体进行的结构分析和工艺分析确定视图表达方案。由于箱体的外形简单，内部结构比较复杂，因此采用三个基本视图表达箱体的主体结构，并采用多个其他视图对局部结构进行补充表达，如图2－5－10所示。主视图采用剖视图，通过阶梯剖，展示了输入轴（蜗杆）轴孔φ35、输出轴（圆锥齿轮轴）轴孔φ40，以及与蜗杆啮合的蜗轮轴孔（图形中部的孔）三者的相对位置及与其他结构的关系。箱体从侧面看，其内部结构较为复杂，外形仅有2个相连凸台需要表达。左视图采用局部剖视图，用以表达蜗轮、锥齿轮传动轴支承孔的位置和形状。俯视图用以表达箱框、底板的形状及其相对位置。对于被剖去的箱体左面箱壁上的相连凸台，采用了C向局部视图作为补充表达。

3. 绘制箱体零件草图

（1）徒手绘制图框和标题栏。如图2－5－10所示。

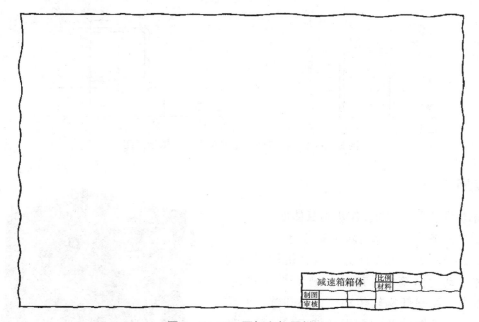

图2－5－10　图框和标题栏

（2）根据步骤1对箱体的结构分析和工艺分析，绘制箱体视图表达草图，如图2－5－11所示。

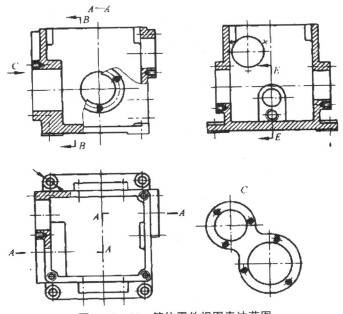

图 2 - 5 - 11　箱体零件视图表达草图

（3）测量尺寸。根据草图中的尺寸标注要求，分别测量箱体零件的各部分尺寸并在草图上进行标注。箱体类零件结构复杂，确定各部分结构的定位尺寸很重要，因此一定要选择好各个方向的尺寸基准。一般是以安装表面、主要支承孔轴线和主要端面作为长度和高度方向的尺寸基准，当各结构的定位尺寸确定后，其定形尺寸才能确定。具有对称结构的部分以对称面作为尺寸基准。

①确定基准。本例中箱体的底面是安装基准面，又是加工的工艺基准面，因此以底面作为箱体高度方向上的设计基准。长度方向上以蜗轮轴线为基准，宽度方向上以前后对称面作为基准。

②轴孔的定位尺寸。传动轴支承孔的位置尺寸直接影响传动件啮合的正确性，因此这些定位尺寸极为重要。

③其他重要尺寸。箱体上与其他零件有配合关系或装配关系的尺寸应一致。

测量箱体零件尺寸的步骤如下。

a. 线性尺寸的测量如图 2 - 5 - 12 所示。

b. 回转体内外直径尺寸的测量。直径尺寸包括内径和外径尺寸，可直接用游标卡尺测量，也可用金属直尺配合内卡钳或用专用卡钳测量。如图 2 - 5 - 13 所示。

c. 曲面测量。对于轮廓形状比较复杂的端面，可采用以下 3 种测量方法，即拓印法、铅丝法和坐标法。拓印法如图 2 - 3 - 14（a）所示，首先在白纸上拓印出要测部分的轮廓，然后用几何作图法求出各连接圆弧的尺寸和圆心位置。对于回转面零件的母线曲率半径的测量，可采用铅丝法。首先将铅丝贴合其曲面弯成母线实形，然后将这一实行描绘在纸上，得到母线真实曲线形状后，判定出该曲线的圆弧连接情况，定出切点，最后用中垂线法求出各段圆弧的中心及其半径，如图 2 - 5 - 14（b）所示。另外，一般的曲线和曲面都可用直尺和三角板定出曲面上各点的坐标，在纸上画出曲线，求出曲率半径，如 2 - 5 - 14（c）图所示。

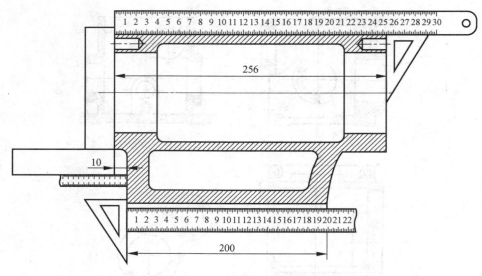

图 2 – 5 – 12　线性尺寸测量示意图

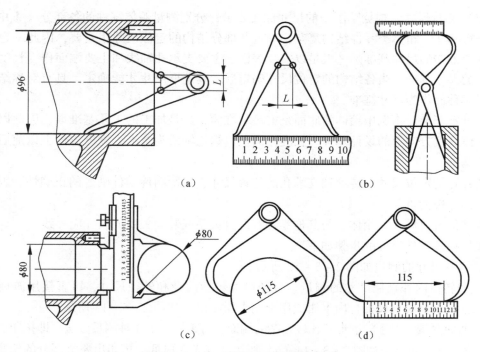

图 2 – 5 – 13　直径尺寸测量示意图

（a）内卡钳与金属直尺配合测内径；（b）内外卡钳与金属直尺配合测内径；

（c）游标卡尺测内外径；（d）外卡钳与金属直尺配合测外径

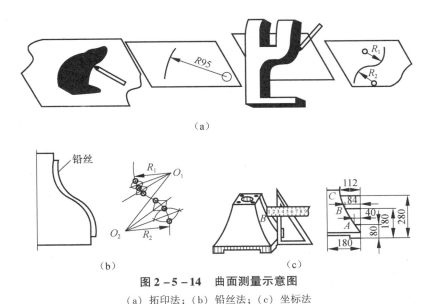

（a）

图 2-5-14　曲面测量示意图

（a）拓印法；（b）铅丝法；（c）坐标法

d. 测量轴孔中心高。轴孔中心高可用带杠杆指示表的数显高度卡尺直接测量，也可用高度尺配合游标卡尺测量。如图 2-5-15 所示。

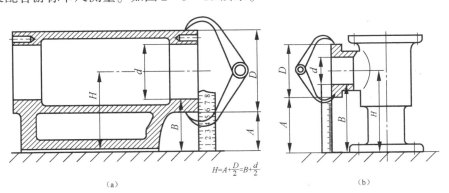

$$H=A+\frac{D}{2}=B+\frac{d}{2}$$

（a）　　　　　　　　　　　　　　　　　（b）

图 2-5-15　轴孔中心高测量示意图

（a）箱体零件一测量；（b）箱体零件二测量

e. 测量孔间距。孔间距可用游标卡尺直接测量，然后按图 2-5-16（a）所示公式计算，也可用内外卡钳测量孔的相关尺寸后，按图 2-5-16（b）、图 2-5-16（c）所示公式计算。

测量尺寸时的注意事项：

i. 零件上已标准化的结构，如倒角、键槽、销孔、沉孔、退刀槽和螺纹等，用适当量具测量后，应查阅相关手册取标准尺寸。这类尺寸可直接注在图上，也可用尺寸注解的形式标注。

ii. 与标准件（如滚动轴承、螺栓等）相配合的轴孔、螺孔、沉孔等尺寸，测量后必须用与其配合的标准件进行校核。

（4）标注尺寸。

①画出尺寸界线和尺寸线。

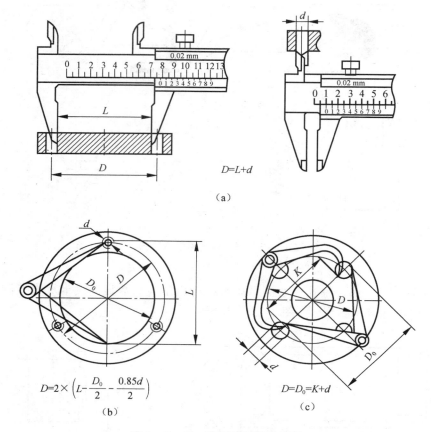

图 2 - 5 - 16　孔间距测量示意图

（a）$D = L + d$；（b）$D = 2 \times \left(L - \dfrac{D_0}{2} - \dfrac{0.85d}{2} \right)$；（c）$D = D_0 = K + d$

②将测得的尺寸与被测项目相对应，按尺寸标注有关规定进行标注，力求做到正确、完整。

③主要尺寸从基准出发直接注出，先标注各形体之间的定位尺寸，然后标注出各形体的定形尺寸。

④标注时应注意所标注的尺寸要便于测量；标注尺寸要便于看图，底座下面的凹槽尺寸、螺孔的定位和定形尺寸均集中标注在左视图上，螺孔和底座上的阶梯孔可以用引线进行标注；小于等于半个圆的圆弧尺寸必须标注在反映实形的视图上，如箱体底座四个角的圆弧尺寸标注在俯视图上，底座下凹槽深度尺寸标注在主视图上。

箱体完整的尺寸标注如图 2 - 5 - 17 所示。

（5）确定技术要求。箱体类零件的功能是支承、包容和安装其他零件，为保证机器或部件的性能和精度，对箱体类零件要标注一系列的技术要求。这些技术要求主要包括各支承孔和安装平面的尺寸公差、几何公差、表面粗糙度要求以及热处理、表面处理和有关装配、试验等方面要求。

①尺寸公差的选择。箱体类零件上有配合要求的主轴承孔要标注较高等级的尺寸公差，并按照配合要求选择基本偏差，其公差等级一般为 IT6,、IT7。箱体类零件图样中，需要标注公差的尺寸主要有支承传动轴的孔径公差，有啮合传动关系的支承孔间的中心距公差等。

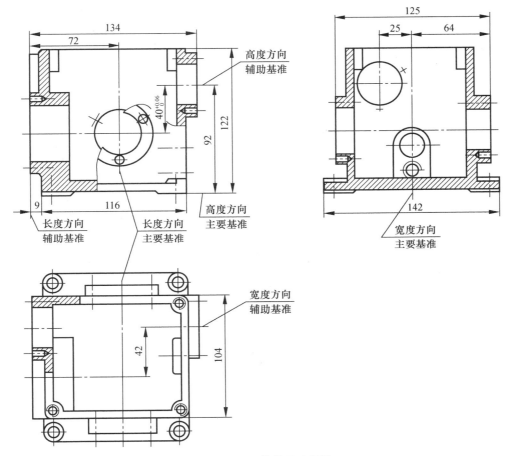

图 2 - 5 - 17　箱体尺寸标注

②几何公差的选择。箱体零件结构形状比较复杂，因此要标注几何公差来控制零件的几何误差。在测绘中可先测出箱体零件上的形状和位置的误差值，再参照同类型零件的几何公差来确定。本箱体中，对上面用于支承蜗杆轴的两同轴孔，应给定平行度公差，对下面用于支承安装蜗轮、锥齿轮的传动轴的两同轴孔，以及另一用于支承锥齿轮轴的单孔，应给定垂直度公差。几何公差值及其标注如图 2 - 5 - 17 所示。

③箱体各表面的粗糙度。箱体表面粗糙度可根据实际要求确定，图 2 - 5 - 18 可供参考。

④箱体的材料及对其毛坯的技术要求。箱体采用灰铸铁铸造工艺，铸铁牌号选为 HT200。铸件采用人工时效热处理。

减速箱箱体零件图的最终结果如图 2 - 5 - 18 所示。

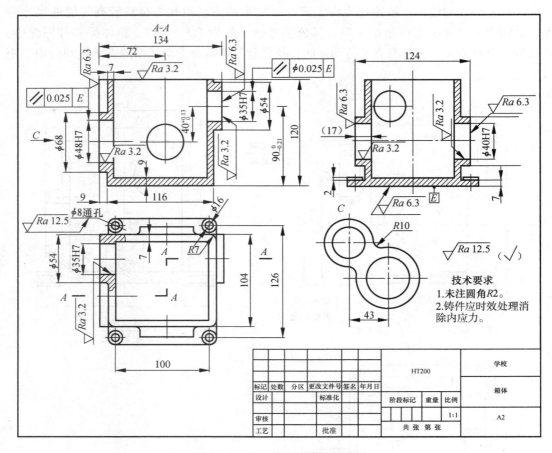

图 2-5-18　减速箱箱体零件图

任务评价

请将任务评价结果填入表 2-5-1 中。

表 2-5-1　自评/互评表（十五）

任务小组				任务组长		
小组成员				班级		
任务名称				实施时间		
评价类别	评价内容	评价标准	配分	个人自评	小组评价	教师评价
学习准备	资料准备	参与资料收集、整理、自主学习	5			
	计划制订	能初步制订计划	5			
	小组分工	分工合理，协调有序	5			

评价类别	评价内容	评价标准	配分	个人自评	小组评价	教师评价
学习过程	操作技术	见任务评分标准	40			
	问题探究	能实践中发现问题，并用理论知识解释实践中的问题	10			
	文明生产	服从管理，遵守5S标准	5			
学习拓展	知识迁移	能实现前后知识的迁移	5			
	应变能力	能举一反三，提出改进建议或方案	5			
	创新程度	有创新建议提出	5			
学习态度	主动程度	主动性强	5			
	合作意识	能与同伴团结协作	5			
	严谨细致	认真仔细，不出差错	5			
总　　计			100			
教师总评（成绩、不足及注意事项）						
综合评定等级						

任务二　AutoCAD 环境下零件图的绘制

任务描述

根据任务一绘制的箱体零件草图，在 AutoCAD 的工作环境下绘制零件图。

知识链接

几何公差　在实际加工中，对机械零件的某些表面的形状和有关部位的相对位置（如圆、直线、对称等），不可能生成一个绝对准确的形状及相对位置。因此，加工的零件的实际形状和实际位置对理想形状和理想位置的允许变动量，就是零部件的形状和位置公差。形位公差是形状和位置公差的简称。

对一般零件来说，它的形状和位置公差，可由尺寸公差、加工机床的精度等加以保证。而对精度较高的零件，则根据设计要求，需在零件图上注出有关的形状和位置公差见表 2−5−2。

表 2 - 5 - 2　几何公差分类及特征符号

公差		特征项目	符号	有或无基准要求	公差		特征项目	符号	有或无基准要求
形状	形状	直线度	一	无	定位	定向	平行度	//	有
		平面度	▱	无			垂直度	⊥	有
		圆度	○	无			倾斜度	∠	有
		圆柱度	⌭	无		定位	位置度	⊕	有或无
形状或位置	轮廓	线轮廓度	⌒	有或无			同轴（同心）度	◎	有
		面轮廓度	⌓	有或无	位置	跳动	对称度	=	有
							圆跳动	↗	有
							全跳动	↗↗	有

操作方式：

菜单命令："标注" → "公差"

工具栏："标注" →

命令行：tolerance（tol）

执行"标注" → "公差"菜单命令，弹出"形位公差"对话框，如图 2 - 5 - 19 所示。

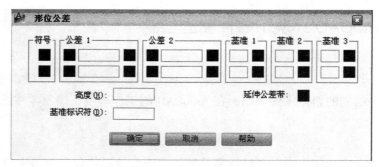

图 2 - 5 - 19　"形位公差"对话框

选项提示：

（1）符号：单击"形位公差"对话框"符号"栏中对应的黑色方框，弹出"特征符号"选项板，可在这里选择相应的形位公差符号，如图 2 - 5 - 20 所示。

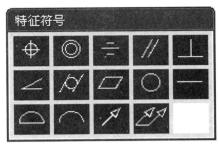

图 2 - 5 - 20　"特征符号"选项板

（2）公差 1/公差 2：该选项用于设置公差样式，每个选项下面对应有三个方框。第一个黑色方框用于设定是否选用直径符号"φ"，中间空白方框用于输入公差值，第三个方框用于选择"附加符号"，单击第三个方框，弹出"附加符号"选项板，如图 2 - 5 - 21 所示。

图 2 - 5 - 21　"附加符号"选项板

（3）基准 1/基准 2：在该选项中的空白方框中可输入几何公差的基准要素代号，黑色方框则用于添加"附加符号"。

（4）高度：该选项用于在创建特征控制框中的投影公差零值。

（5）延伸公差带：该选项用于在延伸公差带值的后面插入延伸公差带符号。

（6）基准标识符：该选项用于创建由参照字母组成的基准标识符。

依照上述方法创建的形位公差无引线，只是带有形位公差的特征控制框。然而，在多数情况下，创建的形位公差都需要带有引线，因此，设计人员在标注形位公差时经常采用"引线设置"对话框中的"公差"命令。

任务实施

箱体类零件绘制的操作步骤具体如下。

1. 创建新图形

执行"文件"→"新建"菜单命令，弹出"选择样板"对话框，如图 2 - 5 - 22（a）所示，选择 A2 模板并导出，如图 2 - 5 - 22（b）所示。

2. 绘制中心线和主视图

（1）将"中心线"图层设为当前图层。在菜单栏中执行"格式"→"线型"命令，设置线型为"点画线"，然后执行"直线"命令，绘制如图 2 - 5 - 23 所示的箱体中心线。

（a）

（b）

图 2 – 5 – 22　创建新图形

（a）"选择样板"对话框；（b）导出 A2 模板

（2）将"粗实线"图层设为当前图层。绘制出如图 2 – 5 – 24 所示的主视图外轮廓线。修剪后得到的主视图轮廓如图 2 – 5 – 25 所示。

（3）先执行"偏移"命令，再通过"修剪"命令及改变图层操作，绘制箱体主视图内腔线条。之后，执行"圆"命令，绘制圆，结果如图 2 – 5 – 25 所示。

3. 绘制左视图

（1）执行"直线"和"偏移"命令，根据视图的投影关系，绘制出左视图的轮廓线，结果如图 2 – 5 – 26 所示。

（2）执行"剪切"命令，结果如图 2 – 5 – 27 所示。

（3）绘制左视图箱体内腔的结构和两个直径为 40 mm 的孔结构，结果如图 2 – 5 – 28 所示。

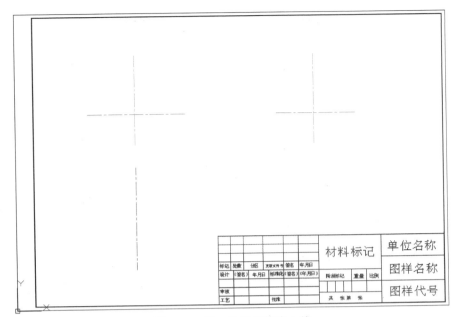

图 2 – 5 – 23　绘制箱体中心线

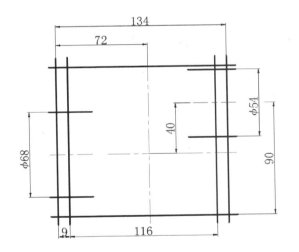

图 2 – 5 – 24　绘制主视图轮廓线

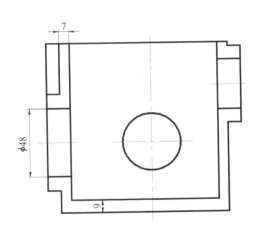

图 2 – 5 – 25　修剪后的轮廓

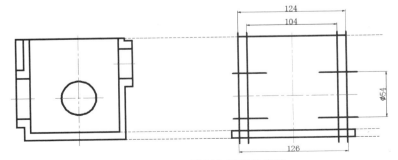

图 2 – 5 – 26　绘制左视图轮廓线

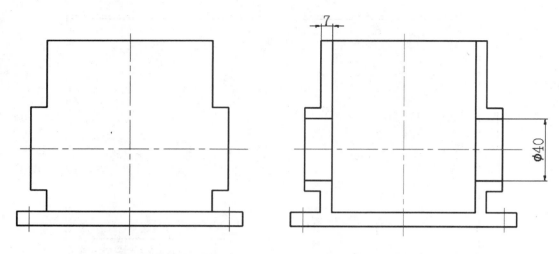

图 2 – 5 – 27　修剪左视图轮廓线　　　　图 2 – 5 – 28　绘制左视图内腔及孔结构

（4）根据视图的投影关系，绘制左上方直径为 35 mm 的圆孔结构和台阶，结果如图 2 – 5 – 29所示。

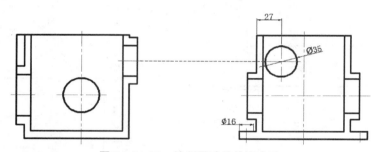

图 2 – 5 – 29　绘制圆孔结构和台阶

4. 绘制俯视图

（1）执行"直线"和"偏移"命令，根据视图的投影关系，绘制出俯视图的轮廓线，结果如图 2 – 5 – 30 所示。

（2）执行"修剪"命令，修剪多条线条结果如图 2 – 5 – 31 所示。

（3）执行"圆角"命令，绘制倒圆结果如图 2 – 5 – 31 所示。

（4）根据视图的投影关系，绘制箱体内腔的结构直径为 35 mm 的台阶孔结构，结果如图 2 – 5 – 31 所示。

（5）执行"样条曲线"命令，绘制波浪线，结果如图 2 – 5 – 32 所示。

5. 绘制向视图

根据投影关系，首先，执行"直线"命令绘制中心线，然后执行"圆"命令绘制向视图的投影圆，结果如图 2 – 5 – 33 所示。

6. 补全俯视图线条

根据视图的投影关系，执行"直线"命令，绘制俯视图中直径为 48 mm 的圆孔中心线。

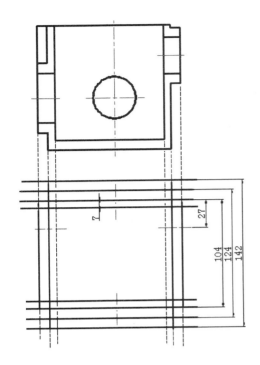

图 2 – 5 – 30 绘制俯视图轮廓线

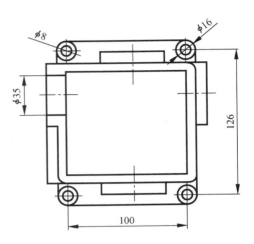

图 2 – 5 – 31 绘制圆角及孔结构

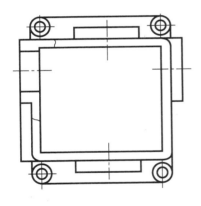

图 2 – 5 – 32 绘制断波浪线

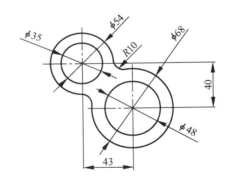

图 2 – 5 – 33 绘制向视图

7. 标注剖切位置和填充剖面线

（1）执行"多线条"命令，在俯视图中绘制剖切符号，在主视图中绘制表示向视图看图方向的箭头符号，然后在主视图上标注"A – A"，向视图上标注"C"，结果如图 2 – 5 – 34 所示。

（2）将"剖面线"图层设为当前图层，填充剖面线，结果如图 2 – 5 – 34 所示。

8. 标注尺寸及技术要求

标注箱体的尺寸及技术要求，结果如图 2 – 5 – 18 所示。

9. 填写标题栏

标题栏填写如图 2 – 5 – 35 所示。

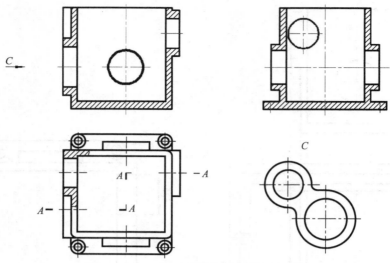

图2-5-34 标注剖切位置和填充剖面线

							HT200			学校
标记	处数	分区	更改文件号	签名	年月日					箱体
设计	(签名)	(年 月 日)	标准化	(签名)	(年月日)	阶段标记		重量	比例	
审核									1:1	A2
工艺			批准			共 张 第 张				

图2-5-35 填写标题栏

任务评价

请将任务评价结果填入表2-5-3中。

表2-5-3 自评/互评表（十六）

任务小组				任务组长		
小组成员				班级		
任务名称				实施时间		
评价类别	评价内容	评价标准		配分	个人自评	小组评价	教师评价
学习准备	资料准备	参与资料收集、整理、自主学习		5			
	计划制订	能初步制订计划		5			
	小组分工	分工合理，协调有序		5			

评价类别	评价内容	评价标准	配分	个人自评	小组评价	教师评价
学习过程	操作技术	见任务评分标准	40			
	问题探究	能实践中发现问题，并用理论知识解释实践中的问题	10			
	文明生产	服从管理，遵守5S标准	5			
学习拓展	知识迁移	能实现前后知识的迁移	5			
	应变能力	能举一反三，提出改进建议或方案	5			
	创新程度	有创新建议提出	5			
学习态度	主动程度	主动性强	5			
	合作意识	能与同伴团结协作	5			
	严谨细致	认真仔细，不出差错	5			
总　　　计			100			
教师总评 （成绩、不足及注意事项）						
综合评定等级						

模块三

机械部件——台虎钳的测绘

模块描述

通过测绘零部件，检验学生运用所学知识绘制零件图和装配图的初步职业能力（徒手绘图、仪器绘图和计算机绘图能力），以便为后续课程及其机械设计能力奠定基础。

任务一　台虎钳的测量与草绘

任务描述

了解台虎钳的工作原理和结构，能够正确地使用测量工具，并掌握台虎钳的草绘步骤。

（1）台虎钳是如何实现松、夹零件的？

（2）台虎钳由哪些部分结构组成？

（3）台虎钳的拆装顺序是什么？

任务链接

一、台虎钳的结构及工作原理

台虎钳也称为虎钳，是机械加工及钳工装配或维修所必备的辅助工具，主要由活动钳口、固定钳口、丝杆和底座4部分组成，如图3-0-1所示。其中，丝杆起松紧作用。转式台虎钳的钳体可在水平方向做360°旋转，并能在钳工操作所需位置固定。有些转式台虎钳还可在垂直或水平方向做任意旋转。一般情况下，台虎钳均带有便于锤打用的砧板，其规格用钳口宽度表示，常用规格有100 mm、125 mm、150 mm等。

二、台虎钳的装配示意图

图3-0-2所示为台虎钳的轴测图，台虎钳的装配示意图如图3-0-3所示。

由图3-0-3可知，该台虎钳共包括11种零件，其中标准件3种，非标准件8种。台虎钳上有一条装配线，螺杆8与圆环6之间通过圆锥销7连接，且螺杆8只能在固定钳身1上转动。活动钳身4的底面与固定钳身1的顶面相接触，螺母9的上部装在活动钳身4的孔中并通过螺钉3与活动钳身固定在一起，螺母9的下部则通过螺纹与螺杆连接。当转动螺杆8时，通过螺纹带动螺母9左右移动，从而带动活动钳身4左右移动，达到开、闭钳口夹持工件的目的。

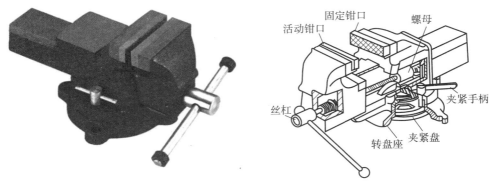

图 3 - 0 - 1　台虎钳

另外，固定钳身1与活动钳身4上均装有钳口板，它们之间通过螺钉连接。而且，为便于夹紧工件，钳口板上应有滚花结构。

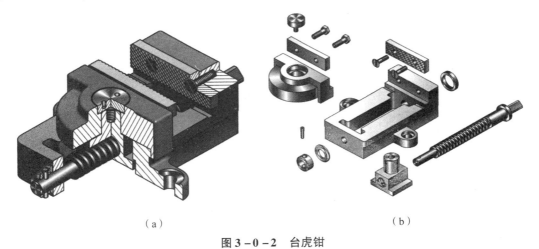

（a）　　　　　　　　　　　　　　　　　　　（b）

图 3 - 0 - 2　台虎钳

（a）台虎钳轴测装配图；（b）台虎钳轴测分解图

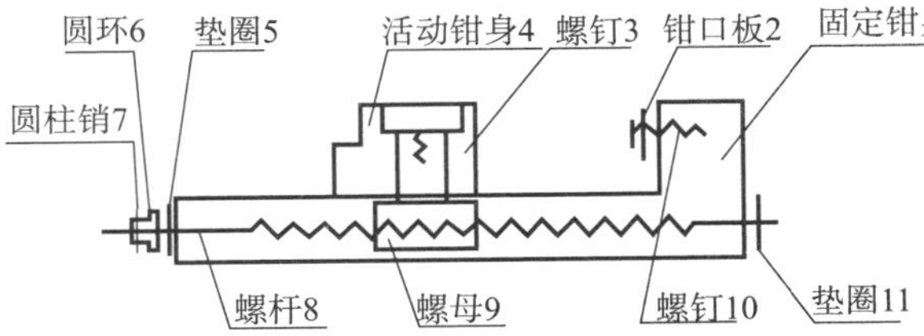

图 3 - 0 - 3　台虎钳装配示意图

三、台虎钳装配图的画法

1. 台虎钳装配图的表达方案

从部件的装配示意图及拆卸过程可以看出，11 种零件中共有 6 种零件集中装配在螺杆 8 上，并且该部件为前后对称结构。因此，可通过沿螺杆轴线剖开部件得到全剖的主视图。

这样，其中的 10 种零件在主视图上均可表达出来，并且能够将零件之间的装配关系、相互位置以及工作原理清晰地表达出来。左端圆锥销连接处可再采用局部剖视图表达出装配连接关系。

左视图可将螺母轴线及活动钳身放置在固定钳身上安装孔的轴线位置，然后取半剖画出。这样，半个剖视图上便表达了固定钳身 1、活动钳身 4、螺钉 3、螺母 9 之间的装配连接关系，同时表达了虎钳于一个方向上的外形，因此内、外形状均可表达出来。俯视图可取外形图，侧重表达台虎钳的外形，其次，在外形图上取局部视图，表达出钳口板的螺钉连接关系。

另外，主视图和俯视图也应将螺母及活动钳身放置在与左视图相同的位置画出，以保证视图之间的投影对应关系。图 3 - 0 - 4 为台虎钳装配图，仅供参考。

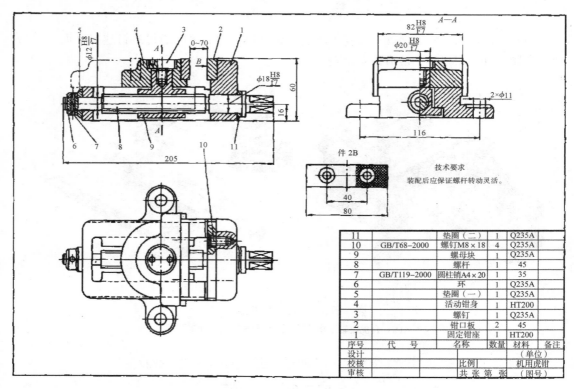

11		垫圈（二）	1	Q235A	
10	GB/T68-2000	螺钉M8×18	4	Q235A	
9		螺母块	1	Q235A	
8		螺杆	1	45	
7	GB/T119-2000	圆柱销A4×20	1	35	
6		环	1	Q235A	
5		垫圈（一）	1	Q235A	
4		活动钳身	1	HT200	
3		螺钉	1	Q235A	
2		钳口板	2	45	
1		固定钳座	1	HT200	
序号	代 号	名称	数量	材料	备注
设计				（单位）	
校核			比例		机用虎钳
审核			共 张 第 张	（图号）	

图 3 - 0 - 4　台虎钳装配图

2. 台虎钳装配图上的尺寸标注

（1）特性尺寸　两钳口板之间的开闭距离用以表示虎钳的规格，因此应注出其尺寸，而且应以 "0～xx" 的形式注出。

（2）装配尺寸。螺杆 8 与固定钳身 1 的左右两端孔配合；活动钳身 4 与固定钳身 1 在宽度方向上有配合；螺母 9 上部与活动钳身的孔之间有配合；圆环 6 与螺杆 8 之间有配合。这些相互配合或者相对位置有要求的部位均应考虑注出装配尺寸，建议均采用 H8/f7。

（3）外形尺寸。虎钳总体的长、宽、高尺寸。

（4）安装尺寸。虎钳是固定在机床上的，因此应注出安装孔的有关尺寸。

（5）其他重要尺寸。在设计过程中，经计算或选定的重要尺寸，如螺杆轴线到底面的距离等。

3. 台虎钳的技术要求

（1）活动钳身移动应灵活，不得摇摆。

（2）装配后，两钳口板的夹紧表面应相互平行；钳口板上的连接螺钉头部不得伸出其表面。

（3）夹紧工件后不允许自行松开工件。

四、台虎钳零件图的画法

关于零件图的画法请参阅模块二的相关内容，这里侧重讲述画图时的有关问题。

1. 固定钳身

固定钳身的表达方案可参考装配图的方案。固定钳身左、右两轴孔用以支承螺杆，螺母及活动钳身通过螺杆带动并沿螺杆轴线左右移动。因此，两孔轴线应有同轴度要求，建议选用 0.04 mm；并且，两孔均应有尺寸公差的要求，关于两孔尺寸公差的标注可参阅装配图的尺寸标注。为保证螺母的正常移动，固定钳身左、右两孔轴线到下方凹槽顶面的尺寸应有尺寸公差要求，建议选用 f8。各配合面及接触面均应考虑尺寸公差的要求，可参阅装配图的尺寸标注。

2. 活动钳身

在表达活动钳身时，可将其装钳口板的表面移至后方位置放置。主视图采用半剖，内外形状均可表达；左视图通过左右对称平面取全剖视图，重点表达内部结构形状；俯视图为外形图，并取局部剖视图表达螺钉孔的内部形状。各配合表面均应标注尺寸公差的要求，可参阅装配图的尺寸标注。

3. 螺杆

螺杆为典型的轴类零件，可根据轴类零件的图例确定表达方案。螺杆上的螺纹为矩形螺纹，应用局部放大图表示其牙型并标注全部尺寸；螺杆右端为方榫，应用移出断面图表示其断面形状并标注其尺寸；螺杆左端有圆锥销孔，应用局部剖视图表达并注明"配作"。

有关尺寸公差与几何公差的要求可参阅装配图的尺寸标注及固定钳身的内容。

4. 螺母

螺母的主视图可按工作位置放置，并选用全剖视图，重点表达内部形状；左视图为外形图，重点表达外部形状。螺母与螺杆是旋合的，因此也应用局部放大图表示其牙型，并标注尺寸，如图 3-0-5 所示。

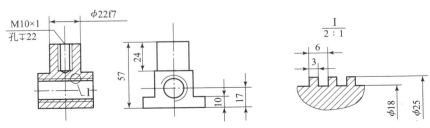

图 3-0-5　螺母视图表达及尺寸标注

　　为保证螺母的正常移动，螺母下部长方形块的上表面与螺孔轴线相互位置应标注尺寸公差的要求，建议选用 H8。

　　对于以上零件各个表面均应考虑表面粗糙度要求，对于主要配合面及接触面，其表面粗糙度建议取 $Ra1 \sim 1.6\ \mu m$，其他加工面取 $Ra3.2\ \mu m$ 或 $Ra6.3\ \mu m$，不加工表面为毛坯面。

任务实施

　　台虎钳的测绘操作步骤具体如下。

一、测绘工具的选择与使用

　　台虎钳各部分尺寸的测量用到的测量器具包括游标卡尺、千分尺、直尺、圆角规等。

二、拆卸台虎钳各个部分

　　台虎钳的拆卸顺序为：用弹簧卡钳夹住螺钉 3 顶面的两个小孔，旋出螺钉 3 后，活动钳身 4 即可取下。拔出左端圆锥销 7，卸下圆环 6、垫圈 5，然后旋转螺杆 8，待螺母 9 松开后，从固定钳身 1 的右端抽出螺杆，从固定钳身的下面取出螺母。拧开小螺钉 10，即可取下钳口板。如图 3 - 0 - 2（b）所示。

　　拆卸时应边拆卸边记录拆卸记录如表 3 - 0 - 1 所示。如果装配示意图未能在拆卸前完成，还应在拆卸的同时完成装配示意图。

表 3 - 0 - 1　台虎钳拆卸记录

步骤次序	拆卸内容	遇到问题	备注
1	圆柱销 7		
2	圆环 6		
3	垫圈 5		
4	螺杆 8		
5	垫圈 11		
6	螺钉 3		
7	取下活动钳身 4		
8	拧出螺钉 10		
9	钳口板 2		
10	螺钉 3		
11	螺母 9		
12	螺钉 10		
13	取下钳口板 2		

　　拆卸完成后，对所有零件要按一定的顺序编号，并填写到装配示意图中，对部件中的标准件应编制标准件明细表，如表 3 - 0 - 2 所示。

表 3 - 0 - 2

序号	名称	标记	材料	数量	备注
1	圆柱销 7	GB/T 19.1　4×20	3	1	
2	螺钉 10	GB/T 68　M8×18	Q235A	4	
3	垫圈 5	GB/T 97.1　14 - 140HV	Q235A	1	
4	垫圈 11	GB/T 97.1　20 - 140HV	Q235A	1	

　　在拆卸过程中，还要注意了解和分析台虎钳中零件间的连接方式和装配关系等，为绘制零件草图和部件装配图做必要的准备。

三、了解和分析零件

　　（1）了解零件的名称、功用及其在部件中的位置和装配连接关系。

　　（2）鉴别材料，确定材料名称及牌号。

　　（3）对零件进行结构分析，凡属标准结构的要素应查表核取标准尺寸；

　　（4）对零件进行工艺分析，分析其制造方法和加工要求，以便综合设计要求和工艺要求，从而较为合理地确定尺寸公差、几何公差、表面粗糙度和热处理等一系列技术要求。

四、测量并优化台虎钳零件尺寸

　　测量方面的要求：目测实际零件形状大小，采用大致比例，用铅笔徒手画出图形画图时，不使用绘图工具，可少量借助绘图工具画底稿，但必须徒手加深；要先画后测注尺寸，切不可边画边测边注。

　　测量数据的处理要求：遵循尺寸圆整原则；即逢 4 舍，逢 6 进，遇 5 保偶数。

五、根据优化数据绘制台虎钳零件草图

（一）绘制台虎钳零件草图

　　台虎钳中除了 4 种标准件以外，其他均为专用件，因此要画出这些专用件的零件草图。下面主要讲述台虎钳中螺母、活动钳身、螺杆等零件的测绘过程。

　　1. 测绘螺母

　　（1）选择零件视图并确定表达方案。螺母的结构形状为上圆下方，上部圆柱体与活动钳身相配合，并通过螺钉调节松紧度；下部方形体内的螺孔旋入螺杆，将螺杆的旋转运动改变为螺母的左右水平移动。底部前后凸出部分的上表面与固定钳身工字形槽的下表面相接触，有相对运动。

　　根据上述对螺母结构的分析，确定主视图采用全剖视，表达螺母下部的螺孔（通孔）和上部的螺孔（盲孔），俯视图和左视图主要表达外形，矩形螺纹属非标准螺纹，因此需画出牙型的局部放大图。

　　（2）测量并标注尺寸。以螺母左右对称中心线为长度方向尺寸主要基准，注出尺寸 M10×1；以前后对称中心线为宽度方向尺寸主要基准，注出尺寸 44、26、ϕ20 等；以底面

为高度方向尺寸主要基准，注出尺寸 14、46 和 8，以顶面为辅助基准注出尺寸 18、16，再以下部螺孔轴线为辅助基准注出尺寸 $\phi18$、$\phi14$（在矩形螺纹的局部放大图上注出螺纹大径和小径的尺寸及其公差）。

　　测量尺寸时应注意，除了重要尺寸或配合尺寸以外，如果测得的尺寸数值为小数，应圆整成整数。螺母的尺寸标注如图 3-0-6 所示。

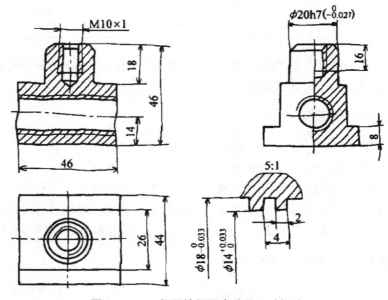

图 3-0-6　螺母块视图表达及尺寸标注

　　（3）确定材料和技术要求。螺母、圆环以及垫圈等受力较小的零件选用碳素结构钢 Q235A。为使螺母在钳座上移动自如，其下部凸出部分的上表面有较严的表面粗糙度要求，Ra 值取 1.6 μm。

　　2. 测绘活动钳身

　　（1）选择零件视图并确定表达方案。活动钳身的左侧为阶梯形半圆柱体，右侧为长方体，前后向下凸出部分包住固定钳座前后两侧面；中部的阶梯孔与螺母上部圆柱体相配合。

　　根据上述对活动钳身的结构分析，确定主视图采用全剖视图，表达中间的阶梯孔、左侧阶梯形和右侧向下凸出部分的形状；俯视图主要表达活动钳身的外形，并用局部剖视图表达螺钉孔的位置及其深度；再通过 A 向局部视图补充表达下部凸出部分的形状。

　　（2）测量并标注尺寸。以活动钳身右端面为长度方向尺寸主要基准，注出尺寸 25 和 7，以圆柱孔中心线为辅助基准注出 $\phi28$、$\phi20$，以及 R24 和 R40，长度方向尺寸 65 为参考尺寸；以前后对称中心线为宽度尺寸主要基准，注出尺寸 92、40，以螺孔轴线为辅助基准注出 2×M8，在 A 向视图中注出尺寸 82 和 5；以底面为高度方向尺寸主要基准，注出尺寸 6、16、26，以顶面为辅助基准注出尺寸 8、36，并在 A 向视图上注出螺孔定位尺寸 11 ± 0.3，如图 3-0-7 所示。

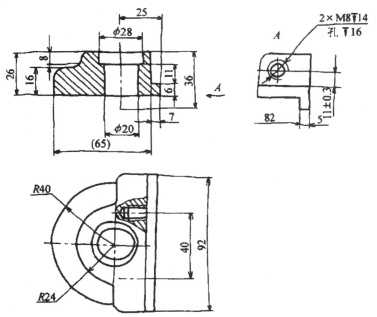

图 3 - 0 - 7 活动钳身视图表达及尺寸标注

标注零件尺寸时，要特别注意台虎钳中有装配关系的尺寸应彼此协调，不互相矛盾。例如，螺母上部圆柱的外径和同它相配合的活动钳身中的孔径应相同，螺母下部的螺孔尺寸与螺杆要一致，活动钳身前后向下凸出部分与固定钳座前后两侧面相配合的尺寸应一致。

（3）确定材料和技术要求。活动钳身是铸件，一般选用中等强度的灰铸铁 HT200；活动钳身底面的表面粗糙度 Ra 值有较严的要求，取 1.6 μm。对于非工作表面，如活动钳身的外表面，Ra 值可取 6.3 μm。

3. 测绘螺杆

（1）选择零件视图并确定表达方案。螺杆为轴类零件，位于固定钳座左右两圆柱孔内，转动螺杆使螺母带动活动钳身左右移动，可夹紧或松开工件。螺杆主要由 3 部分组成，左部和右部的圆柱部分起定位作用，中间为螺纹，右端用于旋转螺杆。螺杆主要在车床上加工。

根据零件的形状特征，先按加工位置或工作位置选择主视图，再按零件的内外结构特点选用必要的其他视图和剖视图、断面图等表达方法。为表达螺杆的结构特征，按加工位置使轴线水平放置，用一个基本视图表达，并用一个移出断面图、一个局部放大图、一个局部剖视图分别表达方榫、螺纹和销孔。

（2）测量并标注尺寸。以螺杆水平轴线为径向尺寸主要基准，注出各轴段直径；以退刀槽右端面为长度方向尺寸主要基准，注出尺寸 32、174 和 4 × φ12，再以两端面为辅助基准注出各部分尺寸。

（3）初定材料和确定技术要求。对于轴、杆、键、销等零件通常选用碳素结构钢，螺杆的材料采用 45 钢；为使螺杆在钳座左右两圆柱孔内转动灵活，螺杆两端轴颈与圆孔采用基孔制间隙配合。螺杆上凡工作表面均选择粗糙度 $Ra3.2$ μm，其余表面取 $Ra6.3$ μm，如图 3 - 0 - 8 所示。

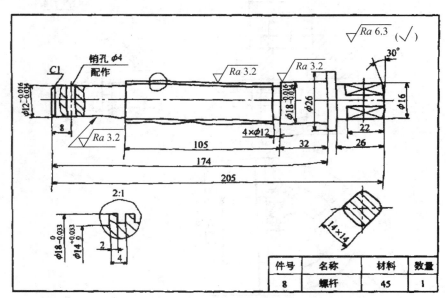

图 3 - 0 - 8　螺杆草图

4. 测绘固定钳身

（1）选择零件视图并确定表达方案。固定钳身的结构形状为左低右高，下部有一空腔，且有一工字形槽。空腔的作用是放置螺杆和螺母，工字形槽的作用是使螺母带动活动钳身做水平方向左右移动。

固定钳身的主视图按其工作位置选择，按其结构形状再增加俯视图和左视图。为表达内部结构，主视图采用全剖视，左视图采用半剖视，俯视图采用局部剖视。

（2）测量并标注尺寸。固定钳身长、宽、高三个方向的基准选择和标注尺寸的步骤请学生自行分析。

固定钳身应与活动钳身一致对应，以便两钳口板装上后顶面平齐，也有利于装配后修磨两钳口顶面有装配功能要求的螺孔，光孔孔组的孔距一般设计选用 ±0.3 mm 的极限偏差，如左视图中的 11 ±0.3 和 40 ±0.3。

（3）确定材料和技术要求。固定钳身是铸件，一般选用中等强度的灰铸铁 HT200。凡与其他零件有相对运动的表面如工字形槽的上表面、轴孔内表面等表面粗糙度要求较严，取 Ra 值 1.6 μm，其他非工作表面 Ra 值取 6.3 μm，标注时可采用多个表面的简化注法，如图 3 - 0 - 9 所示。

（二）绘制台虎钳装配图

零件草图完成后，根据装配示意图和零件草图绘制装配图，如图 3 - 0 - 10 所示。在绘制装配图的过程中，对草图中存在的零件形状和尺寸的不妥之处应做必要的修正。

（1）确定台虎钳装配图的表达方式。采用通过主要装配干线进行剖切的剖视图，以表达部件中各零件间的装配关系；左视图采用半剖，补充表达活动钳身和固定钳座的装配关系及螺母结构特点；俯视图补充表达固定钳座的结构特点。

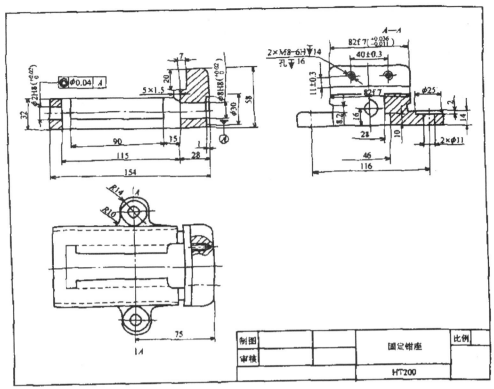

图 3－0－9　固定钳身草图

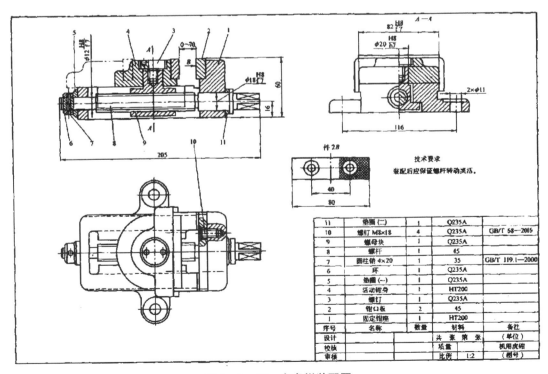

11	垫圈（二）	1	Q235A	
10	螺钉 M8×18	4	Q235A	GB/T 68—2016
9	螺母块	1	Q235A	
8	螺杆	1	45	
7	圆柱销 4×20	1	35	GB/T 119.1—2000
6	环	1	Q235A	
5	垫圈（一）	1	Q235A	
4	活动钳身	1	HT200	
3	螺钉	1	Q235A	
2	钳口板	2	45	
1	固定钳座	1	HT200	
序号	名称	数量	材料	备注

图 3－0－10　台虎钳装配图

（2）确定图纸幅面和绘图比例。图纸幅面和绘图比例应根据装配体的复杂程度和实际大小选用，应清楚地表达出主要装配关系和主要零件的结构。选用图幅时，还应注意在视图之间留有足够的空隙，以便标注尺寸、编写零件序号、注写明细栏及技术要求等。

（3）装配图的绘图步骤。台虎钳装配图的绘图步骤如图3-0-11所示。先画出各视图的主要轴线、对称中心线及绘图基准线，如图3-0-11（a）所示。再画出主要零件固定钳身的轮廓线（三个视图要联系起来画），如图3-0-11（b）所示。画出活动钳身的轮廓线，如图3-0-11（c）所示。最后画出整个装配图，如图3-0-11（d）所示。最后标注尺寸、注写技术要求，填写标题栏和明细栏，如图3-0-4所示。

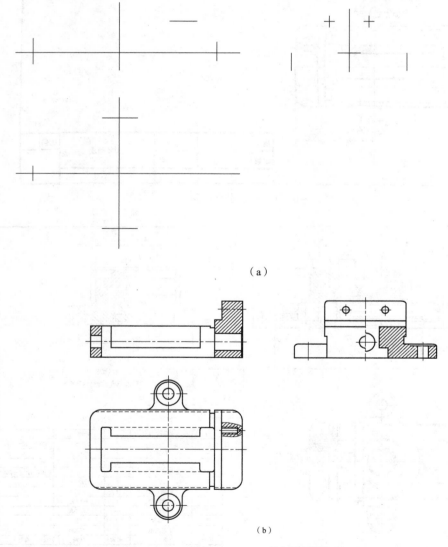

（a）

（b）

图3-0-11　绘制装配图

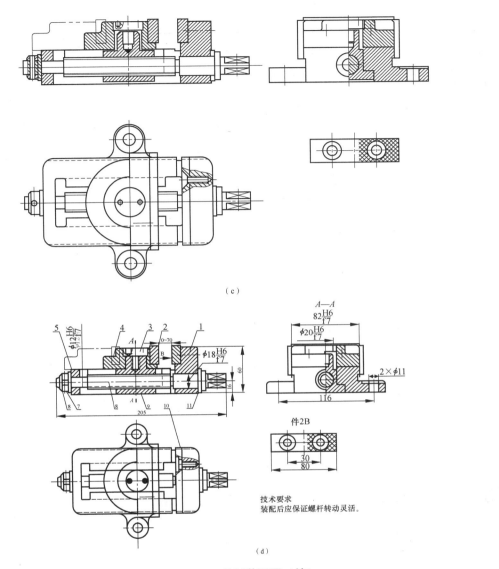

图 3 – 0 – 11 绘制装配图（续）

任务评价

请将任务评价结果填入表 3 – 0 – 3 中。

表 3 – 0 – 3 自评/互评表（十七）

任务小组		任务组长	
小组成员		班级	
任务名称		实施时间	

评价类别	评价内容	评价标准	配分	个人自评	小组评价	教师评价
学习准备	资料准备	参与资料收集、整理、自主学习	5			
	计划制订	能初步制订计划	5			
	小组分工	分工合理，协调有序	5			
学习过程	操作技术	见任务评分标准	40			
	问题探究	能实践中发现问题，并用理论知识解释实践中的问题	10			
	文明生产	服从管理，遵守5S标准	5			
学习拓展	知识迁移	能实现前后知识的迁移	5			
	应变能力	能举一反三，提出改进建议或方案	5			
	创新程度	有创新建议提出	5			
学习态度	主动程度	主动性强	5			
	合作意识	能与同伴团结协作	5			
	严谨细致	认真仔细，不出差错	5			
总　　　计			100			
教师总评 （成绩、不足及注意事项）						
综合评定等级						

任务二　AutoCAD 环境下台虎钳装配图的绘制

任务描述

任务一中讲述了手工绘制装配图的一般方法与步骤，由于计算机绘图的快速发展与广泛使用，手工画图一般只是帮助构思，实际应用的图样大多是由计算机绘制的。因此，本任务主要学习用 AutoCAD 软件绘制装配图，主要内容包括采用外部参照进行绘图，涉及的概念及方法均重在理解，不必机械记忆。重点需掌握的内容是采用外部参照绘图。

（1）用 AutoCAD 绘制装配图的方法有哪些？

（2）外部参照的命令是什么？

（3）采用多重引线标注零件序号的步骤是什么？

知识链接

一、直接绘制装配图

画装配图时，应选好比例尺，布置好图面，如图 3 – 0 – 12 所示。草图的比例尺应与正式图比例尺相同，并优先采用1：1的比例尺，以便于绘图并传达真实感。

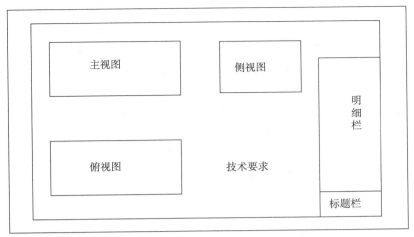

图3－0－12 装配图的布置

装配图图面布置好以后，即可根据所给的装配图按绘制零件图的方法进行绘制，最后将绘制好的图形保存。

二、根据已有零件图形绘制装配图

根据已有零件图形绘制装配图时，可采用"外部参照"命令其命令调用方式为

命令行：xattach（xa）。

在AutoCAD经典界面下，其命令调用方式为

执行"插入"→"外部参照"菜单命令，弹出"外部参照"对话框，如图3－0－13所示，然后单击左上角的附着按钮如图3－0－14所示。

图3－0－13 "外部参照"对话框

图3－0－14 "附着"按钮

在草图与注释模式下，其命令调用方式为

功能区："插入"→ 附着

在绘图过程中，设计人员可将一幅图形作为外部参照附加到当前图形中，这是一种重

要的共享数据的方法。当一个图形文件被作为外部参照插入当前图形中时，外部参照中每个图形的数据仍然分别保存在各自的源图形文件中，当前图形中所保存的只是外部参照的名称和路径。设计人员可对外部参照进行比例缩放、移动、复制、镜像或旋转等操作，还可以控制外部参照的显示状态，但这些操作均不会影响到原图文件。AutoCAD 允许在绘制当前图形的同时，显示多达 32 000 个的图形参照，并且可以对外部参照进行嵌套，嵌套的层次可以为任意多层。当打开或打印附着有外部参照的图形文件时，AutoCAD 会自动对每一个外部参照图形文件进行重新加载，从而确保每个外部参照图形文件反映的是它们的最新状态。

外部参照与块有相似的地方，但它们的主要区别是：一旦插入了块，该块就永久性地插入当前图形中，成为当前图形的一部分。而以外部参照方式将图形插入某一图形（称之为主图形）后，被插入图形文件的信息并不直接加入主图形中，主图形只是记录参照的关系，如参照图形文件的路径等信息。另外，对主图形进行的操作不会改变外部参照图形文件的内容。当打开具有外部参照的图形时，系统会自动把各外部参照图形文件重新调入内存并在当前图形中显示出来。

三、堆叠

堆叠文字是指应用于多行文字对象和多重引线中的字符的分数和公差格式。

（1）使用特殊字符可以指示如何堆叠选定的文字。

①斜杠（/）以垂直方式堆叠文字，由水平线分隔。

②磅字符（#）以对角形式堆叠文字，由对角线分隔。

③插入符号（^）创建公差堆叠（垂直堆叠，且不用直线分隔）。

（2）手动堆叠。要在在位文字编辑器中手动堆叠字符，首先应选择要进行格式设置的文字（包括特殊的堆叠字符），然后单击鼠标右键，在弹出的快捷菜单中单击"堆叠"。

（3）自动堆叠数字字符和公差字符。可以指定自动堆叠斜杠、磅字符或插入符号前后输入的数字字符。例如，如果输入"1#3"并后接非数字字符或空格，默认情况下将弹出"自动堆叠特性"对话框，并且可在"自动堆叠特性"对话框中更改设置以指定首选格式。自动堆叠功能仅应用于堆叠斜杠、磅字符和插入符号前后紧邻的数字字符。对于公差堆叠，+、-和小数点字符也可以自动堆叠。

四、序号标注

（1）"多重引线"命令调用方法有：

功能区："默认" → "注释面板" → 引线

菜单栏："标注" → "多重引线"

（2）设置多重引线样式。在图 3 - 0 - 15 所示"多重引线样式管理器"对话框中可设置多重引线样式。多重引线对象通常包含箭头、水平基线、引线或曲线和多行文字对象或块。多重引线可创建为箭头优先、引线基线优先或内容优先。如果已使用多重引线样式，则可从该指定样式创建多重引线。创建新多重引线样式后，可在"修改多重引线样式"对话框中对引线格式、结构及内容按要求进行设置，如图 3 - 0 - 16 所示。

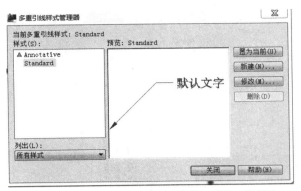

图 3 - 0 - 15　"多重引线样式管理器"对话框

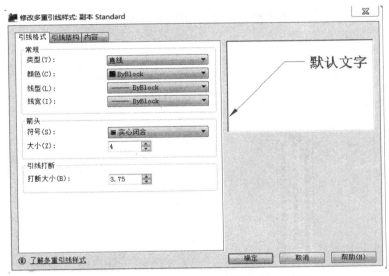

图 3 - 0 - 16　"修改多重引线样式"对话框

五、表格

（1）"表格"命令调用方法有：

功能区："默认"→"注释"→ <kbd>表格</kbd>

菜单栏："绘图"→"表格"

工具栏："绘图" <kbd>表格</kbd>

（2）设置表格样式。在图 3 - 0 - 17 所示"表格样式"对话框中设置表格样式。

在"表格样式"对话框中单击"新建"按钮，新建表格样式，如图 3 - 0 - 18 所示在此对话框中按要求对表格样式进行修改。

（3）插入表格。在"插入表格"对话框（图 3 - 0 - 19）中按要求创建"标题栏和明细栏"表格。

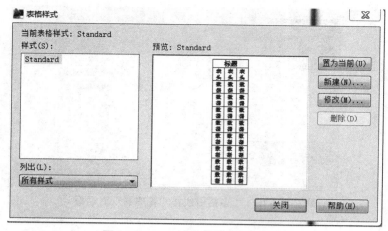

图 3 – 0 – 17　"表格样式" 对话框

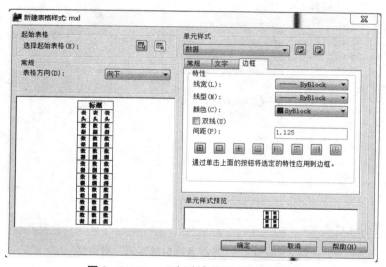

图 3 – 0 – 18　"新建表格样式" 对话框

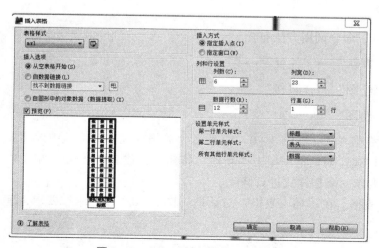

图 3 – 0 – 19　"插入表格" 对话框

任务实施

台虎钳装配图绘制的操作步骤具体如下。

根据位于目录 D：\我的文档\台虎钳中的图形文件：螺母．dwg、圆环．dwg、垫圈（一）．dwg、螺杆．dwg、钳口板．dwg、垫圈（二）．dwg、螺钉（M10）．dwg、活动钳身．dwg、固定钳身．dwg，绘制台虎钳装配图。

1. 新建图形文件

打开 A2 模板后另存为"虎钳装配图．dwg"。

2. 插入"固定钳身"

（1）在功能区"插入"面板中单击"附着"按钮 🗅 ，打开"固定钳身"文件，将其插入界面中。

（2）在"外部参照"对话框中右键单击"固定钳身"文件，将其设置成"绑定"。

（3）单击 🖼 按钮分解"固定钳身"。

3. 主视图装配

（1）插入"垫圈（二）"。

①按照步骤2，插入"垫圈（二）"，

②将垫圈（二）移动到"固定钳身"主视图的对应位置。

③整理、修剪或删除多余的线。

（2）插入"螺杆"。

①按照步骤2，插入"螺杆"。

②将螺杆的主视图移动到"固定钳身"主视图的对应位置。

③整理、修剪或删除多余的线。

（3）按照上述方法依次插入各零件。

4. 俯视图装配

（1）将"活动钳身"的俯视图插入"固定钳身"的俯视图的对应位置并进行修剪、整理。

（2）将主视图中的螺杆、垫圈和圆环复制到俯视图中，并进行修剪。

（3）画出螺钉 M8×18 及螺钉3的俯视图，整理并修剪。

5. 左视图装配

运用画，修剪，复制等方法在"固定钳身"左视图的对应位置画出左视图。

6. 填充剖面线，整理好装配图

7. 标注尺寸与技术要求

（1）标注配合尺寸 ϕ12H8/f7。

①将图层设置成尺寸标注层。

②标注尺寸 ϕ12H8/f7，利用"线性"命令标出 12 后输入 m，按 Enter 键后输入"％％c12H8/f7"，选中"H8/f7"后右键单击，选择"堆叠"。

③在屏幕上适当位置单击。

（2）按照上述方法依次标注出 $\phi18H8/f7$、$\phi82H8/f7$、$\phi20H8/h7$。

（3）利用"线性"命令依次注出 205、60、116、0~70、16、$2\times\phi11$、40、80。

（4）标注剖切符号、"$A-A$"及技术要求。

8. 标注序号

（1）设置多重引线。

①执行"标注"→"多重引线菜单"命令，弹出"多重引线样式管理器"对话框。

②在"多重引线样式管理器"对话框中单击"新建"按钮，新建多重引线样式并命名为"zpt1"。然后按下列要求修改。

引线格式：箭头符号改为"无"；引线结构：自动包含基线去除掉；内容：文字高度改为"5"，引线连接：水平；连接位置左右：最后一行加下划线。

③单击"确定"按钮，关闭"多重引线样式管理器"对话框。

（2）用多重引线标注。

①单击 $\nearrow$ 引线 · 按钮。

②按要求在要标注的零件上单击，拉出引线后在平面适当位置单击，输入零件序号。

③按上述方法依次标注每个零件，注意标注时运用"在极轴追踪"功能使序号在同一直线上。

9. 利用"表格"命令制作明细栏

（1）设置表格。

①执行"绘图"→"表格"菜单命令，弹出"表格样式"对话框。

②在"表格样式"对话框中单击"新建"按钮新建表格样式并命名为"mxl"。然后按下列要求修改。

表格方向：向上；单元样式：数据；常规特性：正中；文字高度：5；边框：线宽0.7；外边框。

③单击"确定"按钮，关闭"表格样式"对话框。

（2）插入表格。

①单击 按钮，弹出"插入表格"对话框，在此对话框中按下列要求修改。

表格样式：mxl；插入方式：指定窗口；列数：6；第一行单元样式：数据；第二行单元样式：数据；所有其他行单元样式：数据。

②单击"确定"按钮后，命令行提示如下：

```
命令:_table
指定第一角点:左击标题栏的左上角
指定第二角点:@ 140,88  键盘输入
```

③用鼠标单击表格后拖动改变列宽。

④按要求填写明细栏。

10. 整理后保存。

"台虎钳 . dwg"如图 3 – 0 – 11 （d）所示。

任务评价

请将任务评价结果填入表3－0－4中。

表3－0－4　自评/互评表（十八）

任务小组			任务组长			
小组成员			班级			
任务名称			实施时间			
评价类别	评价内容	评价标准	配分	个人自评	小组评价	教师评价
学习准备	资料准备	参与资料收集、整理、自主学习	5			
	计划制订	能初步制订计划	5			
	小组分工	分工合理，协调有序	5			
学习过程	操作技术	见任务评分标准	40			
	问题探究	能实践中发现问题，并用理论知识解释实践中的问题	10			
	文明生产	服从管理，遵守5S标准	5			
学习拓展	知识迁移	能实现前后知识的迁移	5			
	应变能力	能举一反三，提出改进建议或方案	5			
	创新程度	有创新建议提出	5			
学习态度	主动程度	主动性强	5			
	合作意识	能与同伴团结协作	5			
	严谨细致	认真仔细，不出差错	5			
总　　　计			100			
教师总评（成绩、不足及注意事项）						
综合评定等级						

任务三　AutoCAD环境下台虎钳零件图的绘制

任务描述

机器在设计过程中是先画出装配图，再由装配图拆画零件图。机器维修时，如果其中某个零件损坏，也要将该零件拆画出来。在识读装配图的教学过程中，常要求拆画其中的某个零件图以检查学生是否真正读懂了装配图。因此，拆画零件图应该在读懂装配图的基础上进行。

（1）AutoCAD 绘制零件图的一般步骤是什么？

（2）表面粗糙度符号的属性如何定义？

（3）几何公差如何标注？

知识链接

一、零件图绘制的一般过程

设计人员在绘制零件图的过程中，必须遵守机械制图国家标准的有关规定。下面主要介绍 AutoCAD 绘制零件图的一般过程及需要注意的一些常见问题。

零件图绘制的操作步骤具体如下。

1. 选择零件图的样本文件模板

在绘制零件图之前，设计人员可根据所要绘制图纸的图幅大小和格式选择合适的样本文件模板。选择样本文件模板主要有两种方法，一是事先建立各种符合国家机械制图标准的若干通用模板，二是可以利用 AutoCAD 2017 系统提供的样本文件模板。

2. 绘制图形

零件图千变万化，要想正确绘制零件图，首先要分析视图，了解组成零件各部分结构的形状、特点以及它们之间的相对位置，看懂零件各部分的结构形状从而确定零件视图的选择。当确定好零件的表达视图后，就要定出基准，基准是绘图的参照，常用的绘图基准包括中心线、端面线和构造线等。

确定了绘图的基准以后，就进入轮廓的绘制阶段，设计人员要利用 AutoCAD 提供的基本绘图、编辑修改和精确绘图工具命令来进行各个零件视图的绘制。

3. 零件图的标注

完成了各个视图的绘制之后，就需要对绘制好的各个视图进行标注。首先进行长度型尺寸标注、圆弧型尺寸标注、角度型尺寸标注等基本简单的标注，然后进行尺寸公差、几何公差和表面粗糙度等标注，尺寸标注的方式应该尽可能完整地表达零件的信息。

4. 完善图形的信息

根据需要标注表面粗糙度符号、剖切基准符号、铸造和焊接符号等，可以通过建立外部块、动态块、外部参照、设计中心、工具选项板等创建专用的符号和图形库，以快速完成图形的绘制。最后填写标题栏，检查、校核、修改、完成零件图并保存图形。

5. 打印输出

二、零件图的绘制方法

如前所述，零件图中包含一组表达零件形状的视图，因此绘制零件图中的视图是绘制零件图的重要内容。对此的要求是：视图应布局均衬、美观，且符合"主、俯视图长对正，主、左视图高平齐，俯、左视图宽相等"的投影规律。

（1）坐标定位法。坐标定位法是一种通过给定视图中各点的准确坐标值来绘制零件图的方法。在绘制一些大而复杂的零件图时，为了图面布局及投影关系的需要，经常先采用这种方法绘制出基准线，确定各个视图的位置，然后综合运用其他方法绘制完成图形。

（2）绘图辅助线法。绘图辅助线法是一种利用 AutoCAD 中的绘制构造线（xline）命令等辅助命令绘制出一系列的水平、垂直和与水平成某角度的辅助线，以保证视图之间的投影关系，并结合图形绘制、编辑修改和精确绘图工具来完成零件图的绘制的方法。

（3）对象捕捉跟踪法。对象捕捉跟踪法利用 AutoCAD 中提供的辅助绘图工具中的对象捕捉、自动捕捉、自动追踪、正交等工具来保证视图之间的投影关系，并结合常用的绘图工具来完成零件图的绘制。

任务实践

台虎钳各部分零件的绘制如下。

（1）绘制活动钳身，如图 3 – 0 – 20 所示。

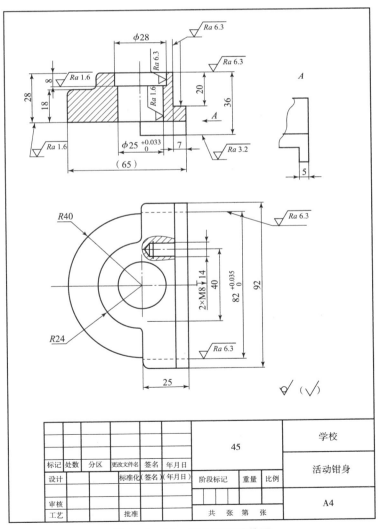

图 3 – 0 – 20　活动钳身零件图

（2）绘制固定钳身，如图3－0－21所示。

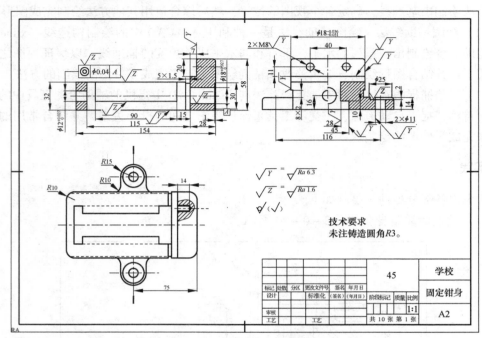

图3－0－21　固定钳身零件图

（3）绘制螺钉，如图3－0－22所示。

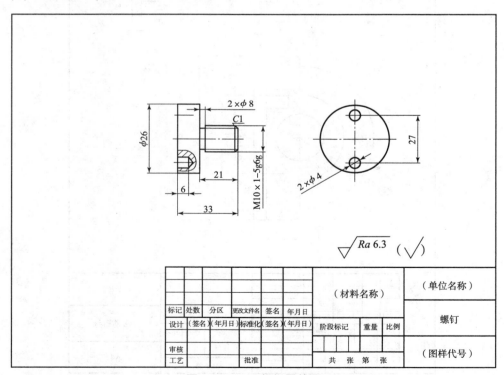

图3－0－22　螺钉零件图

（4）绘制垫圈（一），如图 3-0-23 所示。

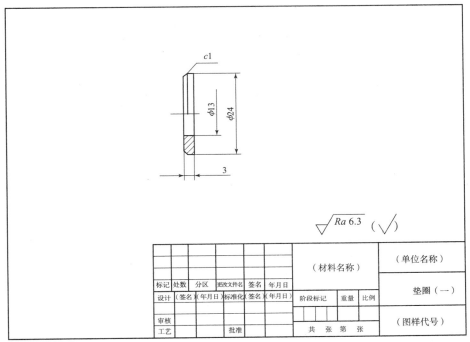

图 3-0-23　垫圈（一）零件图

（5）绘制垫圈（二），如图 3-0-24 所示。

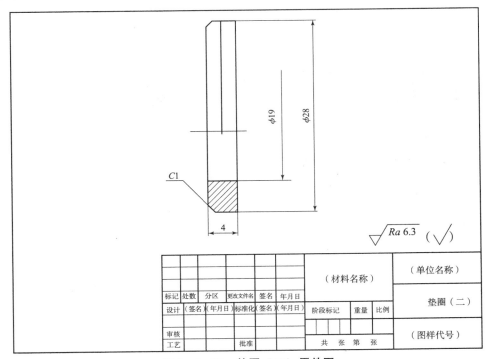

图 3-0-24　垫圈（二）零件图

（6）绘制圆环，如图3-0-25所示。

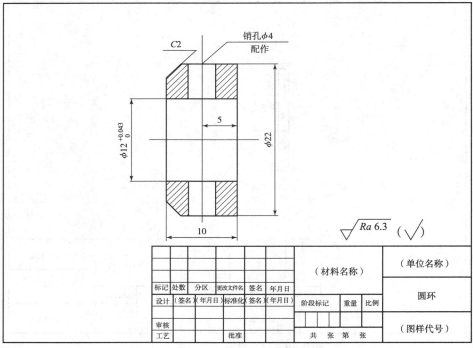

图3-0-25 圆环零件图

（7）绘制螺杆，如图3-0-26所示。

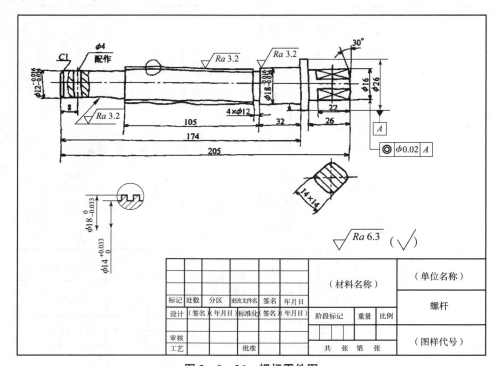

图3-0-26 螺杆零件图

（8）绘制螺母，如图 3 - 0 - 27 所示。

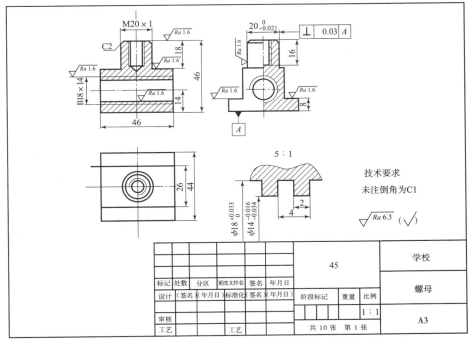

图 3 - 0 - 27　螺母零件图

（9）绘制钳口板，如图 3 - 0 - 28 所示。

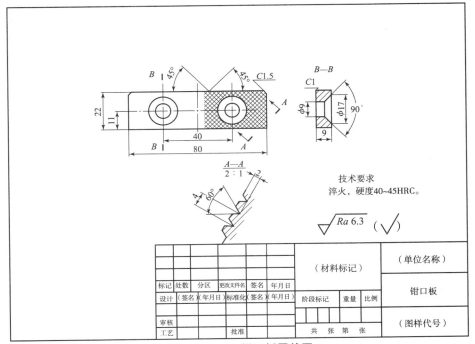

图 3 - 0 - 28　钳口板零件图

任务评价

请将任务评价结果填入表3-0-5中。

表3-0-5 自评/互评表（十九）

任务小组				任务组长		
小组成员				班级		
任务名称				实施时间		
评价类别	评价内容	评价标准	配分	个人自评	小组评价	教师评价
学习准备	资料准备	参与资料收集、整理、自主学习	5			
	计划制订	能初步制订计划	5			
	小组分工	分工合理，协调有序	5			
学习过程	操作技术	见任务评分标准	40			
	问题探究	能实践中发现问题，并用理论知识解释实践中的问题	10			
	文明生产	服从管理，遵守5S标准	5			
学习拓展	知识迁移	能实现前后知识的迁移	5			
	应变能力	能举一反三，提出改进建议或方案	5			
	创新程度	有创新建议提出	5			
学习态度	主动程度	主动性强	5			
	合作意识	能与同伴团结协作	5			
	严谨细致	认真仔细，不出差错	5			
总　　计			100			
教师总评（成绩、不足及注意事项）						
综合评定等级						

附录 A

Autodesk AutoCAD 基础知识
AutoCAD 2017 软件功能介绍

一、查看基本 AutoCAD 控件。

启动 AutoCAD 后，单击"开始绘制"按钮可开始绘制新图形。AutoCAD 在绘图区域的顶部包含标准选项卡式功能区。可从"默认"选项卡中访问常用的命令。另外，"常用"选项卡下面显示的"快速访问"工具栏中包含用户熟悉的命令，如"新建""打开""保存""打印""放弃"等，如附图 A–1 所示。

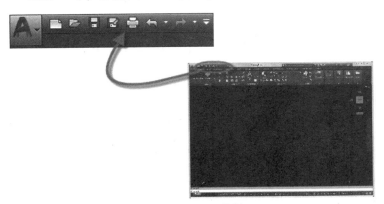

附图 A–1　工具栏

[**注**] 如果"默认"选项卡不是当前选项卡，可在功能区单击"默认"切换至"默认"选项卡。

1. "命令"窗口

AutoCAD 界面的核心部分是命令行，它通常固定在应用程序窗口的底部。"命令"窗口可显示提示、选项和消息，如附图 A–2 所示。

附图 A–2　"命令"窗口

可直接在"命令"窗口中输入命令，而不必使用功能区、工具栏和菜单。许多长期使用 AutoCAD 的用户喜欢使用此方法。需要注意的是，当开始输入命令时，它会自动完成。当提供了多个可能的命令时（如附图 A–3），可通过单击或使用箭头键并按 Enter 键或空格键来进行选择。

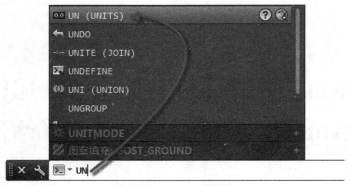

附图 A-3　多个命令

2. 鼠标

大多数用户使用鼠标作为其定点设备，如附图 A-4 所示，但是其他设备也具有相同的控件。

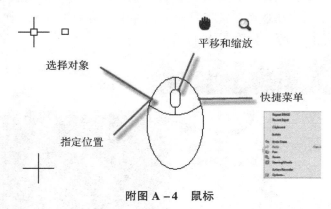

附图 A-4　鼠标

[提示]　当需要查找某个选项时，可尝试单击鼠标右键。根据定位光标的位置，不同的菜单将显示相关的命令和选项。

3. 新图形

通过为文字、标注、线型和其他几种部件指定设置，用户可以轻松地满足行业或公司标准的要求。如附图 A-5 所示的后院甲板设计显示了两个不同的标注样式。

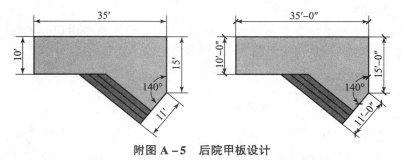

附图 A-5　后院甲板设计

上述设置都可以保存在图形样板文件中。用户可单击"新建"按钮（附图 A-6）以从下图形样板文件中进行选择。

附图 A－6　单击"新建"按钮

对于英制图形，假设用户采用的单位是英寸（in），文件名需使用 acad. dwt 或 acadlt. dwt。对于公制单位，假设用户采用的单位是毫米（mm），文件名需使用 acadiso. dwt 或 acadltiso. dwt，如附图 A－7 所示。

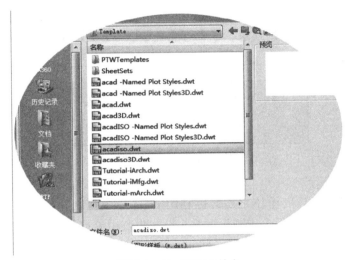

附图 A－7　图形文件名

大多数公司使用符合公司标准的图形样板文件。他们通常使用不同的图形样板文件，具体使用何种图形样板文件取决于项目或客户。

4. 创建用户自己的图形样板文件

可以将任何图形（. dwg）文件另存为图形样板（. dwt）文件。用户也可打开现有图形样板文件，进行修改，然后重新将其保存（如果需要，请使用不同的文件名）。如附图 A－8所示。

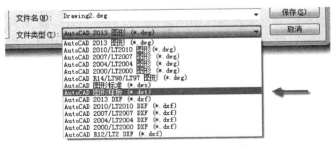

附图 A－8　创建图形样板文件

对于独立工作的用户，可以开发图形样板文件以满足用户的工作偏好，在以后用户熟悉其他功能时，可以为它们添加设置。

要想修改现有图形样板文件，可单击"打开"按钮，在弹出的"选择文件"对话框中指定"图形样板（*.dwt）"并选择样板文件。如附图 A - 9 所示。

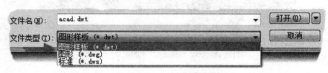

附图 A - 9　打开"图形样板"文件

5. 单位

用户第一次开始绘制图形时，需要确定一个长度单位［英寸（in）、英尺（ft）、厘米（cm）、千米（km）或其他长度单位］。例如，附图 A - 10 所示对象可能表示两栋长度各为 125 ft（1 ft = 0.3048 m）的建筑，或者可能表示以 mm 为测量单位的机械零件截面。

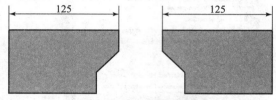

附图 A - 10　两个图形

6. 单位显示设置

用户决定使用哪种长度单位之后，可利用 units 命令控制几种单位显示设置，包括：格式（或类型），例如，可将十进制长度 6.5 设置为改用分数长度 6 - 1/2 显示。精度，例如，十进制长度 6.5 可设置为以 6.50、6.500 或 6.500 0 显示。

用户如果要使用英制单位，可使用 units 命令将单位类型设置为"建筑"，然后在创建对象时，可以指定其长度单位为英寸。如果要使用公制单位，可将单位类型设置为"小数"。用户更改单位格式和精度不会影响图形的内部精度，它只会影响长度、角度和坐标在用户界面中如何显示。

［提示］　如果用户需要更改 units 设置，请确保将图形另存为图形样板文件。否则，用户将需要更改每个新图形的 units 设置。

7. 模型比例

用户应始终以实际大小（1∶1 的比例）创建模型。术语模型是指设计的几何图形。图形包含模型几何图形以及显示在布局中的视图、注释、尺寸、标注、表格和标题栏等。

用户在创建布局时，可指定以后在标准大小的图纸上打印图形时所需的比例。

［建议］　要弹出关于正在运行的命令信息的"帮助"对话框，只需按 F1 键；要重复上一个命令，可按 Enter 键或空格键；要查看各种选项，可先选择一个对象，然后单击鼠标右键，或在"用户界面元素"上单击鼠标右键；要取消正在运行的命令或者如果感觉运行不畅，可按 Esc 键。例如，用户如果在绘图区域中单击，然后输入命令，将看到与附图 A - 11 类似的显示，按 Esc 键可取消该预选操作。

附图 A - 11　执行命令状态的十字光标

二、AutoCAD 中块的操作

在 AutoCAD 中，块是合并到单个命名对象的对象集合。附图 A－12 所示是一些不同比例的样例块。其中，有些块是对象的真实图示，有些块是符号，右侧样例块是 D 尺寸图形的建筑标题栏。

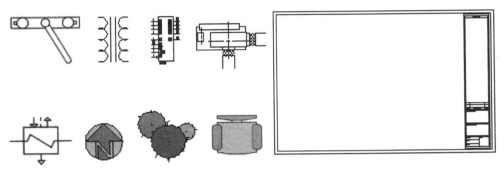

附图 A－12　不同比例的样例块

1. 插入块

通常，每个块都是单个图形文件，可能保存在具有类似图形文件的文件夹中。当需要将块插入当前图形文件中时，可以使用 insert 命令（或在命令窗口中输入 I）。如附图 A－13所示。

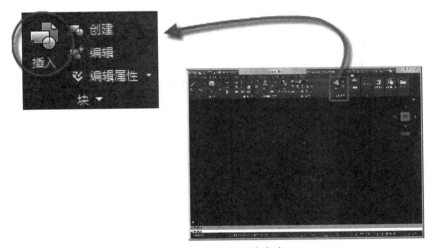

附图 A－13　插入块命令

第一次将图形作为块插入时，需要单击"浏览"按钮以找到图形文件，如附图 A－14所示。

插入后，将在当前图形中存储块定义。之后，可以从"名称"下拉列表中选择块，而无须单击"浏览"按钮。

[提示]"插入"对话框中的默认设置通常是可接受的。选择块名后，单击"确定"按钮，然后在图形中指定其位置。之后可以对其进行旋转操作（如果必要）。

需要注意的是，插入块时，其将在指示的点处附着到光标。此位置被称为插入点。默认情况下，插入点是原始图形的原点（0，0）。

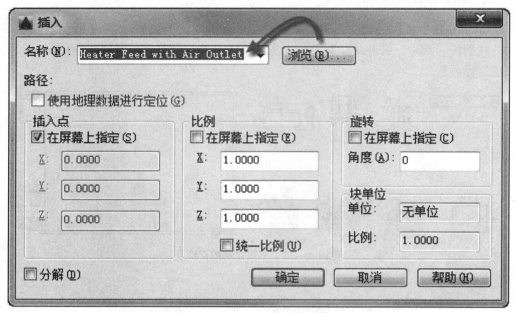

附图 A－14　单击"浏览"按钮

插入块后，用户在选择该块时将显示夹点。用户可以使用此夹点轻松地移动并旋转该块。见附图 A－15。

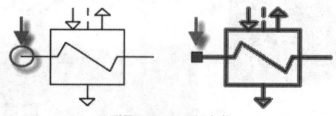

附图 A－15　显示夹点

在附图 A－16 所示，示例中，将某个图形文件插入当前图形，以提供标准的局部视图。

[注] 将图形文件作为块插入可提供对指定图形的静态参照。对于将自动更新的参照，用户可改为使用"外部参照"命令（xref 命令）附着图形。

2. 创建块定义

用户可能希望直接在当前图形中创建块定义，而不是创建要作为块插入的图形文件。如果不打算将块插入其他任何图形，可使用此方法。在这种情况下，用户可使用 block 命令创建块定义，如附图 A－17 所示。

3. 创建块的对象

在命令行中执行 block 命令。输入块的名称（本例中为 Quad－Cube）。选择为块创建的对象（单击 1 和 2）并指定块插入点，如附图 A－18、附图 A－19 所示。

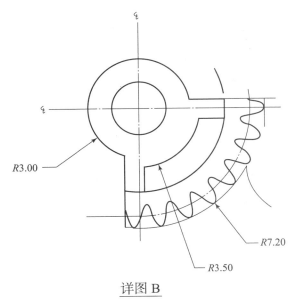

详图 B

附图 A–16　插入图形文件

附图 A–17　创建块定义按钮

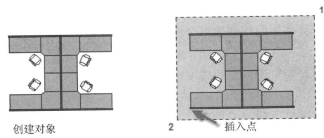

创建对象

插入点

附图 A–18　选择对象

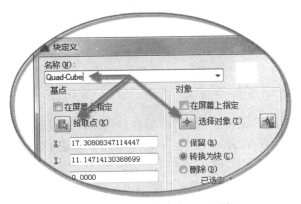

附图 A–19　"块定义"对话框

　　创建块定义后，可以根据需要插入、复制和旋转块。如附图 A–20 所示。

　　如果需要进行更改，用户可使用 explode 命令将块分解回其部件对象。在附图 A–21 中，右侧的卫生洁具已分解和修改。

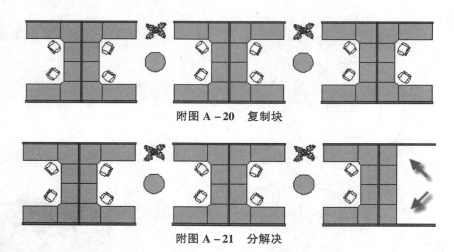

附图 A-20　复制块

附图 A-21　分解决

在本示例中，用户可从分解的块中的对象创建新的块定义。

[注] 可创建包含存储和显示信息的一个或多个属性的块定义。可以使用的命令为attdef。通常，属性包括各种数据，如零件数量、名称、成本和日期。可将块属性信息输出为表格或外部文件。

[建议] 有几种用于保存和检索块定义的不同方案。

（1）可以为每个要使用的块创建单个图形文件。可将这些图形文件保存在文件夹中，其中每个文件夹将包含一系列相关的图形文件。

（2）可以将标题栏和常用符号的块定义包括在图形样板文件中，以使其在启动新图形时立即可用。

（3）可创建多个图形文件，有时称之为块库图形。每个图形包含一系列相关的块定义。当将块库图形插入当前图形中时，即可使用在该图形中定义的所有块。

[提示] 可使用联机访问从商业供应商和提供商的网站下载 AutoCAD 图形文件。这可以节省时间，但要始终进行检查以确保它们被正确地绘制，并且可以进行缩放。Autodesk Seek（http://seek. autodesk. com/）是访问 BIM（建筑信息建模）库的便捷方式。

三、AutoCAD 说明和标签

创建说明、标签、编号和标注。按名称保存和恢复样式设置。

可以使用代表多行文字的 mtext 命令（或在"命令"窗口中输入 mt）来创建通用说明。在"注释"面板中提供了多行文字工具，如附图 A-22 所示。

在命令行中执行 mtext 命令后，系统会提示用户使用两次对角单击来创建一个"文本框"，如附图 A-23 所示。

文本框的精确尺寸不是很重要。指定文本框之后，将显示"在位编辑器"，用户可轻松更改说明的长度和宽度（在键入文本之前、键入文本期间或键入文本之后），如附图A-24所示。

附图 A – 22　文字工具

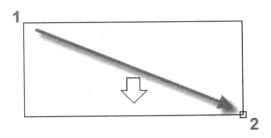

附图 A – 23　单击对角

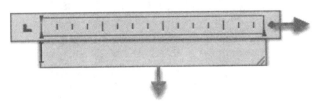

附图 A – 24　更改长度和宽度

在位编辑器中提供了所有常用控件，包括制表符、缩进和列。需要注意的是，当执行 mtext 命令时，功能区会临时更改，显示很多选项，如文字样式、列、拼写检查等。

若要在完成输入文字后退出文字编辑器，可单击其外的任意位置。若要编辑说明，只需双击它便可打开文字编辑器。

[提示] 可以使用"特性"选项板控制用于一个或多个选定多行文字对象的文字样式。例如，选择 5 个使用不同样式的说明后，可单击"样式"列，然后从列表中选择样式，如附图 A – 25 所示。

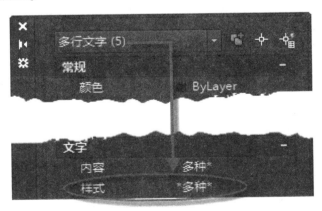

附图 A – 25　选择样式

1. 创建文字样式

与其他几个注释功能一样，多行文字也提供了大量设置。使用 style 命令可将这些设置另存为"文字样式"，通过单击"注释"面板上的下拉箭头按钮可访问已保存的文字样式。当前的文字样式显示在下拉列表的顶部。

若要创建新的文字样式，可单击"文字样式"按钮，如附图 A – 26 所示。

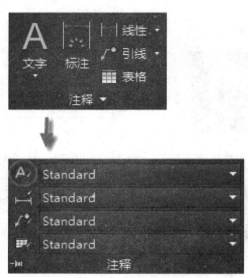

附图 A－26　"文字样式"按钮

创建新的文字样式时，首先为其提供一个名称，然后选择字体和字体样式。用户单击按钮的顺序如附图 A－27 所示。

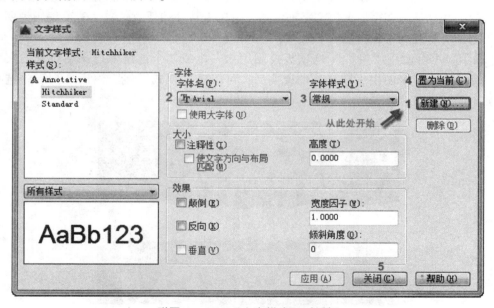

附图 A－27　"文字样式"对话框

[提示] 将任何新的或已更改的文字样式保存在图形样板文件中。通过使它们可用于所有新图形，为用户节省大量时间。

2. 多重引线

多重引线命令用于创建具有引线的文字，如常规标签、参照标签、索引和标注等，如附图 A－28 所示。

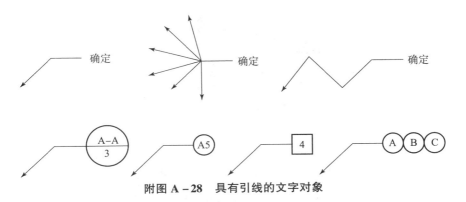

附图 A - 28　具有引线的文字对象

3. 创建多重引线

要创建多重引线，可使用 mleader 命令。在"注释"面板中单击"多重引线"按钮或在命令行中输入 mld，按照命令行中的提示和选项进行操作。

创建多重引线后，将其选中，然后通过单击和移动其夹点来修改它。夹点位置如附图 A - 29 所示。

当光标悬停在箭头和引线夹点上时，会显示夹点菜单。通过这些菜单，用户可添加引线线段或其他引线，如附图 A - 30 所示。

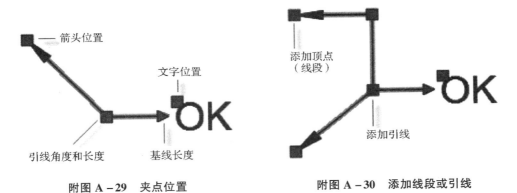

附图 A - 29　夹点位置　　　　　　附图 A - 30　添加线段或引线

用户可通过双击文字位置的夹点来编辑多重引线中的文字。

4. 创建多重引线样式

用户可从展开的"注释"面板的下拉列表中创建自己的多重引线样式，如附图 A - 31 所示或通过在命令行中输入 mleaderstyle 进行创建。

例如，若要创建"详细信息标注"样式，可在命令行中执行 MLEADERSTYLE 命令，在弹出的"多重引线样式管理器"对话框中单击"新建"按钮，然后为新多重引线样式选择描述性的名称。在"修改多重引线样式"对话框中打开"内容"选项卡，选择"多重引线类型"为"块"，然后单击"详细信息标注"按钮，如附图 A - 32 所示。

[注] 与文字样式一样，创建一个或多个多重引线样式后，可将它们保存在图形样板文件中。

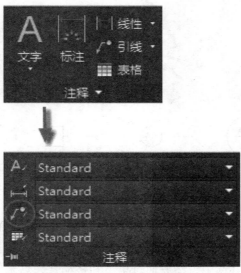

附图 A-31　多重引线样式按钮

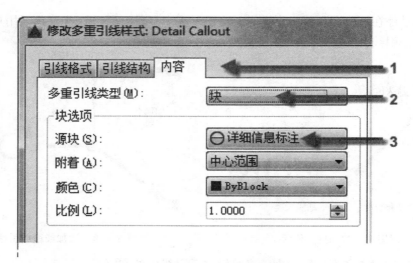

附图 A-32　创建"详细信息标注"样式

四、AutoCAD 打印

用户可将图形布局输出到打印机、绘图仪或文件。保存和恢复每个布局的打印机设置。

最初，人们从打印机打印（print）文字并从绘图仪打印（plot）图形。现在，用户可

附图 A-33　plot 按钮

使用其中的任意方式来执行这两种操作。因此本附录互换使用这两个打印术语（print 和 plot）。

用于输出图形的命令为 plot，用户可从"快速访问"工具栏对其进行访问。如附图 A-33所示。

若要在"打印"对话框中显示所有选项，可单击"更多选项"按钮，如附图 A – 34 所示。

附图 A – 34　"更多选项"按钮

如附图 A – 35 所示，有大量的可供用户使用的设置和选项。

附图 A – 35　"打印 – 模型"对话框

为方便起见，用户可按名称保存和恢复这些设置的集合。对这些设置所做的操作被称为页面设置。使用页面设置可以存储不同的打印机所需的设置，如以灰度打印、从图形创建 PDF 文件等。

1. 创建页面设置

若要弹出"页面设置管理器"对话框，用户可在"模型"选项卡或布局选项卡上单击鼠标右键，然后选择"页面设置管理器"。该命令为 pagesetup。

图形中的每个布局选项卡都可具有关联的页面设置。当用户使用多个输出设备或格式时，或者如果用户在同一图形中有多个不同图纸尺寸的布局时，这会很方便。

若要创建新的页面设置，可单击"新建"按钮并输入新页面设置的名称，如附图 A – 36所示。接下来显示的"页面设置"对话框类似于"打印"对话框；用户可选择要保存的全部选项和设置。

当用户准备就绪可以打印时，只需在"打印"对话框中指定页面设置的名称，即可恢复所有打印设置。在附图 A – 37 中，在将"打印"对话框中将"页面设置"设置为"使用漫游页面设置"，这将输出 DWF（Design Web Format）文件，而不是将其输出到绘图仪。

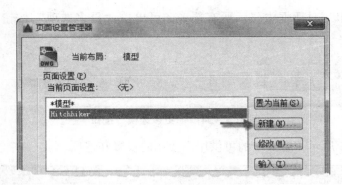

附图 A－36

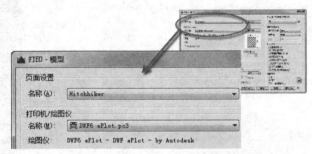

附图 A－37　指定"页面设置"名称

[提示] 用户可在图形样板文件中保存页面设置，或者也可以从其他图形文件输入它们。

2. 输出为 PDF 文件

以下样例显示如何创建用于创建 PDF 文件的页面设置。

在"打印机/绘图仪"下拉列表中选择"AutoCAD PDF（常规文档）.pc3:"，如附图 A－38 所示。

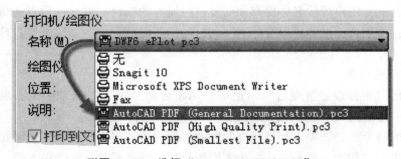

附图 A－38　选择"Auto CAD PDF. PC3"

然后选择要使用的尺寸和比例选项。

（1）图纸尺寸。方向（纵向或横向）已内置于下拉列表的选项中。

（2）打印区域。用户可使用这些选项剪裁要打印的区域，但通常会打印所有区域。

（3）打印偏移。此设置会基于用户的打印机、绘图仪或其他输出而进行更改。用户可尝试将打印居中或调整原点，但需记住，打印机和绘图仪在边的周围具有内置的页边距。

（4）打印比例。从下拉列表中选择打印比例。比例（如 1/4 " =1' -0"）表示用于打印到"模型"选项卡中的比例。在布局选项卡上，通常以 1:1 比例进行打印。

（5）打印样式表提供有关处理颜色的信息。在监视器上看上去正常的颜色可能不适合 PDF 文件或不适合打印。例如，用户可能要创建彩色图形，但却创建了单色输出。以下是如何指定单色输出的信息：

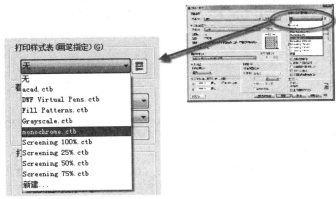

附图 A - 39

[提示] 始终使用"预览"功能仔细检查设置。如附图 A - 40 所示。

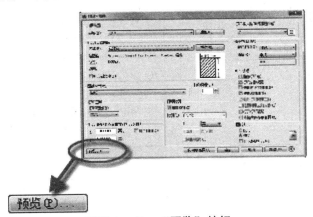

附图 A - 40　　"预览"按钮

弹出的"预览"窗口中包含具有多个控件（包括"打印"和"退出"，如附图 A - 41 所示）的工具栏。

在用户对打印设置满意之后，可将其保存为具有描述性名称（如"PDF - 单色"）的页面设置。然后，无论何时要输出为 PDF 文件，用户只需单击"打印"、选择"PDF - 单色"页面设置，然后单击"确定"即可。

附图 A - 41　　"预览"窗口
工具栏控件

[建议] 如果要共享图形的静态图像，可从图形文件输出 PDF 文件；如果要包括图形中的其他数据，可改为使用 DWF（Design Web Format）文件；如果要和位于不同位置的人同时查看 AutoCAD 图形文件，可考虑使用 AutoCAD A360、AutoCAD 360 Web 和移动应用程序（可从 Autodesk 网站访问）。

附录 B

机械制图相关标准

一、螺纹

普通螺纹直径、螺距和基本尺寸（GB/T 193—2003、GB/T 196—2003）如附表 B–1 所示。

附表 B–1　普通螺纹直径、螺距和基本尺寸（GB/T193—2003、GB/T196—2003）

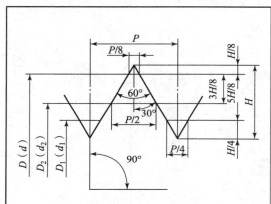

$H = 0.866P$;

$d_2 = d - 0.649\,5P$;

$d_1 = d - 1.082\,5P$;

D、d——内、外螺纹的基本大径（公称直径）；

D_2、d_2——内、外螺纹的基本中径；

D_1、d_1——内、外螺纹的基本中径；

H——原始三角高度；

P = 螺距

标记示例：M24（粗牙普通螺纹，公称直径 24 mm，螺距 3 mm）；M24×1.5（细牙普通螺纹，公称直径 24 mm，螺距 1.5 mm）

公称直径 D，d		螺距 P		粗牙中径	粗牙小径
第一系列	第二系列	粗牙	细牙	D_2，d_2	D_1，d_1
3		0.5	0.35	2.675	2.459
	3.5	0.6		3.110	2.850
4		0.7	0.5	3.545	3.242
	4.5	0.75		4.013	3.688
5		0.8		4.480	4.134
6		1	0.75	5.350	4.917
	7	1	0.75	6.350	5.917
8		1.25	1，0.75	7.188	6.647
10		1.5	1.25，1，0.75	9.026	8.376
12		1.75	1.5，1.25，1	10.863	10.106
	14	2	1.5，1.25，1	12.701	11.835
16		2	1.5，1	14.701	13.835

续表

公称直径 D, d		螺距 P		粗牙中径	粗牙小径
第一系列	第二系列	粗牙	细牙	D_2, d_2	D_1, d_1
	18	2.5		16.376	15.294
20		2.5	2, 1.5, 1	18.376	17.294
	22	2.5		20.376	19.294
24		3		22.051	20.752
	27	3	2, 1.5, 1	25.051	23.752
30		3.5	3, 2, 1.5, 1	27.727	26.211
	33	3.5	3, 2, 1.5	30.727	29.211
36		4		33.402	31.670
	39	4	3, 2, 1.5	36.402	34.670
42		4.5		39.077	37.129
	45	4.5	4, 3, 2, 1.5	42.077	40.129
48		5		44.752	42.587
	52	5	4, 3, 2, 1.5	48.752	46.587
56		5.5		52.428	50.046
	60	5.5	4, 3, 2, 1.5	56.428	54.046
64		6		60.103	57.505
	68	6		64.103	61.505

注：（1）公称直径优先选用第一系列，第三系列未列入。

　　（2）M24×1.25 仅用于火花塞。

二、螺栓

六角头螺栓（GB/T5782—2016）、六角头螺栓—全螺纹（GB/T5783—2016）如附表 B−2 所示。

附表 B−2　六角头螺栓（GB/T5782—2016）、六角头螺栓—全螺纹（GB/T5783—2016）（mm）

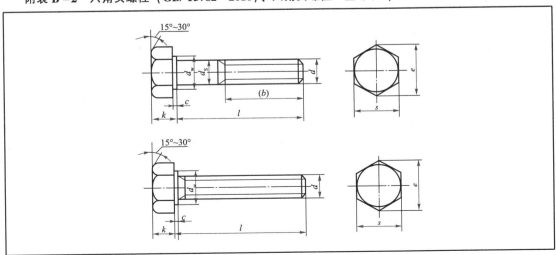

标记示例：

螺纹规格 d = M12、公称长度 l = 80 mm、性能等级为 8.8 级、表面不经处理、产品等级为 A 级的六角头螺栓；

螺栓 GB T5783 M12×80.

螺纹规格 d = M12、公称长度 l = 80 mm、全螺纹性能等级为 8.8 级、表面不经处理、产品等级为 A 级的六角头螺栓；

螺栓 GB/T5782 M12×80.

螺纹规格	d	M4	M5	M6	M8	M10	M20	M16	M20	M24	M30	M36	M42	M48
b 参考	$L_{公称}$≤125	14	16	18	22	26	30	38	46	54	66	78	–	–
	125<$L_{公称}$≤200	20	22	24	28	32	36	44	52	60	72	84	96	108
	$L_{公称}$>200	33	35	37	41	45	49	57	65	73	85	97	109	121
c_{max}		0.4	0.5		0.6				0.8				1	
k_{max}（A）		2.925	3.65	4.15	5.45	6.58	7.68	10.18	12.715	15.215	—	—	—	—
d_{smax}		4	5	6	8	10	12	16	20	24	30	36	42	48
s_{max}		7	8	10	13	16	18	24	30	36	46	55	65	75
e_{min}	A	7.66	8.79	11.05	14.05	17.77	20.03	26.75	33.53	39.98	—	—	—	—
	B	7.5	8.63	10.89	14.2	17.59	19.85	26.17	32.95	39.55	50.85	60.79	72.02	82.6
d_{wmin}	A	5.88	6.88	8.88	11.63	14.63	16.63	22.49	28.19	33.61	—	—	—	—
	B	5.74	6.74	8.74	11.47	14.47	16.47	22	27.7	33.25	42.75	51.11	59.95	69.45
l	GB/T 5782	25~40	25~50	30~60	35~80	40~100	45~120	55~160	65~200	80~240	90~300	110~360	130~440	140~480
	GB/T5783	8~40	10~50	12~60	16~80	20~100	25~120	30~150	40~150	50~150	60~150	70~200	80~200	100~200
l（系列）	GB/T 5782	20~70（5 进位）、70~160（10 进位）160~500（20 进位）												
	GB/T 5783	8，10，12，16，18，20~70（5 进位）、70~160（10 进位）160~200（20 进位）												

注：（1）P—螺距。末端应倒角，对螺纹规格 d≤M4 为辗制末端（GB/T 2）。

（2）螺纹公差：6g。

（3）产品等级：A 级用于 d = 1.6~24 mm 和 l≤10d 或 l≤150 mm（按较小值）的螺栓；

B 级用于 d>24 mm 或 l<10d 或 l>150 mm（按较小值）的螺栓。

三、螺柱

双头螺柱 b_m = d（GB/T 897—1988），b_m = 1.25d（GB/T 898—1988），b_m = 1.5d（GB/T 899—1988），b_m = 2d（GB/T 900—1988）如附表 B-3 所示。

附表 B－3　双头螺柱 $b_{\mathrm{m}} = d$（GB/T 897—1988），$b_{\mathrm{m}} = 1.25d$（GB/T 898—1988），
$b_{\mathrm{m}} = 1.5d$（GB/T 899—1988），$b_{\mathrm{m}} = 2d$（GB/T 900—1988）

标记示例：

（1）两端均为粗牙普通螺纹，$d = 10$ mm、$l = 55$ mm、性能等级为 4.8 级、不经表面处理、B 型、$b_{\mathrm{m}} = d$ 的双头螺柱：

　　螺柱 GB/T 897　M10×50

（2）旋入机体一端为粗牙普通螺纹，旋螺母一端为螺距 $p = 1$ mm 的细牙普通螺纹，$d = 10$ mm、$l = 55$ mm、性能等级为 4.8 级、不经表面处理、A 型、$b_{\mathrm{m}} = d$ 的双头螺柱：

　　螺柱 GB/T 897　AM10—M10×1×50

（3）旋入机体一端为过渡配合螺纹的第一种配合，旋螺母一端为粗牙普通螺纹，$d = 10$ mm、$l = 55$ mm、性能等级为 8.8 级、镀锌纯化、B 型、$b_{\mathrm{m}} = d$ 的双头螺柱：

　　螺柱 GB/T 897　GM10—M10×50－8.8－$Z_{\mathrm{n}} \cdot$ D

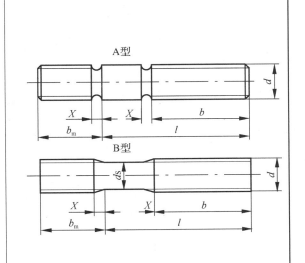

A型

B型

螺纹规格 d	b_{m}				l/b
	GB/T 897—1988	GB/T 898—1988	GB/T 899—1988	GB/T 900—1988	
M2			3	4	（12～16）/6，（18～25）/10
M2.5			3.5	5	（14～18）/8，（20～30）/11
M3			4.5	6	（16～20）/6，（22～40）/12
M4			6	8	（16～22）/8，（25～40）/14
M5	5	6	8	10	（16～22）/10，（25～50）/16
M6	6	8	10	12	（18～22）/10，（25～30）/14，（32～75）/18
M8	8	10	12	16	（18～22）/12，（25～30）/16，（32～90）/22
M10	10	12	15	20	（25～28）/14，（30～38）/16，（40～120）/30，130/32
M12	12	15	18	24	（25～30）/16，（32～40）/20，（45～120）/30，（130～180）/36
（M14）	14	18	21	28	（30～35）/18，（38～45）/25，（50～120）/34，（130～180）/40
M16	16	20	24	32	（30～38）/20，（40～55）/30，（60～120）/38，（130～200）/44
（M18）	18	22	27	36	（35～40）/22，（45～60）/35，（65～120）/42，（130～200）/48

螺纹规格 d	b_m				l/b
	GB/T 898—1988	GB/T 898—1988	GB/T 899—1988	GB/T 900—1988	
（M20）	20	25	30	40	（35～40）/25，（45～65）/38，（70～120）/46，（130～200）/52
（M22）	22	28	33	44	（40～45）/30，（50～70）/40，（75～120）/50，（130～200）/56
M24	24	30	36	48	（45～50）/30，（55～75）/45，（80～120）/54，（130～200）/60
（M27）	27	35	40	54	（50～60）/35，（65～85）/50，（90～120）/60，（130～200）/66
M30	30	38	45	60	（60～65）/40，（70～90）/50，（95～120）/66，（130～200）/72，（210～250）/85
M36	36	45	54	72	（65～75）/45，（80～110）/60，120/78，（130～200）/84，（210～300）/97
M42	42	52	63	84	（70～80）/50，（85～110）/70，120/90，（130～200）/96，（210～300）/109
M48	48	60	72	96	（80～90）/60，（95～110）/80，120/102，（130～200）/108，（210～300）/121
l（系列）	12，（14），16，（18）120，（22），25，（28）30，（32），35，（38），40，45，50，55，60，65，70，75，80，85，90，95，100，110，120，130，140，150，160，170，180，190，200，210，220，230，240，250，260，280，300				

注：（1） $d_s \approx$ 螺纹中径（仅适用于 B 型）。

（2）材料为钢的螺柱，性能等级有 4.8、5.8、6.8、8.8、10.9、12.9 级，其中4.8级为常用。

四、螺钉

（1）开槽圆柱头螺钉（GB/T 65—2016）、开槽盘头螺钉（GB/T 67—2016）、开槽沉头螺钉（GB/T 68—2016）如附表 B－4 所示。

附表 B−4 开槽圆柱头螺钉（GB/T 65—2016）、开槽盘头螺钉（GB/T 67—2016）、
开槽沉头螺钉（GB/T 68—2016） （mm）

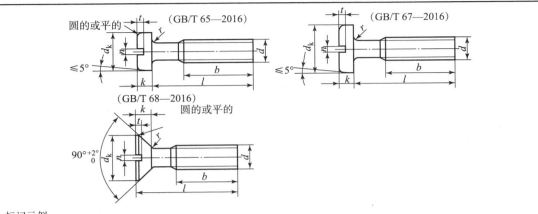

标记示例：

螺纹规格 d = M5、公称长度 l = 20 mm、性能等级为 4.8 级、表面不经处理的 A 级开槽圆柱头螺钉：

螺钉 GB/T 65 M5 × 20

螺纹规格 d		M1.6	M2	M2.5	M3	M4	M5	M6	M8	M10
GB/T 65	d_k	3.0	3.8	4.5	5.5	7	8.5	10	13	16
	k	1.1	1.4	1.8	2.0	2.6	3.3	3.9	5	6
	t	0.45	0.6	0.7	0.85	1.1	1.3	1.6	2	2.4
	r	0.1	0.1	0.1	0.1	0.2	0.2	0.25	0.4	0.4
	l	2 ~ 16	3 ~ 20	3 ~ 25	4 ~ 30	5 ~ 40	6 ~ 50	8 ~ 60	10 ~ 80	12 ~ 80
	全螺纹时最大长度	16	20	25	30	40	40	40	40	40
GB/T 67	d_k	3.2	4	5	5.6	8	9.5	12	16	20
	k	1	1.3	1.5	1.8	2.4	3	3.6	4.8	6
	t	0.35	0.5	0.6	0.7	1	1.2	1.4	1.9	2.4
	r	0.1	0.1	0.1	0.1	0.2	0.2	0.25	0.4	0.4
	l	2 ~ 16	2.5 ~ 20	3 ~ 25	4 ~ 30	5 ~ 40	6 ~ 50	8 ~ 60	10 ~ 80	12 ~ 80
	全螺纹时最大长度	16	20	25	30	40	40	40	40	40
GB/T 68	d_k	3	3.8	4.7	5.5	8.4	9.3	11.3	15.8	18.3
	k	1	1.2	1.5	1.65	2.7	2.7	3.3	4.65	5
	t	0.32	0.4	0.5	0.6	1	1.1	1.2	1.8	2
	r	0.4	0.5	0.6	0.8	1	1.3	1.5	2	2.5
	l	2.5 ~ 16	3 ~ 20	4 ~ 25	5 ~ 30	6 ~ 40	8 ~ 50	8 ~ 60	10 ~ 80	12 ~ 80
	全螺纹时最大长度	16	20	25	30	40	45	45	45	45
n		0.4	0.5	0.6	0.8	1.2	1.2	1.6	2	2.5
b		25				38				
l（系列）		2, 2.5, 3, 4, 5, 6, 8, 10, 12, (14), 16, 20, 25, 30, 35, 40, 45, 50, (55), 60, (65), 70, (75), 80								

（2）内六角圆柱头螺钉（GB/T 70.1—2008）如附表 B–5 所示。

附表 B–5　内六角圆柱头螺钉（GB/T 70.1—2008）　　　　　　（mm）

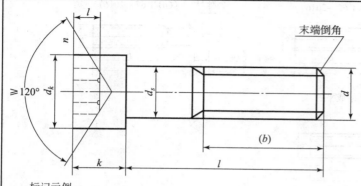
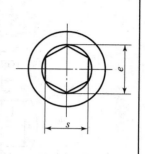

标记示例：

螺纹规格 d = M5、公称长度 l = 20 mm、性能等级为 8.8 级、表面氧化的 A 级内六角圆柱头螺钉：

螺钉　GB/T70.1　M5×10

螺纹规格 d		M4	M5	M6	M8	M10	M12	（M14）	M16	M20	M24	M30	M36
螺距 p		0.7	0.8	1	1.25	1.5	1.75	2	2	2.5	3	3.5	4
b 参考		20	22	24	28	32	36	40	44	52	60	72	84
d_{kmax}	光滑头部	7	8.5	10	13	16	18	21	24	30	36	45	54
	滚花头部	7.22	8.72	10.22	13.27	16.27	18.27	21.33	24.33	30.33	36.39	45.39	54.46
k_{max}		4	5	6	8	10	12	14	16	20	24	30	36
t_{min}		2	2.5	3	4	5	6	7	8	10	12	15.5	19
s 公称		3	4	5	6	8	10	12	14	17	19	22	27
e_{min}		3.44	4.58	5.72	6.86	9.15	11.43	13.72	16	19.44	21.73	25.15	30.35
d_{smax}		4	5	6	8	10	12	14	16	20	24	30	36
l 范围		6~40	8~50	10~60	12~80	16~100	20~120	25~140	25~160	30~200	40~200	45~200	55~200
全螺纹时最大长度		25	25	30	35	40	45	55	55	65	80	90	100
l 系列		6、8、10、12、14、16、20~70（5 进位）、70~160（10 进位）、160~300（20 进位）											

注：（1）括号内的规格尽可能不用。末端按 GB/T2—2016 规定。

　　（2）螺纹公差：机械性能等级 12.9 级时为 5g6g；其他等级时为 6g。

　　（3）产品等级 A。

（3）开槽锥端紧定螺钉（GB/T 71—1985）、开槽平端紧定螺钉（GB/T 73—2017）、开槽长圆柱端紧定螺钉（GB/T 75—1985）如附表 B–6 所示。

附表 B–6　开槽锥端紧定螺钉（GB/T 71—1985）、开槽平端紧定螺钉（GB/T 73—2017）、

开槽长圆柱端紧定螺钉（GB/T 75—1985）

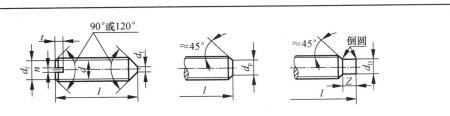

标记示例：

螺纹规格为 M5、公称长度 l = 12 mm、钢制硬度等级 14H 级、表面不经处理、产品等级 A 级的开槽平端紧定螺钉：

螺钉　GB/T 73　M5×12

螺纹规格 d		M1.6	M2	M2.5	M3	M4	M5	M6	M8	M10	M12
P（螺距）		0.35	0.4	0.45	0.5	0.7	0.8	1	1.25	1.5	1.75
n	公称	0.25	0.25	0.4	0.4	0.6	0.8	1	1.2	1.6	2
t	max	0.74	0.84	0.95	1.05	1.42	1.63	2	2.5	3	3.6
d_t	max	0.16	0.2	0.25	0.3	0.4	0.5	1.5	2	2.5	3
d_p	max	0.8	1	1.5	2	2.5	3.5	4	5.5	7	8.5
z	max	1.05	1.25	1.5	1.75	2.25	2.75	3.25	4.3	5.3	6.3
$l_{公称}$	GB/T 71—1985	2~8	3~10	3~12	4~16	6~20	8~25	8~30	10~40	12~50	14~60
	GB/T 73—2017	2~8	2~10	2.5~12	3~16	4~20	5~25	6~30	8~40	10~50	12~60
	GB/T 75—1985	2.5~8	3~10	4~12	5~16	6~20	8~25	10~30	10~40	12~50	14~60
l（系列）		2, 2.5, 3, 4, 5, 6, 8, 10, 12, (14), 16, 20, 25, 30, 35, 40, 45, 50, 55, 60									

注：（1）括号内的规格尽可能不采用。

（2）$d_t \approx$ 螺纹小径。

（3）紧定螺钉钢制性能等级有 14H、22H 级，其中 14H 级为常用。

五、螺母

I 型六角螺母（GB/T6170—2015）如附录 B–7 所示。

附录 B-7 I 型六角螺母（GB/T6170—2015） **mm**

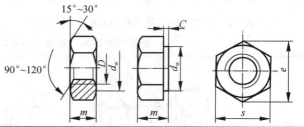

标记示例：

螺纹规格 D = M12、性能等级为 8、不经表

面处理、产品等级为 A 级的 1 型六角螺母：

螺母 GB/T 6170 M12

螺纹规格 D		M3	M4	M5	M6	M8	M10	M12	M16	M20	M24	M30	M36
e（min）		6.01	7.66	8.79	11.05	14.38	17.77	20.03	26.75	32.95	39.55	50.85	60.79
s	max	5.5	7	8	10	13	16	18	24	30	36	46	55
	min	5.23	6.78	7.78	9.78	12.73	15.73	17.73	23.67	29.16	35	45	53.8
c（max）		0.4	0.4	0.5	0.5	0.6	0.6	0.6	0.8	0.8	0.8	0.8	0.8
d_w（min）		4.6	5.9	6.9	8.9	11.6	14.6	16.6	22.5	27.7	33.2	42.7	51.1
d_a（max）		3.45	4.6	5.75	6.75	8.75	10.8	13	17.3	21.6	25.9	32.4	38.9
m	max	2.4	3.2	4.7	5.2	6.8	8.4	10.8	14.8	18	21.5	25.6	31
	min	2.15	2.9	4.4	4.9	6.44	8.04	10.37	14.1	16.9	20.2	24.3	29.4

注：标准规定产品等级为 A 级和 B 级 1 型六角螺母。A 级用于 $D \leqslant 16$ mm 的螺母；B 级用于 $D > 16$ mm 的螺母。

六、垫圈

（1）平垫圈—A 级（GB/T 97.1—2002）、平垫圈 - 倒角型—A 级（GB/T 97.2—2002）如附表 B-8 所示。

附表 B-8 平垫圈—A 级（GB/T 97.1—2002）、

平垫圈—倒角型—A 级（GB/T 97.2—2002） **mm**

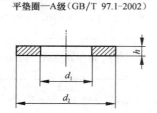
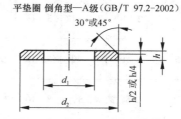

标记示例

标准系列、公称规格 8 mm、由钢制造的硬度等级为 200HV 级、不经表面处理、产品等级为 A 级的平垫圈：

垫圈 GB/T 97.1 8

公称规格（螺纹大径 d）	2	2.5	3	4	5	6	8	10	12	16	20	24	30
内径 d_1	2.2	2.7	3.2	4.3	5.3	6.4	8.4	10.5	13	17	21	25	31
内径 d_2	5	6	7	9	10	12	16	20	24	30	37	44	56
厚度 h	0.3	0.5	0.5	0.8	1	1.6	1.6	2	2.5	3	3	4	4

注：平垫圈 倒角型 A 级（GB/T 97.2—2002）用于公称规格（螺纹大径）为 5~64 mm

（2）标准型弹簧垫圈（GB/T 93—1987）如附表 B-9 所示。

附表 B-9　标准型弹簧垫圈（GB/T 93—1987）

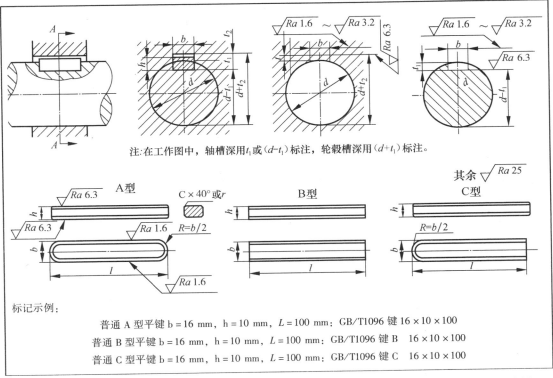

标记示例

规格为 16 mm、材料为 65Mn、表面氧化的标准型弹簧垫圈：

垫圈　GB/T 93-87　16

规格 （螺纹大径）	4	5	6	8	10	12	16	20	24	30	36	42	48
d_{min}	4.1	5.1	6.1	8.1	10.2	12.2	16.2	20.2	24.5	30.5	36.5	42.5	48.5
$S = b$公称	1.1	1.3	1.6	2.1	2.6	3.1	4.1	5	6	7.5	9	10.5	12
$m <$	0.55	0.65	0.8	1.05	1.3	1.55	2.05	2.5	3	3.75	4.5	5.25	6
H_{max}	2.75	3.25	4	5.25	6.5	7.75	10.25	12.5	15	18.75	22.5	26.25	30

注：m 应大于零。

七、键

平键—键槽的剖面尺寸（GB/T 1095—2003）、普通型—平键（GB/T 1096—2003）如附表 B-10 所示。

附表 B-10　平键—键槽的剖面尺寸（GB/T 1095—2003）、普通型—平键（GB/T 1096—2003）（mm）

注：在工作图中，轴槽深用 t_1 或 $(d-t_1)$ 标注，轮毂槽深用 $(d+t_1)$ 标注。

其余 $\sqrt{Ra\,25}$

A型　B型　C型

标记示例：

普通 A 型平键 b = 16 mm，h = 10 mm，L = 100 mm：GB/T1096 键 16×10×100

普通 B 型平键 b = 16 mm，h = 10 mm，L = 100 mm：GB/T1096 键 B　16×10×100

普通 C 型平键 b = 16 mm，h = 10 mm，L = 100 mm：GB/T1096 键 C　16×10×100

续表

键尺寸 $b \times h$	长度 L	宽度 b 基本尺寸	松联结 轴 H9	松联结 毂 D10	正常联结 轴 N9	正常联结 毂 JS9	紧密联结 轴和毂 P9	轴 t_1 基本尺寸	轴 t_1 极限偏差	毂 t_2 基本尺寸	毂 t_2 极限偏差	半径 r min	半径 r max
2×2	6~20	2	+0.0250	+0.060 +0.020	−0.004 −0.029	±0.0125	−0.006 −0.031	1.2	+0.10	1	+0.10	0.08	0.16
3×3	6~36	3						1.8		1.4			
4×4	8~45	4	+0.0300	+0.078 +0.030	0 −0.030	±0.015	−0.012 −0.042	2.5		1.8			
5×5	10~56	5						3.0		2.3			
6×6	14~70	6						3.5		2.8			
8×7	18~90	8	+0.0360	+0.098 +0.040	0 −0.036	±0.018	−0.015 −0.051	4.0	+0.20	3.3	+0.20	0.16	0.25
10×8	22~110	10						5.0		3.3			
12×8	28~140	12	+0.0430	+0.120 +0.050	0 −0.043	±0.0215	−0.018 −0.061	5.0		3.3			
14×9	36~160	14						5.5		3.8		0.25	0.40
16×10	45~180	16						6.0		4.3			
18×11	50~200	18						7.0		4.4			
20×12	56~220	20	+0.0520	+0.149 +0.065	0 −0.052	±0.026	−0.022 −0.074	7.5		4.9			
22×14	63~250	22						9.0		5.4		0.40	0.60
25×14	70~280	25						9.0		5.4			
28×16	80~320	28						10.0		6.4			
32×18	80~360	32	+0.0620	+0.180 +0.080	0 −0.062	±0.031	−0.026 −0.088	11.0	+0.30	7.4	+0.30	0.70	0.1
36×20	100~400	36						12.0		8.4			
40×22	100~400	40						13.0		9.4			
45×25	110~450	45						15.0		10.4			

注 （1）$(d-t_1)$ 和 $(d-t_2)$ 两组组合尺寸的极限偏差按相应的 t_1 和 t_2 的极限偏差选取，但 $(d-t_1)$ 极限偏差应取负号 （−）。

（2）L 系列：6，8，10，12，14，16，18，20，22，25，28，32，36，40，45，50，56，63，70，80，90，100，110，125，140，160，180……。

八、销

（1）圆柱销—不淬硬钢和奥氏体不锈钢（GB/T 119.1—2000）如附表 B − 11 所示。

附表 B - 11 圆柱销—不淬硬钢和奥氏体不锈钢（GB/T 119.1—2000）

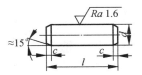

注：1）允许倒或圆凹穴

标记示例：

公称直径 $d = 10$ mm、公差为 m6、公称长度 $L = 90$ mm、材料为钢、不经淬失、不经表面处理的圆柱销：

销　GB/T 119.1　10 m6 × 90

公称直径 $d = 10$ mm、公差为 m6、公称长度 $L = 90$ mm、材料为 AI 组奥氏体不锈钢、表面简单处理的圆柱销：

销　GB/T 119.1　10 m6 × 90 – AI

$d_{m6/h8}$	2	3	4	5	6	8	10	12	16	20	25
$c \approx$	0.35	0.5	0.63	0.8	1.2	1.6	2.0	2.5	3.0	3.5	4.0
l	6 ~ 20	8 ~ 30	8 ~ 40	10 ~ 50	12 ~ 60	14 ~ 80	18 ~ 95	22 ~ 140	26 ~ 180	35 ~ 200	50 ~ 200
l（系列）	6，8，10，12，14，16，18，20，22，24，26，28，30，32，35，40，45，50，55，60，65，70，75，80，85，90，95，100，120，140，160，180，200										

注：（1）其他公差由供需双方协议。

（2）公称长度大于 200 mm，按 20 mm 递增。

（2）圆锥销（GB/T 117—2000）如附表 B - 12 所示。

附表 B - 12 圆锥销（GB/T 117—2000）

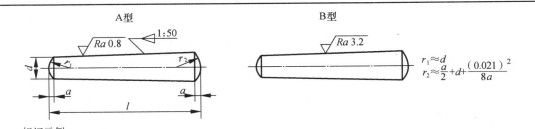

标记示例：

公称直径 $d = 10$ mm、公称长度为 $l = 60$ mm、材料为 35 钢、执处理硬度 28 ~ 38 HRC、表面氧化处理的 A 型圆锥销：

销　GB/T 117　10 × 60

$h10$	4	5	6	8	10	12	16	20	25	30	40	50
$a \approx$	0.5	0.63	0.8	1	1.2	1.6	2	2.5	3	4	5	6.3
l	14 ~ 55	18 ~ 60	22 ~ 90	22 ~ 160	26 ~ 160	32 ~ 180	40 ~ 200	45 ~ 200	50 ~ 200	55 ~ 200	60 ~ 200	65 ~ 200
l（系列）	14，16，18，20，22，24，26，28，30，32，35，40，45，50，55，60，65，70，75，80，85，90，95，100，120，140，160，180，200											

注（1）标准规定圆锥销的公称直径 $d = 0.6 ~ 50$ mm。

（2）有 A 型和 B 型。A 型为磨削，锥面表面粗糙度 $Ra = 0.8$ μm；B 型为切削或冷镦，锥面粗糙度 $Ra = 3.2$ μm。

（3）开口销（GB/T 91—2000）如附表 B–13 所示。

附表 B–13　开口销（GB/T 91—2000）

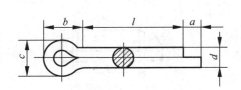

标记示例：

公称规格为 5 mm、公称长度为 $l = 50$ mm、材料为 Q215 或 Q235、不经表面处理的开口销：

销　GB/T 91　5×50

公称规格	0.6	0.8	1	1.2	1.6	2	2.5	3.2	4	5	6.3	8	10	12
c	1	1.4	1.8		2.8	3.6	4.6	5.8	7.4	9.2	11.8	15	19	24.8
$b \approx$	2	2.4	8	3	3.2	4	5	6.4	8	10	12.6	16	20	26
a	1.6	1.6	2.5	2.5	2.5	2.5	2.5	3.2	4	4	4	4	6.3	6.3
l	4~12	5~16	6~20	8~26	8~32	10~40	12~50	14~65	18~80	22~100	30~120	40~160	45~200	70~200
l（系列）	4、5、6、8、10、12、14、16、18、20、22、24、26、28、30、32、36、40、45、50、55、60、65、70、75、80、85、90、95、100、120、140、160、180、200													

注：公称规格等于开口销孔的直径 d

九、滚动轴承

深沟球轴承（GB/T 276—2013）、圆锥滚子轴承（GB/T 297—2015）、推力球轴承（GB/T 301—2015）如附表 B–14 所示。

附表 B–14　滚动轴承　　　　　　　　　　　　　　　　mm

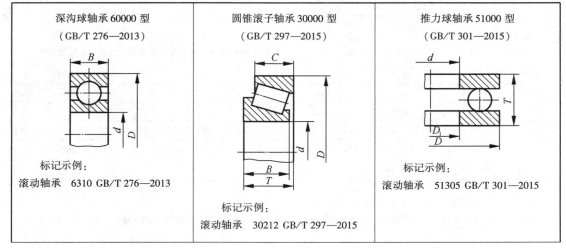

轴承型号	外形尺寸			轴承型号	外形尺寸					轴承型号	外形尺寸				
	d	D	B		d	D	B	C	T		d	D	T	D_{1smin}	d_{1smax}
尺寸系列（0）2				尺寸系列 02						尺寸系列 12					
6202	15	35	11	30203	17	40	12	11	13.25	51202	15	32	12	17	32
6203	17	40	12	30204	20	47	14	12	15.25	51203	17	35	12	19	35
6204	20	47	14	30205	25	52	15	13	16.25	51204	20	40	14	22	40
6205	25	52	15	30206	30	62	16	14	17.25	51205	25	47	15	27	47
6206	30	62	16	30207	35	72	17	15	18.25	51206	30	52	16	32	52
6207	35	72	17	30208	40	80	18	16	19.75	51207	35	62	18	37	62
6208	40	80	18	30209	45	85	19	16	20.75	51208	40	68	19	42	68
6209	45	85	19	30210	50	90	20	17	21.75	51209	45	73	20	47	73
6210	50	90	20	30211	55	100	21	18	22.75	51210	50	78	22	52	78
6211	55	100	21	30212	60	110	22	19	23.75	51211	55	90	25	57	90
6212	60	110	22	30213	65	120	23	20	24.75	51212	60	95	26	62	95
尺寸系列（0）3				尺寸系列 03						尺寸系列 13					
6302	15	42	13	30302	15	42	13	11	14.25	51304	20	47	18	22	47
6303	17	47	14	30303	17	47	14	12	15.25	51305	25	52	18	27	52
6304	20	52	15	30304	20	52	15	13	16.25	51306	30	60	21	32	60
6305	25	62	17	30305	25	62	17	15	18.25	51307	35	68	24	37	68
6306	30	72	19	30306	30	72	19	16	20.75	51308	40	78	26	42	78
6307	35	80	21	30307	35	80	21	18	22.75	51309	45	85	28	47	85
6308	40	90	23	30308	40	90	23	20	25.25	51310	50	95	31	52	95
6309	45	100	25	30309	45	100	25	22	27.25	51311	55	105	35	57	105
6310	50	110	27	30310	50	110	27	23	29.25	51312	60	110	35	62	110
6311	55	120	29	30311	55	120	29	25	31.50	51313	65	115	36	67	115
6312	60	130	31	30312	60	130	31	26	33.50	51314	70	125	40	72	125

注：圆括号中的尺寸系列代号在轴承代号中可省略。

十、极限与配合

（1）标准公差数值如附表 B－15 所示。

附表 B－15　标准公差数值（GB/T 1800.1—2009）

基本尺寸/mm		标准公差等级																	
		IT1	IT2	IT3	IT4	IT5	IT6	IT7	IT8	IT9	IT10	IT11	IT12	IT13	IT14	IT15	IT16	IT17	IT18
大于	至	公差值/μm											公差值/mm						
—	3	0.8	1.2	2	3	4	6	10	14	25	40	60	0.1	0.14	0.25	0.4	0.6	1	1.4
3	6	1	1.5	2.5	4	5	8	12	18	30	48	75	0.12	0.18	0.3	0.45	0.75	1.2	1.8
6	10	1	1.5	2.5	4	6	9	15	22	36	58	90	0.15	0.22	0.36	0.58	0.9	1.5	2.2
10	18	1.2	2	3	5	8	11	18	27	43	70	110	0.18	0.27	0.43	0.7	1.1	1.8	2.7
18	30	1.5	2.5	4	6	9	13	21	33	52	84	130	0.21	0.33	0.52	0.84	1.3	2.1	3.3
30	50	1.5	2.5	4	7	11	16	25	39	62	100	160	0.25	0.39	0.62	1	1.6	2.5	3.9
50	80	2	3	5	8	13	19	30	46	74	120	190	0.3	0.46	0.74	1.2	1.9	3	4.6
80	120	2.5	4	6	10	15	22	35	54	87	140	220	0.35	0.54	0.87	1.4	2.2	3.5	5.4
120	180	3.5	5	8	12	18	25	40	63	100	160	250	0.4	0.63	1	1.6	2.5	4	6.3
180	250	4.5	7	10	14	20	29	46	72	115	185	290	0.46	0.72	1.15	1.85	2.6	4.6	7.2
250	315	6	8	1.2	16	23	32	52	81	130	210	320	0.52	0.81	1.3	2.1	3.2	5.2	8.1
315	400	7	9	13	18	25	36	57	89	140	230	360	0.57	0.89	1.4	2.3	3.6	5.7	8.9
400	500	8	10	15	20	27	40	63	97	155	250	400	0.63	0.97	1.55	2.5	4	6.3	9.7

注：基本尺寸小于 1 mm 无 IT14I 至 T18

（2）优先配合中轴的极限偏差（GB/T 1800.2—2009）如附表 B－16 所示。

附表 B - 16　优先及常用配合轴的极限偏差表（摘自 GB/T 1800. 2—2009）

代号	a	b	c	d	e	f	g	h				
基本尺寸 /mm	公差带											
大于　　至	11	11	*11	*9	8	*7	*6	5	*6	*7	8	*9
－　　3	－270 －330	－140 －200	－60 －120	－20 －45	－14 －28	－6 －16	－2 －8	0 －4	0 －6	0 －10	0 －14	0 －25
3　　6	－270 －345	－140 －215	－70 －145	－30 －60	－20 －38	－10 －22	－4 －12	0 －5	0 －8	0 －12	0 －18	0 －30
6　　10	－280 －338	－150 －240	－80 －170	－40 －76	－25 －47	－13 －28	－5 －14	0 －6	0 －9	0 －15	0 －22	0 －36
10　　14	－290 －400	－150 －260	－95 －205	－50 －93	－32 －59	－16 －34	－6 －17	0 －8	0 －11	0 －18	0 －27	0 －43
14　　18												
18　　24	－300 －430	－160 －290	－110 －240	－65 －117	－40 －73	－20 －41	－7 －20	0 －9	0 －13	0 －21	0 －33	0 －52
24　　30												
30　　40	－310 －470	－170 －330	－120 －280	－80 －142	－50 －89	－25 －50	－9 －25	0 －11	0 －16	0 －25	0 －39	0 －62
40　　50	－320 －480	－180 －340	－130 －290									
50　　65	－340 －530	－190 －380	－140 －330	－100 －174	－60 －106	－30 －60	－10 －29	0 －13	0 －19	0 －30	0 －46	0 －74
65　　80	－360 －550	－200 －390	－150 －340									
80　　100	－380 －600	－220 －440	－170 －390	－120 －207	－72 －126	－36 －71	－12 －34	0 －1	0 －22	0 －35	0 －54	0 －87
100　　120	－410 －630	－240 －460	－180 －400									
120　　140	－460 －710	－260 －510	－200 －450	－145 －245	－85 －148	－43 －83	－14 －39	0 －18	0 －25	0 －40	0 －63	0 －100
140　　160	－520 －770	－280 －530	－210 －460									
160　　180	－580 －830	－310 －560	－230 －480									
180　　200	－660 －950	－340 －630	－240 －530	－170 －285	－100 －172	－50 －96	－15 －44	0 －20	0 －29	0 －46	0 －72	0 －115
200　　225	－740 －1030	－380 －670	－260 －550									
225　　250	－820 －1110	－420 －710	－280 －570									

代号		a	b	c	d	e	f	g	h				
基本尺寸 /mm		公差带											
大于	至	11	11	*11	*9	8	*7	*6	5	*6	*7	8	*9
250	280	−920 / −1240	−480 / −800	−300 / −620	−190 / −320	−110 / −191	−56 / −108	−17 / −49	0 / −23	0 / −32	0 / −52	0 / −81	0 / −130
280	315	−1050 / −1370	−540 / −860	−330 / −650									
315	355	−1200 / −1560	−600 / −960	−360 / −720	−210 / −350	−125 / −214	−62 / −119	−18 / −54	0 / −25	0 / −36	0 / −57	0 / −89	0 / −140
355	400	−1350 / −1710	−680 / −1040	−400 / −760									
400	450	−1500 / −1900	−760 / −1160	−440 / −840	−230 / −385	−135 / −232	−68 / −131	−20 / −60	0 / −27	0 / −40	0 / −63	0 / −97	0 / −155
450	500	−1650 / −2050	−840 / −1240	−480 / −880									

注：带"*"者为优先选用的，其他为常用的。

			js	k	m	n	p	r	s	t	u	v	x	y	z
			公差带												
10	*11	12	6	*6	6	*6	*6	6	*6	6	*6	6	6	6	6
0 / −40	0 / −60	0 / −100	±3	+6 / 0	+8 / +2	+10 / +4	+12 / +6	+16 / +10	+20 / +14	—	+24 / +18	—	+26 / +20	—	+32 / +26
0 / −48	0 / −75	0 / −120	±4	+9 / +1	+12 / +4	+16 / +8	+20 / +12	+23 / +15	+27 / +19	—	+31 / +23	—	+36 / +28	—	+43 / +35
0 / −58	0 / −90	0 / −150	±4.5	+10 / +1	+15 / +6	+19 / +10	+24 / +15	+28 / +19	+32 / +23	—	+37 / +28	—	+43 / +34	—	+51 / +42
0 / −70	0 / −110	0 / −180	±5.5	+12 / +1	+18 / +7	+23 / +12	+29 / +18	+34 / +23	+39 / +28	—	+44 / +33	—	+51 / +40	—	+61 / +50
												+50 / +39	+56 / +45		+71 / +60
0 / −84	0 / −130	0 / −120	±6.5	+15 / +2	+21 / +8	+28 / +15	+35 / +22	+41 / +28	+48 / +35	—	+54 / +41	+60 / +47	+67 / +54	+76 / +63	+86 / +73
										+54 / +41	+61 / +48	+68 / +55	+77 / +54	+88 / +75	+101 / +88
0 / −100	0 / −160	0 / −250	±8	+18 / +2	+25 / +9	+33 / +17	+42 / +26	+50 / +34	+59 / +43	+64 / +48	+76 / +60	+84 / +68	+96 / +80	+110 / +94	+128 / +112
										+70 / +54	+86 / +70	+97 / +81	+13 / +97	+130 / −114	+152 / +136

续表

			js	k	m	n	p	r	s	t	u	v	x	y	z
公差带															
10	*11	12	6	*6	6	*6	*6	6	*6	6	*6	6	6	6	6
0 / −120	0 / −190	0 / −300	±9.5	+21 / +2	+30 / +11	+39 / 20	51 / 32	+60 / +41	+72 / +53	+85 / +66	+106 / +87	+121 / +102	+141 / +122	+163 / +144	+191 / +171
								+62 / 43	+78 / 59	+94 / +75	+121 / +102	+139 / +120	+165 / 146	+193 / +174	+229 / +210
0 / −140	0 / −220	0 / −350	±11	+25 / +3	+35 / +13	45 / +23	+59 / +37	+73 / +51	+93 / +71	+113 / +91	+146 / +126	+168 / +146	+200 / +178	+236 / +214	+280 / +258
								+76 / +54	+101 / +79	+126 / +124	+166 / +144	+194 / +172	+232 / +210	+276 / +254	+332 / +310
0 / −160	0 / −250	0 / −400	±12.5	+28 / +3	+40 / +15	+52 / +27	+68 / +43	+88 / +63	+117 / +92	+147 / +122	+195 / +170	+227 / +202	+273 / +248	+325 / +300	+390 / +365
								+90 / +65	+125 / +100	+159 / +134	+215 / +190	+253 / +228	+305 / +208	+365 / +340	+440 / +415
								+93 / +68	+133 / +108	+1714 / +146	+235 / +210	+277 / +252	+335 / +310	+405 / +308	+490 / +465
0 / −185	0 / −290	0 / −460	±14.5	+33 / 4	46 / +17	+60 / +31	+79 / +50	+106 / +77	+151 / +122	195 / +166	265 / +236	+313 / +284	+379 / +350	454 / +425	549 / +520
								+109 / +80	+159 / +130	+209 / +180	+287 / 258	+339 / +310	+414 / +385	+499 / +470	+604 / +575
								+113 / +84	+169 / +140	+225 / +196	+313 / +284	+369 / +340	+454 / +425	+549 / +520	669 / +640
0 / −210	0 / −320	0 / −520	±16	+36 / +4	+52 / 20	+66 / +34	88 / +56	+126 / +94	+190 / +158	+250 / +218	+347 / +315	+417 / +385	+507 / +475	+612 / +580	+742 / +710
								+130 / +98	+202 / +170	+272 / +240	+282 / 350	+457 / +425	+557 / 525	+682 / +650	+822 / +790
0 / −230	0 / −360	0 / −570	±18	+40 / +4	+57 / +21	+73 / +37	+98 / +62	+144 / +108	+226 / +190	+304 / +268	+426 / +390	+511 / +475	+626 / +590	+766 / +730	+936 / +900
								+150 / +114	+224 / +208	+330 / +294	+471 / +435	+566 / +530	+696 / +660	+856 / +820	+1036 / +1000
0 / −250	0 / −400	0 / −630	±20	+45 / +5	+63 / +23	+80 / +40	+108 / +68	+166 / +126	272 / +232	+370 / +330	+530 / +490	+635 / +595	+780 / +740	+960 / +920	+1140 / +1100
								+172 / +132	+292 / +252	+400 / +360	+580 / +540	+700 / +660	+860 / +820	+1040 / +1000	+1290 / +1250

（3）优先配合孔的极限偏差（GB/T 1800.2—2009）如附表 B-17 所示。

附表 B-17　优先配合孔的极限偏差（GB/T 1800.2—2009）

代号		A	B	C	D	E	F	G	H				
基本尺寸 mm		公差等级											
大于	至	11	11	*11	*9	8	*8	*7	6	*7	*8	*9	*10
—	3	+330 / +270	+200 / +140	+120 / +60	+45 / +20	+28 / +14	+20 / +6	+12 / +2	+6 / 0	+10 / 0	+14 / 0	+25 / 0	+40 / 0

代号		A	B	C	D	E	F	G	H				
基本尺寸 mm		公差等级											
大于	至	11	11	*11	*9	8	*8	*7	6	*7	*8	*9	*10
3	6	+345	+215	+145	+60	+38	+28	+16	+8	+12	+18	+30	+48
		+270	+140	+70	+30	+20	+10	+4	0	0	0	0	0
6	10	+370	+240	+170	+76	+47	+35	+20	+9	+15	+22	+36	+58
		+280	+150	+80	+40	+25	+13	+5	0	0	0	0	0
10	14	400	260	+205	+93	+59	+43	+24	+11	+18	+27	+43	+70
14	18	+290	+150	+95	+50	+32	+16	+6	0	0	0	0	0
18	24	+430	+290	+240	+117	+73	+53	+28	+13	+21	+33	52	+84
23	30	+300	+160	+110	+65	+40	+20	+7	0	0	0	0	0
30	40	+470	+330	+280									
		+310	+170	+120	+142	+89	+64	+34	+16	+25	+39	+620	+100
40	50	+480	+340	+290	+80	+50	+25	+9	0	0	0	0	0
		+320	+180	+130									
50	65	+530	+380	+330									
		+340	+190	+140	+170	+106	+76	+40	+19	+30	+46	+74	+120
65	80	+550	+390	+340	+100	+10	+30	+10	0	0	0	0	0
		+360	+200	+150									
80	100	+600	+440	+390									
		+380	+220	+170	+207	+126	+90	+47	+22	+35	+54	+87	+140
100	120	+630	+460	+400	+120	+72	+36	+12	0	0	0	+ 0	0
		+410	+240	+180									
120	140	+710	+510	+450									
		+460	+260	+200									
140	160	+770	+530	+460	+245	+148	+106	+54	+25	+40	+63	+100	+160
		+520	+280	+210	145	+85	+43	+14	0	0	0	0	0
160	180	+830	+560	+480									
		+580	+310	+230									
180	200	+950	+630	+530									
		+660	+340	+240									
200	225	+1030	+670	+550	+285	+172	+122	+61	+29	+46	+72	+155	+185
		+740	+380	+260	+170	+100	+50	+15	0	0	0	0	0
225	250	+1110	+710	+570									
		+820	+420	+280									
250	280	+1240	+800	+620									
		+920	+480	+300	+320	+191	+137	+69	+32	+520	+81	+130	+210
280	315	+1370	+860	+650	+190	+110	+56	+17	0	0	0	0	0
		+1050	+540	+330									
315	355	+1560	+960	+720									
		+1200	+600	+360	+350	+214	+151	+75	+36	+57	+89	+140	230
355	400	+1710	+1040	+760	+210	+125	+62	+18	0	0	0	0	0
		+1350	+680	+400									
400	450	+1900	+1160	+840									
		+1500	+760	+440	+385	+232	+165	+83	+40	+63	+97	+155	250
450	500	+2050	+1240	+880	+230	+135	+68	+20	0	0	0	0	0
		+1650	+840	+480									

（单位：μm）

		JS		K			M	N		P		R	S	T	U
							公差等级								
*11	12	6	7	6	*7	8	7	6	*7	6	*7	7	*7	7	*7
+60/0	+100/0	±3	±5	0/-6	0/-10	0/-14	-2/-12	-4/-10	-4/-14	-6/-12	-6/-16	-10/-20	-14/-24	—	-18/-28
+75/0	+120/0	±4	±6	+2/-6	+3/-9	+5/-13	0/-12	-5/-13	-4/-16	-9/-17	-8/-20	-11/-23	-15/-27	—	-19/-31
+90/0	+150/0	±4.5	±7	+2/-7	+5/-10	+6/-16	0/-15	-7/-16	-4/-19	-12/-21	-9/-24	-13/-28	-17/-32	—	-22/-37
+110/0	+180/0	±5.5	±9	+2/-9	+6/-12	+8/-19	0/-18	-9/-20	-5/-23	-15/-26	-11/29	-16/-34	-21/-39	—	-26/-44
+130/0	+210/0	±6.5	±10	+2/-11	+6/-15	+10/-23	0/-21	-11/-24	-7/-28	-18/-31	-14/-35	-20/-41	-27/48	—	-33/-54
														-33/-54	-40/-61
+160/0	+250/0	±8	±12	+3/-13	+7/-18	+12/27	0/-25	-12/-28	-8/-33	-21/-37	-17/-42	-25/-50	-34/-59	-39/-64	-51/-76
														-45/-70	-61/-86
+190/0	+300/0	±9.5	±15	+4/+15	+9/-21	+14/-32	0/-30	-14/-33	-9/-39	-26/-45	-21/-51	-30/-60	-42/-72	-55/-85	-76/-106
												-32/-62	-48/-78	-64/-94	-91/-121
+220/0	+350/0	±11	±17	+4/-18	+10/-25	+16/-38	0/-35	-16/-38	-10/-45	-30/-52	-24/-59	-38/-73	-58/-93	-78/-113	-111/-146
												-41/-76	-66/-101	-91/-126	-131/-166
+250/0	+400/0	±12.5	±20	+4/-21	+12/-28	+20/-43	0/-40	-20/-45	-12/-52	-36/-61	-28/-68	-48/-88	-77/-177	-170/-147	-155/-195
												-50/-90	-85/-125	-119/-159	-175/-215
												-53/-93	-93/-133	-131/-171	-195/-235
+290/0	+460/0	±14.5	±23	+5/-24	+13/-33	+22/-50	0/-46	-22/-51	-14/-60	-41/-70	-33/-79	-60/-106	-105/-151	-149/-195	-219/-265
												-63/-109	-113/-159	-163/-209	-241/-287
												-67/-113	-123/-169	-179/-225	-267/-313
+320/0	+520/0	±16	±26	+5/-27	+16/-36	+25/-56	0/-52	-25/-57	-14/-66	-47/-79	-36/-88	-74/-126	-138/-190	-198/-250	-295/-347
												-78/-130	-150/-202	-220/-272	-330/-382

	JS			K		M		N		P		R	S	T	U
公差等级															
*11	12	6	7	6	*7	8	7	6	*7	6	*7	7	*7	7	*7
+360 0	+570 0	±18	±28	+7 −29	+17 −40	+28 −61	0 −57	−26 −62	−16 −73	−51 −87	−41 −98	−87 −144	−169 −226	−247 −304	−369 −426
												−93 −150	−187 −224	−273 −330	−414 −471
+400 0	+630 0	±20	±31	+8 −32	+18 −45	+29 −68	−63	−27 −67	−17 −80	−55 −95	−45 −108	−103 −166	−209 −272	−307 −370	−467 −530
												−109 −172	−229 −292	−337 −400	−517 −580

（4）基孔制优先、常用配合（GB/T 1081—2009），基轴制优先、常用配合（GB/T 1801—2009）分别如附表 B – 18、附表 B – 19 所示。

附表 B – 18　基孔制优先、常配合（GB/T 1081—2009）

基准孔	轴																				
	a	b	c	d	e	f	g	h	js	k	m	n	p	r	s	t	u	v	x	y	z
	间隙配合								过滤配合			过滤配合									
H6						$\frac{H6}{f5}$	$\frac{H6}{g5}$	$\frac{H6}{h5}$	$\frac{H6}{js5}$	$\frac{H6}{k5}$	$\frac{H6}{m5}$	$\frac{H6}{n5}$	$\frac{H6}{p5}$	$\frac{H6}{r5}$	$\frac{H6}{s5}$	$\frac{H6}{t5}$					
H7						$\frac{H7}{f6}$	$\frac{H7}{g6}$	$\frac{H7}{h6}$	$\frac{H7}{js6}$	$\frac{H7}{k6}$	$\frac{H7}{m6}$	$\frac{H7}{n6}$	$\frac{H7}{p6}$	$\frac{H7}{r6}$	$\frac{H7}{s6}$	$\frac{H7}{t6}$	$\frac{H7}{u6}$	$\frac{H7}{v6}$	$\frac{H7}{x6}$	$\frac{H7}{y6}$	$\frac{H7}{z6}$
H8					$\frac{H8}{e7}$	$\frac{H8}{f7}$	$\frac{H8}{g7}$	$\frac{H8}{h7}$	$\frac{H8}{js7}$	$\frac{H8}{k7}$	$\frac{H8}{m7}$	$\frac{H8}{n7}$	$\frac{H8}{p7}$	$\frac{H8}{r7}$	$\frac{H8}{s7}$	$\frac{H8}{t7}$	$\frac{H8}{u7}$				
H8				$\frac{H8}{d8}$	$\frac{H8}{e8}$	$\frac{H8}{f8}$		$\frac{H8}{h8}$													
H9			$\frac{H9}{c9}$	$\frac{H9}{d9}$	$\frac{H9}{e9}$	$\frac{H9}{f9}$		$\frac{H9}{h9}$													
H10			$\frac{H10}{c10}$	$\frac{H10}{d10}$		$\frac{H10}{e10}$															
H11	$\frac{H11}{a11}$	$\frac{H11}{b11}$	$\frac{H11}{c11}$	$\frac{H11}{d11}$				$\frac{H11}{h11}$													
H12		$\frac{H12}{b12}$						$\frac{H12}{h12}$													

注：（1）$\frac{H6}{n5}$、$\frac{H7}{p6}$ 在公称尺寸小于或等于 3 mm 和 $\frac{H8}{r7}$ 在小于或等于 100 mm 时，为过渡配合。（2）标注▼的配合为优先配合。

附表 B－19　基轴制优先、常用配合（GB/T 1801—2009）

基准轴	孔																				
	A	B	C	D	E	F	G	H	JS	K	M	N	P	R	S	T	U	V	X	Y	Z
	间隙配合								过渡配合			过盈配合									
h5						$\frac{F6}{h5}$	$\frac{G6}{h5}$	$\frac{H6}{h5}$	$\frac{JS6}{h5}$	$\frac{K6}{h5}$	$\frac{M6}{h5}$	$\frac{N6}{h5}$	$\frac{P6}{h5}$	$\frac{R6}{h5}$	$\frac{S6}{h5}$	$\frac{T6}{h5}$					
h7						$\frac{F7}{h6}$	$\frac{G7}{h6}$	$\frac{H7}{h6}$	$\frac{JS7}{h6}$	$\frac{K7}{h6}$	$\frac{M7}{h6}$	$\frac{N7}{h6}$	$\frac{P7}{h6}$	$\frac{R7}{h6}$	$\frac{S7}{h6}$	$\frac{T7}{h6}$	$\frac{U7}{h6}$				
h7					$\frac{E8}{h7}$	$\frac{F8}{h7}$		$\frac{H8}{h7}$	$\frac{JS8}{h7}$	$\frac{K8}{h7}$	$\frac{M8}{h7}$	$\frac{N8}{h7}$									
h8				$\frac{D8}{h8}$	$\frac{E8}{h8}$	$\frac{F8}{h8}$		$\frac{H8}{h8}$													
h8				$\frac{D9}{h9}$	$\frac{E9}{h9}$	$\frac{F9}{h9}$		$\frac{H9}{h9}$													
h10				$\frac{D10}{h10}$				$\frac{H10}{h10}$													
h11	$\frac{A11}{h11}$	$\frac{B11}{h11}$	$\frac{C11}{h11}$	$\frac{D11}{h11}$				$\frac{H11}{h11}$													
h12		$\frac{B12}{h12}$						$\frac{H12}{h12}$													

注：标注 ◣ 的配合为优先配合

十一、常用标准结构

（1）中心孔（BG/T 145—2001）、机械制图中心孔表示法（GB/T 4459.5—1999）如附表 B－20 所示。

附表 B－20　中心孔（GB/T 145—2001）、机械制图中心孔表示法（GB/T 4459.5—1999）　　mm

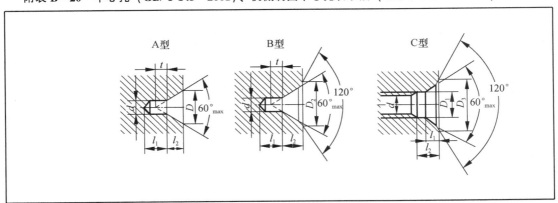

续表

中心孔尺寸														
A、B 型						C 型					选择中心孔参考数据（非标准内容）			
	A 型			B 型						l_1				工件最大重量 G/t
d	D	l_2	t 参考尺寸	D_2	l_2	t 参考尺寸	d	D_1	D_3	l	参考尺寸	原料端部最小直径 D_0	轴状原料最大直径 D_c	
2.00	4.25	1.95	1.8	6.30	2.54	1.8						8	>10~18	0.12
2.50	5.30	2.42	2.2	8.00	3.20	2.2						10	>18~30	0.2
3.15	6.70	3.07	2.8	10.00	4.03	2.8	M3	3.2	5.8	2.6	1.8	12	>30~50	0.5
4.00	8.50	3.90	3.5	12.50	5.05	3.5	M4	4.3	7.4	3.2	2.1	15	>50~80	0.8
(5.00)	10.60	4.85	4.4	16.00	6.41	4.4	M5	5.3	8.8	4.0	2.4	20	>80~120	1
6.30	13.20	5.98	5.5	18.00	7.36	5.5	M6	6.4	10.5	5.0	2.8	25	>120~180	1.5
(8.00)	17.00	7.79	7.0	22.40	9.36	7.0	M8	8.4	13.2	6.0	3.3	30	>180~220	2
10.00	21.20	9.70	8.7	28.00	11.66	8.7	M10	10.5	16.3	7.5	3.8	42	>220~260	3

注：（1）尺寸 l_1 取决于中心钻的长度，此值不应小于 t 值（对 A 型、B 型）。

（2）括号内的尺寸尽量不采用。

（3）R 型中心孔未列入。

中心孔表示法			
要求	符号	表示法示例	说明
在完工的零件上要求保留中心孔		B 2.5/8	采用 B 型中心孔，$D = 2.5$ mm、$D_1 = 8$ mm；在完工的零件上要求保留
在完工的零件上可以保留中心孔		A4/8.5	采用 A 型中心孔，$D = 4$ mm、$D_1 = 8.5$ mm；在完工的零件上是否保留都可以
在完工的零件上不允许保留中心孔		A1.6/3.35	采用 A 型中心孔，$D = 1.6$ mm、$D_1 = 3.35$ mm；在完工的零件上不允许保留

（2）紧固件—螺栓和螺钉通孔（GB/T 5277—1985）及紧固件沉头座尺寸（GB/T 152.2—2014、GB/T 152.3～4～1988）如附表 B-21 所示。

附表 B-21　紧固件—螺栓和螺钉（GB/T 5277—1985）紧固件沉头座尺寸

（GB/T 152.2—2014、GB/T 152.4—1988）　　　　　　　　mm

螺纹规格 d			M3	M4	M5	M6	M8	M10	M12	M14	M16	M18	M20	M22	M24	M27	M30	M36
通孔直径 GB/T5277—1985	精装配		3.2	4.3	5.3	6.4	8.4	10.5	13	15	17	19	21	23	25	28	31	37
	中等装配		3.4	4.5	5.5	6.6	9	11	13.5	15.5	17.5	20	22	24	26	30	33	39
	粗装配		3.6	4.8	5.8	7	10	12	14.4	16.5	18.5	21	24	26	28	32	35	42
六角头螺栓和六角螺母用沉孔 GB/T 152.4—1988		d_2	9	10	11	13	18	22	26	30	33	36	40	43	48	53	61	71
		d_3	—	—	—	—	—	—	16	18	20	22	24	26	28	33	36	42
		d_1	3.4	4.5	5.5	6.6	9.0	11.0	13.5	15.5	17.5	20.0	22.0	24	26	30	33	39
沉头螺钉用沉孔 GB/T 152.2—2014		D_c	6.3	9.4	10.4	12.6	17.3	20										
		$t≈$	1.55	2.55	2.58	3.13	4.28	4.65										
		d_h	3.4	4.5	5.5	6.6	9	11										
圆柱头用沉孔 GB/T 152.3—1988	适用于内六角圆柱头螺钉	d_2	6.0	8.0	10.0	11.0	15.0	18.0	20.0	24.0	26.0	—	33.0	—	40.0	—	48.0	57
		t	3.4	4.6	5.7	6.8	9.0	11.0	13.0	15.0	17.5	—	21.5	—	25.5	—	32.0	38
		d_3							16	18	20		24		28		36	42
		d_1	3.4	4.5	5.5	6.6	9.0	11.0	13.5	15.5	17.5		22.0		26.0		33.0	39
	适用于开槽圆柱头螺钉	d_2	—	8	10	11.7	15	18	20	24	26	—	33	—	—	—	—	—
		t	—	3.2	4.0	4.7	6.0	7.0	8.0	9.0	10.5	—	12.5	—	—	—	—	—
		d_3							16	18	20		24					
		d_1	—	4.5	5.5	6.6	9.0	11.0	13.5	15.5	17.5		22.0					

注：六角头螺栓和六角螺母用沉孔的尺寸 t，只要能制出与通孔轴线垂直的圆平面即可，即刮平圆面为止，常称锪平。

（3）普通螺纹倒角和退刀槽（GB/T 3—1997）、紧固件—外螺纹零件末端（GB/T 2—2016）如附表 B‑22 所示。

附表 B‑22　普通螺纹倒角和退刀槽（GB/T 3—1997）、紧固件—外螺纹零件末端（GB/T 2—2016）　　mm

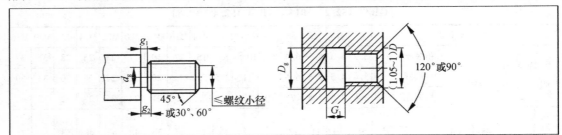

退刀槽										
螺距 P	外螺纹			内螺纹		螺距	外螺纹			内螺纹	
	gzmax	gimin	d_g	G_1	D_g		gzmax	gimin	d_g	G_1	D_g
0.5	1.5	0.8	$d-0.8$	2		1.75	5.25	3	$d-2.6$	7	
0.7	2.1	1.1	$d-1.1$	2.8	$D+0.3$	2	6	3.4	$d-3$	8	
0.8	2.4	1.3	$d-1.3$	3.2		2.5	7.5	4.4	$d-3.6$	10	
1	3	1.6	$d-1.6$	4		3	9	5.2	$d-4.4$	12	$D+0.5$
1.25	3.75	2	$d-2$	5	$D+0.5$	3.5	10.5	6.2	$d-5$	14	
1.5	4.5	2.5	$d-2.3$	6		4	12	7	$d-5.7$	16	

注：普通螺纹端部倒角见附图。

（5）砂轮越程槽（GB/T 6403.5—2008）如附表 B‑23 所示。

附表 B‑23　砂轮越程槽（GB/T 6403.5—2008）　　mm

b_1	0.6	1.0	1.6	2.0	3.0	4.0	5.0	8.0	10
b_2	2.0	3.0		4.0		5.0		8.0	10
h	0.1	0.2		0.3	0.4		0.6	0.8	1.2
r	0.2	0.5		0.8	1.0		1.6	2.0	3.0
d		-10			$>10\sim50$		$>50\sim100$		>100

注：（1）越程槽内与直线相交处，不允许产生尖角。

（2）越程槽深度 h 与圆弧半径 r，要满足 $r\leqslant3h$。

（3）磨削具有数个直径的工作时，可使用同一规格的越程槽。

（4）直径 d 值大的零件，允许选择小规格的砂轮越程槽。

（5）砂轮越程槽的尺寸公差和表面粗糙度根据该零件的结构、性能确定。

（5）零件倒圆与倒角（GB/T 6403.4—2008）如附表 B – 24 所示。

附表 B – 24　零件倒圆与倒角（GB/T 6403.4—2008）　　　　　　　mm

倒圆倒角型式		R、C 尺寸系列：0.1，0.2，0.3，0.4，0.5，0.6，0.8，1.0，1.2，1.6，2.0，2.5，3.0，4.0，5.0，6.0，8.0，10，12，16，20，25，32，40，50
装配型式	$C_1 > R$　　$R_1 > R$　　$C < 0.58R_1$　　$C_1 > C$	尺寸规定：（1）R_1、C_1 的偏差为正；R、C 的偏差为负。（2）左起第三种装配方式，C 的最大值 C_{max} 与 R_1 关系如下

R_1	0.1	0.2	0.3	0.4	0.5	0.6	0.8	1.0	1.2	1.6	2.0	2.5	3.0	4.0	5.0	6.0	8.0	10	12	16	20	25
C_{max}	—	0.1	0.1	0.2	0.2	0.3	0.4	0.5	0.6	0.8	1.0	1.2	1.6	2.0	2.5	3.0	4.0	5.0	6.0	8.0	10	12

十二、常用金属材料

常用金属材料有关规定及说明如职附表 B – 25 所示。

附表 B – 25　常用金属材料

标准	名称	牌号	应用举例	说明
GB/T 9439—2010	灰铸铁	HT150	用于小负荷和对耐磨性无特殊要求的零件，如端盖、外罩、手轮、一般机床底座、床身及其复杂零件，滑台、工作台和低压管件等	"HT" 为灰铸铁的汉语拼音的首位字母，后面的数字表示抗拉强度。如 HT200 表示抗拉强度为 200 N/mm² 的灰铸铁
		HT200	用于中等负荷和对耐磨性有一定要求的零件，如机床床身、立柱、飞轮、气缸、泵体、轴承座、活塞、齿轮箱、阀体等	
		HT250	用于中等负荷和对耐磨性有一定要求的零件，如阀壳、液压缸、气缸、联轴器、机体、齿轮、齿轮箱外壳、飞轮、衬套、凸轮、轴承座、活塞等	
		HT300	用于受力大的齿轮、床身导轨、车床卡盘、剪床床身、压力机的床身、凸轮、高压液压缸、液压泵和滑阀壳体、冲模模体等	

标准	名称	牌号		应用举例	说明
GB/T 700—2006	碳素结构钢	Q215	A 级	金属结构件，拉杆、套圈、铆钉、螺栓、短轴、心轴、凸轮（载荷不大的）、垫圈、渗碳零件及焊接件	"Q" 为钢材屈服强度 "屈" 字的汉语拼音首位字母，后面数字表示屈服强度数值。如 Q235 表示碳素结构钢屈服强度为 235 N/mm²。新旧牌号对照：Q215—A2 Q235—A3 Q275—A5
			B 级		
		Q235	A 级	金属结构件，心部强度要求不高的渗碳或碳氮共渗零件，吊钩、拉杆、套圈、气缸、齿轮、螺栓、螺母、连杆、轮轴、楔、盖及焊接件	
			B 级		
			C 级		
			D 级		
		Q275		轴、轴销、刹车杆、螺母、螺栓、垫圈、连杆、齿轮以及其他强度较高的零件	
GB/T 699—2015	优质碳素结构钢	10F 10		用作拉杆、卡头、垫圈、铆钉及焊接零件	牌号的两位数字表示平均碳的质量分数，45 钢即表示碳的质量分数为 0.45%。碳的质量分数 ≤ 0.25% 的碳钢属低碳钢（渗碳钢）；碳的质量分数在 0.25%~0.6% 之间的碳钢属中碳钢（调质钢）；碳的质量分数大于 0.6% 的碳钢属高碳钢。沸腾钢在牌号后加符号 "F"。锰的质量分数较高的钢，需加注化学元素符号 "Mn"
		15F 15		用于受力不大和韧性较高的零件、渗碳零件及紧固件（如螺栓、螺钉）、法兰盘和化工贮器	
		35		用于制造曲轴、转轴、轴销、杠杆连杆、螺栓、螺母、垫圈、飞轮（多在正火、调质下使用）	
		45		用作要求综合机械性能高的各种零件，通常经正火或调质处理后使用。用于制造轴、齿轮、齿条、链轮、螺栓、螺母、销、钉、键、拉杆等	
		65		用于制造弹簧、弹簧垫圈、凸轮、轧辊等	
		15Mn		制作心部机械性能要求较高且须渗碳的零件	
		65Mn		用作要求耐磨性高的圆盘、衬板、齿轮、花键轴、弹簧等	
GB/T 3077—2015	合金结构钢	30Mn2		用于起重机行车轴、变速箱齿轮、冷镦螺栓及较大截面的调质零件	钢中加入一定量的合金元素，提高了钢的力学性能和耐磨性，也提高了钢的淬透性，保证金属在较大截面上获得高的力学性能
		20Cr		用于要求心部强度较高、承受磨损、尺寸较大的渗碳零件，如齿轮、齿轮轴、蜗杆、凸轮、活塞、销等，也用于速度较大、中等冲击的调质零件	
		40Cr		用于受变载、中速、中载、强烈磨损而无很大冲击的重要零件，如重要的齿轮、轴、曲轴、连杆、螺栓、螺母等	

续表

标准	名称	牌号	应用举例	说明
GB/T 3077—2015	合金结构钢	35SiMn	可代替40Cr用于中小型轴类、齿轮等零件及430℃以下的重要紧固件等	钢中加入一定量的合金元素，提高了钢的力学性能和耐磨性，也提高了钢的淬透性，保证金属在较大截面上获得高的力学性能
		20G - MnTi	强度和韧性均高，可代替镍铬钢用于承受高速、中等或重负荷以及冲击、磨损等的重要零件，如渗碳齿轮、凸轮等	
GB/T 5676—1985	铸钢	ZG230 - 450	用于轧机机架、铁道车辆摇枕、侧梁、铁钤台、机座、箱体、锤轮、450°以下的管路附件等	"ZG"为铸钢汉语拼音的首位字母，后面数字表示屈服强度和抗拉强度。如ZG230 - 450表示屈服强度230 N/mm²、抗拉强度450 Nmm²
		ZG310 - 570	用于联轴器、齿轮、气缸、轴、机架、齿圈等	
GB/T 1176—2013	铸造锡青铜	ZCuSn5 Pb5Zn5	耐磨性和耐蚀性均好，易加工，铸造性和气密性较好。用于较高负荷，中等滑动速度下工作的耐磨、耐腐蚀零件，如轴瓦、衬套、缸套、油塞、离合器、蜗轮等	"Z"为铸造汉语拼音的首位字母，各化学元素后面的数字表示该元素含量的百分数，如ZCuAl10Fe3表示含A18.5%～11%，Fe2%～4%，其余为Cu的铸造铝青铜
	铸造铝青铜	ZCuAl10Fe3	力学性能高，耐磨性、耐蚀性、抗氧化性好，焊接性好，不易钎焊，大型铸件自700℃空冷可防止变脆。可用于制造强度高、耐磨、耐蚀的零件，如蜗轮、轴承、衬套、管嘴、耐热管配件等	
	铸造铝黄铜	ZCuZn25 Al6Fe3Mn3	有很高的力学性能，铸造性良好、耐蚀性较好、有应力腐蚀开裂倾向，可以焊接。适用于高强耐磨零件，如桥梁支承板、螺母、螺杆、耐磨板、滑块和蜗轮等	
GB/T 1176—2013	铸造锰黄铜	ZCu58Mn2Ph2	有较高的力学性能和耐蚀性，耐磨性较好，切削性良好。可用于一般用途的构件、船舶仪表等使用的外型简单的铸件，如套筒、衬套、轴瓦、滑块等	"Z"为铸造汉语拼音的首位字母，各化学元素后面的数字表示该元素含量的百分数，如ZCuAl10Fe3表示含A18.5%～11%，Fe2%～4%，其余为Cu的铸造铝青铜

续表

标准	名称	牌号	应用举例	说明
GB/T 1173—2013	铸造铝合金	ZL102 ZL202	耐磨性中上等，用于制造负荷不大的薄壁零件	ZL102 表示硅的质量分数为 10%～13%、其余为铝的铝硅合金；ZL202 表示铜的质量分数为 9%～11%、其余为铝的铝铜合金
GB/T 3190—2008	硬铝	ZA12（LY12）	焊接性能好，适于制作中等强度的零件	LY12 表示铜的质量分数为 3.8%～4.9%、镁的质量分数为 1.2%～1.8%、锰的质量分数为 0.3%～0.9%、其余为铝的硬铝
	工业纯铝	1060（L2）	适于制作贮槽、塔、热交换器、防止污染及深冷设备等	L2 表示杂质的质量分数 ≤0.4%的工业纯铝

十三、常用非金属材料

常用非金属材料有关规定及说明如附表 B-26 所示。

附表 B-26　常用非金属材料

标准	名称	牌号	说明	应用举例
GB/T 539—2008	耐油石棉橡胶板	HNY300	有厚度 0.4%～3.0 mm 的十种规格	用于供航空发动机用的燃油、润滑油及冷气系统结合处的密封垫材料
GB/T 5574—2008	耐酸碱橡胶板	2707 2807 2709	较高硬度 中等硬度	具有耐酸碱性能，在温度 -30 ℃～60 ℃ 的20%浓度的酸碱液体中工作，用作冲制密封性能较好的垫圈
	耐油橡胶板	3707 3807 3709 3809	较高硬度	可在一定温度的机油、变压器油、汽油等介质中工作，适用冲制各种形状的垫圈
	耐热橡胶板	4708 4808 4710	较高硬度 中等硬度	可在 -30 ℃～100 ℃、且压力不大的条件下，在热空气、蒸汽介质中工作，用作冲制各种垫圈和隔热垫板

十四、常用的热处理名词

常用的热处理名词及其解释如附表 B-27 所示。

附表 B-27 常用的热处理名词及解释

名词	代号及标注示例	说 明	应 用
退火	511-I	将钢件加热至临界温度以上。保温一段时间，然后缓慢冷却（一般在炉中冷却）	用来消除铸、锻、焊零件的内应力，降低硬度，便于切削加工，细化金属晶粒，改善组织，增加韧性
正火	512-I	将钢件加热至临界温度以上30℃~50℃，保温一段时间，然后在空气中冷却，冷却速度比退火快	用以处理低碳和中碳结构钢及渗碳零件，使其组织细化，增加强度与韧性，减少内应力，改善切削性能
淬火	513-I（淬火回火 45~50HRC）	将钢件加热至临界温度以上某一温度，保温一段时间，然后在水、盐水或油中（个别材料在空气中）急速冷却，使其得到高硬度	用以提高钢的硬度和强度极限。但淬火会引起内应力使钢变脆，因此淬火后必须回火
回火	514-I	回火是将淬硬的钢件加热至临界点以下的某一温度民，保温一段时间，然后冷却至室温	用以消除淬火后的脆性和内应力，提高钢的塑性和冲击韧性
调质	515-I（调质至 200~250HBS）	淬火后在450℃~650℃进行高温回火，称为调质	用以使钢获得高的韧性和足够的强度。重要的齿轮、轴及丝杠等零件必须调质处理
表面淬火	5213（火焰淬火后回火至52~58HRC） 5212（高频淬火后回火至50~55HRC）	用火焰或高频电流将零件表面迅速加热至临界温度以上，急速冷却	使零件表面获得高硬度，而心部保持一定的韧性，使零件既耐磨又能承受冲击。表面淬火常用以处理齿轮等
渗碳淬火	5310（渗碳层深0.5，淬火硬度56~62HRC）	渗碳剂中将钢件加热到900℃~950℃，保温一定时间，将碳渗入钢表面，深度约为0.5~2 mm，再淬火后回火	增加钢件的耐磨性能、表面强度、抗拉强度及疲劳极限，适用于低碳、中碳（$w_c < 0.40\%$）结构钢的中小型零件
渗氮	5330（渗氮深度0.3，硬度大于850HV）	渗氮是在500℃~600℃通入氨的炉子内加热，向钢的表面渗入氮原子的过程。渗氮层为0.025~0.8 mm，渗氮时间需40~50 h	增加钢件的耐磨性能、表面硬度、疲劳极限和抗蚀能力，适用于合金钢、碳钢、铸铁件，如机床主轴、丝杠以及在潮湿碱水和燃烧气体介质的环境中工作的零件
时效	时效处理	低温回火后，精加工之前，加热至100℃~160℃，保持10~40 h。对铸件也可用天然时效（放在露天中1年以上）	使工件消除内应力和稳定形状，用于量具、精密丝杆、床身导轨、床身等
发蓝、发黑	发蓝或发黑处理	将金属零件放在很浓的碱和氧化剂溶液中加热氧化，使金属表面形成一层由氧化铁所组成的保护性薄膜	防腐蚀、美观。用于一般连接的标准件和其他电子类零件

续表

名词	代号及标注示例	说　明	应　用
硬度	HB（布氏硬度）	材料抵抗硬的物体压入其表面的能力称为"硬度"。根据测定的方法不同，可分布氏硬度、洛氏硬度和维氏硬度。 硬度的测定是检验材料经热处理后的力学性能—硬度	用于退火、正火、调质的零件及铸件的硬度检验
	HRC（洛氏硬度）		用于经淬火、回火及表面渗碳、渗氮等处理的零件硬度检验
	HV（维氏硬度）		用于薄层硬化零件的硬度检验

参 考 文 献

［1］ 王征. AutoCAD 2017 实用教程（中文版）［M］. 北京：清华大学出版社，2016

［2］ 叶玉驹，焦永和，张彤. 机械制图手册（第5版）［M］. 北京：机械工业出版社，2012.

［3］ 卢志珍，何时剑. 机械测量技术［M］. 北京：机械工业出版社，2011.

［4］ 郑雪梅，黄小良. 机械零部件的测绘造型［M］. 北京：清华大学出版社，2010.

［5］ 王旭东，周岭. 机械制图零部件测绘［M］. 广州：暨南大学出版社，2010.

［6］ 李茗. 机械零部件测绘［M］. 北京：中国电力出版社，2011.

［7］ 陈桂芳. 机械零部件测绘［M］. 北京：机械工业出版社，2010.

［8］ 叶玉驹，焦永和，张彤. 机械制图手册（第4版）［M］. 北京：机械工业出版社，2008.